Das
Preußische Fischereigesetz

vom 11. Mai 1916

nebst der Fischerei-Ordnung vom 29. März 1917

und

den sonstigen fischereigesetzlichen Vorschriften für Preußen.

Zum praktischen Gebrauch

erläutert

von

Görcke,

Amtsgerichtsrat in Eberswalde.

Berlin 1918.

Verlag von H. W. Müller,

SW. 68, Schützenstr. 29/30.

Druck von Dr. F. P. Datterer & Cie. (Arthur Sellier) München-Freising.

Vorwort.

Das vorliegende Büchlein ist als ein Gegenstück zu der von mir seinerzeit im Auftrage des gleichen Verlages bearbeiteten Preußischen Jagdordnung gedacht. Es ist deshalb darin die gleiche Anordnung des Stoffes wie dort getroffen. Sein Erscheinen ist nicht unmittelbar nach der Veröffentlichung des Fischereigesetzes erfolgt, weil zu jener Zeit die Polizeiverordnungen, auf welche das Gesetz vielfach verweist, noch ausstanden. Diese sind inzwischen in der Fischerei-Ordnung ergangen. Ihr Inhalt ist mitverarbeitet und es ist dadurch erreicht, daß die zur Zeit des Inkrafttretens des Gesetzes für ganz Preußen bestehenden fischereirechtlichen Bestimmungen in dem Buch nunmehr lückenlos gebracht werden konnten.

Im Felde, Dezember 1917.

Görcke.

Inhaltsverzeichnis.

Anhang.

Abkürzungen.

ALR. = Allgemeines Landrecht für die preußischen Staaten vom 5. Februar 1794.

A. M. = anderer Meinung.

Begr. = Begründung zum Entwurf des Fischereigesetzes (Druckschrift Nr. 260; Haus der Abgeordneten-K. 1914).

BGB. = Bürgerliches Gesetzbuch vom 18. August 1896.

BlfRA. = Blätter für Rechtsanwendung.

Bleyer = Das bayerische Fischereigesetz vom 15. August 1908. Erläutert von Staatsanwalt Bleyer in München. (J. Schweitzer Verlag.) 2. Aufl. 1912.

Delius = Das Fischereigesetz vom 11. Mai 1916 von Kammergerichtsrat Dr. Delius (Carl Heymanns Verlag, 1916).

DJZ. = Deutsche Juristenzeitung.

Druckſ. = Druckſache des Preuß. Abgeordnetenhauses 1914/1916.

Druckſ. Herrenhaus = Druckſache des Preuß. Herrenhauses 1916.

EG. = Einführungsgesetz.

F. = Fischerei.

FG. = Fischerei-Gesetz.

FO. = Polizeiverordnung zum Fischereigesetz (Fischerei-Ordnung).

GA. = Goltdammers Archiv für Strafrecht. 1853 ff.

GmschlFBezirk = Gemeinschaftlicher Fischereibezirk.

GS. S. = Preußische Gesetzsammlung, Seite.

Havenstein = Fischereirecht der Mark Brandenburg von Kammergerichtsrat Havenstein. Berlin 1903, Verlag von Franz Vahlen.

Herrmann = Kommentar zum Preuß. Fischereigesetz von Rechtsanwalt Herrmann in Berlin (W. Moeser, 1916).

JO. = Preußische Jagdordnung vom 15. Juli 1907.

JW. = Juristische Wochenschrift.

Joh. = Jahrbuch für Entscheidungen des Kammergerichts, herausgegeben von Johow.

LVG. = Preuß. Gesetz über die allgemeine Landesverwaltung vom 30. Juli 1883.

OVG. = Entscheidungen des Oberverwaltungsgerichts.

ObTrib. = Entscheidungen des Preuß. Obertribunals.

PrVBl. = Preuß. Verwaltungs-Blatt.

RGStr. = Entscheidungen des Reichsgerichts in Strafsachen.

RGZ. = Entscheidungen des Reichsgerichts in Zivilsachen.

Schultz = Jahrbuch der Entscheidungen des Reichsgerichts usw. aus dem Gebiet der Preuß. Agrar-, Jagd- und Fischerei-Gesetzgebung.

StGB. = Reichs-Strafgesetzbuch.

WG. = Preuß. Wassergesetz vom 7. April 1913.

ZPO. = Reichs-Zivilprozeßordnung.

ZtschrfRpfl. = Zeitschrift für Rechtspflege in Bayern. München, Verlag J. Schweitzer.

Ztschr. = Zeitschrift für Jagdrecht, Jagdschutz und Jagdwirtschaft. Herausgegeben von A. Ebner.

ZustG. = Gesetz über die Zuständigkeit der Verwaltungsbehörden vom 1. August 1883.

I. Die für die Fischerei in Betracht kommenden privatrechtlichen Vorschriften außerhalb des Fischereigesetzes.*)

A. Des Einführungs-Gesetzes zum Bürgerlichen Gesetzbuch.*)

(Vom 18. August 1896, RGBl. 195).

1. Abschnitt. Allgemeine Vorschriften.

Art. 3. Soweit in dem Bürgerlichen Gesetzbuch oder in diesem Gesetze die Regelung den Landesgesetzen vorbehalten oder bestimmt ist, daß landesgesetzliche Vorschriften unberührt bleiben oder erlassen werden können, bleiben die bestehenden landesgesetzlichen Vorschriften in Kraft und können neue landesgesetzliche Vorschriften erlassen werden.

---

*) Durch das FG. sind nur solche privatrechtliche Fragen des F.-Rechts geordnet, für welche wegen der Eigenart der Fischerei eine fischereirechtliche Sondervorschrift erforderlich erschien, so z. B. die Fragen, wer fischereiberechtigt ist, welche Tiere dem F.-Recht unterliegen, wie die F.-Rechte übertragen werden können usw. Alle nicht durch das FG. besonders geregelten privatrechtlichen Fragen, wie z. B. ob jemandem und wem die Fische in den Gewässern gehören, wann und wie man Eigentum an herrenlosen Fischen erwirbt u. dgl., sind nach den Bestimmungen des allgemeinen Privatrechts zu beurteilen. Deswegen sind diese dafür in Betracht kommenden Vorschriften des BGB. und seiner Nebengesetze hier dem FG. vorangestellt.

**) Mit dem seit 1. Januar 1900 geltenden BGB. ist grundsätzlich für das ganze Deutsche Reich ein einheitliches Privatrecht eingeführt und es sind grundsätzlich die privatrechtlichen Vorschriften der einzelnen Bundesstaaten aufgehoben

3. Abschnitt. Verhältnis des BGB. zu den Landesgesetzen.

Art. 55. Die privatrechtlichen Vorschriften der Landesgesetze treten außer Kraft, soweit nicht in dem Bürgerlichen Gesetzbuch oder in diesem Gesetz ein anderes bestimmt ist.[1])

Art. 65. Unberührt bleiben die landesgesetzlichen Vorschriften, welche dem Wasserrecht angehören, mit Einschluß des Mühlenrechts, des Flötzrechts und des Flößereirechts sowie der Vorschriften zur Beförderung der Bewässerung und Entwässerung der Grundstücke und der Vorschriften über Anlandungen, entstehende Inseln und verlassene Flußbetten.[2])

(Art. 55 EG.). Davon sind aber auf einigen Rechtsgebieten Ausnahmen gemacht. Das sind diejenigen, welche im EG. aufgezählt sind. Zu diesen Ausnahmen gehört unter anderm das Fischerei- und das Wasserrecht (Art. 69 und 65 EG.).

[1]) Als man bei der Schaffung des BGB. erkannt hatte, daß auf einigen Rechtsgebieten wegen der allzu großen Verschiedenheit der örtlichen und rechtlichen Verhältnisse im Deutschen Reich eine Vereinheitlichung der Rechtsvorschriften nicht angängig war, sah man für diese von dem Grundsatz der Aufhebung der privatrechtlichen Landesvorschriften ab (Art. 55) und gewährte allen Bundesstaaten, während man die für die betreffenden Rechtsgebiete bestehenden landesgesetzlichen Bestimmungen aufrecht erhielt, gleichzeitig das Recht, diese Rechtsmaterien auch abweichend von den damals bestehenden Vorschriften durch neue Landesgesetze anderweit selbständig zu regeln (Art. 3). Auf Art. 3 in Verbindung mit Art. 55, 65 und 69 beruht die staatsrechtliche Befugnis Preußens zur neuen Wasser- und Fischerei-Gesetzgebung.

[2]) Auf Grund dieser Vorschrift in Verbindung mit Art. 3 ist in Preußen das Wasserrecht durch das auch für die Fischerei in mehrfacher Beziehung bedeutsame Wassergesetz vom 7. April 1913, mit Gesetzeskraft vom 1. Mai 1914, im Wege der Landesgesetzgebung geregelt. Danach gehören durch allmähliche Anspülungen entstehende Anlandungen oder Erdzungen und sonstige Uferverbreiterungen innerhalb der vom § 8 WG. gezogenen Grenzen dem Anlieger (§ 17 WG.), entstehende Inseln und verlassene Flußbetten dem Eigentümer des betreffenden Wasserlaufteils (§ 14 WG.). Durch Naturgewalt losgerissene Landstücke werden Bestandteile des Ufergrundstücks,

Art. 69. Unberührt bleiben die landesgesetzlichen Vorschriften über Jagd und Fischerei, unbeschadet der Vorschrift des § 958 Abs. 2 des Bürgerlichen Gesetzbuchs und der Vorschriften des Bürgerlichen Gesetzbuchs über den Ersatz des Wildschadens.[3])

B. Des Bürgerlichen Gesetzbuchs.

2. Buch. Einzelne Schuldverhältnisse.

Dritter Titel. Miete. Pacht.*)

§ 571. Wird das vermietete Grundstück nach der Überlassung an den Mieter von dem Vermieter an einen Dritten veräußert, so tritt der Erwerber an Stelle des Vermieters in die sich während der Dauer seines Eigentums aus dem Mietverhältnis ergebenden Rechte und Verpflichtungen ein.

Erfüllt der Erwerber die Verpflichtungen nicht, so haftet der Vermieter für den von dem Erwerber zu ersetzenden Schaden wie ein Bürge, der auf die Einrede der Vorausklage verzichtet hat. Erlangt der Mieter von dem Übergange des Eigentums durch Mitteilung des Vermieters Kenntnis, so wird der Vermieter von der Haftung befreit, wenn nicht der Mieter das Mietverhältnis für den ersten Termin kündigt, für den die Kündigung zulässig ist.

---

an welches sie geschwemmt sind, sobald sie von ihm nicht mehr unterschieden werden können und die Vereinigung, ohne daß der frühere Eigentümer Rechte daran geltend gemacht hat, ein Jahr bestanden hat (§ 18 WG.).

[3]) Der den Eigentumserwerb an herrenlosen Sachen, zu denen grundsätzlich die Fische gehören, regelnde § 958 BGB. ist unter I B abgedruckt. Tatsächlich kommen in Preußen für den Eigentumserwerb an Fischen nur die Vorschriften des BGB. in Betracht, da die bisher für die Fischerei geltenden Vorschriften des ALR. sämtlich aufgehoben sind (§ 133[2] FG.). Das F.-Privatrecht ist jetzt vollständig in dem FG. und BGB. enthalten.

*) Die §§ 571—579 sind hier zum Abdruck gelangt, weil im § 29 Abs. 5 FG. auf sie ausdrücklich verwiesen wird. Sie sollen bei der Verpachtung eines F.-Rechts sinngemäß zur Anwendung kommen.

§ 572. Hat der Mieter des veräußerten Grundstücks dem Vermieter für die Erfüllung seiner Verpflichtungen Sicherheit geleistet, so tritt der Erwerber in die dadurch begründeten Rechte ein. Zur Rückgewähr der Sicherheit ist er nur verpflichtet, wenn sie ihm ausgehändigt wird oder wenn er dem Vermieter gegenüber die Verpflichtung zur Rückgewähr übernimmt.

§ 573. Eine Verfügung, die der Vermieter vor dem Übergange des Eigentums über den auf die Zeit der Berechtigung des Erwerbers entfallenden Mietzins getroffen hat, ist insoweit wirksam, als sie sich auf den Mietzins für das zur Zeit des Überganges des Eigentums laufende Kalendervierteljahr bezieht; erfolgt der Übergang des Eigentums innerhalb des letzten halben Monats eines Kalendervierteljahres, so ist die Verfügung auch insoweit wirksam, als sie sich auf den Mietzins für das folgende Kalendervierteljahr bezieht. Eine Verfügung über den Mietzins für eine spätere Zeit muß der Erwerber gegen sich gelten lassen, wenn er sie zur Zeit des Überganges des Eigentums kennt.

§ 574. Ein Rechtsgeschäft, das zwischen dem Mieter und dem Vermieter in Ansehung der Mietzinsforderung vorgenommen wird, insbesondere die Entrichtung des Mietzinses, ist dem Erwerber gegenüber wirksam, soweit es sich nicht auf den Mietzins für eine spätere Zeit als das Kalendervierteljahr bezieht, in welchem der Mieter von dem Übergange des Eigentums Kenntnis erlangt; erlangt der Mieter die Kenntnis innerhalb des letzten halben Monats eines Kalendervierteljahrs, so ist das Rechtsgeschäft auch insoweit wirksam, als es sich auf den Mietzins für das folgende Kalendervierteljahr bezieht. Ein Rechtsgeschäft, das nach dem Übergange des Eigentums vorgenommen wird, ist jedoch unwirksam, wenn der Mieter bei der Vornahme des Rechtsgeschäfts von dem Übergange des Eigentums Kenntnis hat.

§ 575. Soweit die Entrichtung des Mietzinses an den Vermieter nach § 574 dem Erwerber gegenüber wirksam ist, kann der Mieter gegen die Mietzinsforderung des Erwerbers eine ihm gegen den Vermieter zustehende Forderung aufrechnen. Die Aufrechnung ist ausgeschlossen, wenn der Mieter die Gegenforderung erworben hat, nachdem er von dem Übergange des Eigentums Kenntnis erlangt hat, oder wenn die Gegenforderung erst nach der Erlangung der Kenntnis und später als der Mietzins fällig geworden ist.

§ **576.** Zeigt der Vermieter dem Mieter an, daß er das Eigentum an dem vermieteten Grundstück auf einen Dritten übertragen habe, so muß er in Ansehung der Mietzinsforderung die angezeigte Übertragung dem Mieter gegenüber gegen sich gelten lassen, auch wenn sie nicht erfolgt oder nicht wirksam ist.

Die Anzeige kann nur mit Zustimmung desjenigen zurückgenommen werden, welcher als der neue Eigentümer bezeichnet worden ist.

§ **577.** Wird das vermietete Grundstück nach der Überlassung an den Mieter von dem Vermieter mit dem Rechte eines Dritten belastet, so finden die Vorschriften der §§ 571 bis 576 entsprechende Anwendung, wenn durch die Ausübung des Rechtes dem Mieter der vertragsmäßige Gebrauch entzogen wird. Hat die Ausübung des Rechtes nur eine Beschränkung des Mieters in dem vertragsmäßigen Gebrauche zur Folge, so ist der Dritte dem Mieter gegenüber verpflichtet, die Ausübung zu unterlassen, soweit sie den vertragsmäßigen Gebrauch beeinträchtigen würde.

§ **578.** Hat vor der Überlassung des vermieteten Grundstücks an den Mieter der Vermieter das Grundstück an einen Dritten veräußert oder mit einem Rechte belastet, durch dessen Ausübung der vertragsmäßige Gebrauch dem Mieter entzogen oder beschränkt wird, so gilt das gleiche wie in den Fällen des § 571 Abs. 1 und des § 577, wenn der Erwerber dem Vermieter gegenüber die Erfüllung der sich aus dem Mietverhältnis ergebenden Verpflichtungen übernommen hat.

§ **579.** Wird das vermietete Grundstück von dem Erwerber weiter veräußert oder belastet, so finden die Vorschriften des § 571 Abs. 1 und der §§ 572 bis 578 entsprechende Anwendung. Erfüllt der neue Erwerber die sich aus dem Mietverhältnis ergebenden Verpflichtungen nicht, so haftet der Vermieter dem Mieter nach § 571 Abs. 2.

3. Buch. Sachenrecht.

Dritter Abschnitt. Eigentum.

Dritter Titel. Erwerb und Verlust des Eigentums an beweglichen Sachen.*)

II. Ersitzung.**)

§ **937.** Wer eine bewegliche Sache zehn Jahre im Eigenbesitze hat, erwirbt das Eigentum (Ersitzung).

Die Ersitzung ist ausgeschlossen, wenn der Erwerber bei dem Erwerbe des Eigenbesitzes nicht in gutem Glauben ist oder wenn er später erfährt, daß ihm das Eigentum nicht zusteht.

§ **938.** Hat jemand eine Sache am Anfang und am Ende eines Zeitraums im Eigenbesitze gehabt, so wird vermutet, daß sein Eigenbesitz auch in der Zwischenzeit bestanden habe.

§ **943.** Gelangt die Sache durch Rechtsnachfolge in den Eigenbesitz eines Dritten, so kommt die während des Besitzes des Rechtsvorgängers verstrichene Ersitzungszeit dem Dritten zu statten.

§ **944.** Die Ersitzungszeit, die zugunsten eines Erbschaftsbesitzers verstrichen ist, kommt dem Erben zu statten.

---

*) Für die im FG. nicht berührte Frage nach dem Eigentum und dem Eigentumserwerb an den Fischen sind für das ganze Deutsche Reich und damit auch für Preußen lediglich die Bestimmungen des seit 1. Januar 1900 geltenden BGB. maßgebend. Diese Eigentumsfragen ordnen auch für die Fischerei die folgenden §§ 958—960.

**) Die obigen Vorschriften über die Ersitzung sind hier abgedruckt, weil der § 8 Abs. 2 FG. auf sie bei der Rechtsvermutung für das Bestehen 30 Jahre hindurch ausgeübter F.-Rechte auf fremden Gewässern bezug nimmt. Sie kommen sonst für das F.-Recht nicht in Betracht.

V. Aneignung.[1])

§ 958. Wer eine herrenlose[2]) bewegliche[3]) in Eigenbesitz nimmt,[4]) erwirbt das Eigentum[4]) an der Sache.

---

[1]) Über den Begriff der Aneignung vgl. Anm. 4. Die §§ 958ff. regeln das Rechtsverhältnis an den Fischen selbst d. h. die Fragen, wann und welches Recht der Fänger eines Fisches durch dessen Fang am Fisch erwirbt und welche Rechtsverhältnisse für die noch nicht gefangenen Fische bestehen. Nicht geregelt durch das BGB. ist die Fischereiberechtigung und deren Inhalt d. h. die Befugnis zum Fischfang in einem Gewässer und der Umfang einer solchen Befugnis. Diese Fragen behandelt das FG. selbst (§§ 4ff. desselben).

[2]) Der Begriff der Herrenlosigkeit ergibt sich aus §§ 959, 960 (Anm. 8). Für die Fische enthält § 960 in Satz 2 eine diesbezügliche Sondervorschrift (Anm. 10).

[3]) Zu den beweglichen Sachen gehören rechtsbegrifflich alle Tiere, im besonderen auch die Fische sowie die sonstigen im § 4 FG. aufgeführten Wassertiere und -moose.

[4]) Das BGB. versteht unter Besitz die tatsächliche Gewalt über die Sache (§ 854), unter Eigenbesitz das Innehaben der tatsächlichen Gewalt mit dem Willen die Sache als die eigene zu haben (§ 872). In Eigenbesitz nimmt hiernach jemand einen herrenlosen Fisch dann, wenn er die tatsächliche Gewalt über ihn erlangt und dabei den Willen hat ihn zum Eigentum zu erwerben. Diese in rechtlich befugter Weise vorgenommene Rechtshandlung nennt das BGB. Aneignung. Durch sie wird vom Aneigner Eigentum an dem Fisch erworben d. h. er erhält die rechtliche Befugnis über den Fisch nach seinem Willen zu verfügen. Voraussetzung für den Eigentumserwerb ist aber:

1. daß der Fisch wirklich herrenlos war (vgl. Anm. 8 u. 10),
2. daß dabei nicht das Aneignungsrecht eines andern verletzt wird (vgl. Abs. 2 u. Anm. 6),
3. daß die Aneignung nicht verboten ist (vgl. Abs. 2 u. Anm. 5).

Fehlt eine dieser Voraussetzungen, so erlangt der Fischfänger nur Besitz, aber nicht Eigentum an dem Fisch. Er ist alsdann verpflichtet, ihn dem Berechtigten, z. B. demjenigen, aus dessen Teich er ihn geholt hat, oder dem an dem betreffenden Gewässer Fischereiberechtigten herauszugeben bzw. den Wert zu ersetzen. — In welchem Augenblick die Aneignung an dem herrenlosen Fisch durch den zum Fang Befugten vollendet und damit der Eigentumserwerb vollzogen ist, bestimmt sich im einzelnen Falle nach dem Zeitpunkt, in welchem der Fänger in die Lage versetzt ist über den Fisch wirklich mit Ausschließung anderer zu verfügen, also zweifellos z. B. sobald er ihn mit dem Netz oder der Angel an das Ufer oder in das

Das Eigentum wird nicht erworben, wenn die Aneignung gesetzlich verboten ist[5]) oder wenn durch die Besitzergreifung das Aneignungsrecht eines anderen verletzt[6]) wird.

Boot gezogen hat. Sein Vorhandensein im Netz oder sein Festsitzen an dem Angelhaken allein macht den Fänger noch nicht zweifellos zum Eigentümer. Denn er hat, da der Fisch noch beim Einziehen des Netzes entweichen oder von der Angel wieder abkommen kann, noch keine wirkliche Verfügungsmacht über ihn. Dagegen wird der dichten Art des Fanggeräts entsprechend der Aal mit dem Augenblick seines Hineingehens in die Reuse oder den Aalkorb zum Eigentum erworben sein. — Die Aneignung kann zugunsten des Fischereiberechtigten auch durch einen Vertreter erfolgen. So erwirbt z. B. der Fischereigehilfe für den Fischer, der Gutsfischer für den Gutsherrn und nicht für sich selbst Eigentum am Fang.

Die Frage, ob und in welchem Augenblick der Fänger eines Fisches an diesem Eigentum erworben hat, ist rechtlich von erheblicher Bedeutung, so z. B. für die Beurteilung, welche Straftat bei Wegnahme von Fischen durch einen Unbefugten vorliegt. Ist der weggenommene Fisch noch herrenlos, z. B. er wird unbefugt im Fluß gefangen, so liegt nur die lediglich mit Geldstrafe oder Haft bedrohte Übertretung des unbefugten Fischens vor (§ 370[4] StGB.), nimmt ihn der Täter aus der Reuse, so ist er wegen Diebstahls mit Gefängnis nach § 242 StGB. zu bestrafen. Näheres siehe unter III C.

[5]) Die Aneignung muß wirklich verboten sein. Lediglich ein polizeiliches Fangverbot genügt dazu nicht (ebenso Bleyer Anm. 2 vor Art. 1 c. BayZfR. 1908 S. 450; Delius Anm. 2 S. 2; a. M. Staudinger BlfRA. Bd. 63 S. 285). Deswegen wird der F.-Berechtigte auch Eigentümer z. B. der untermaßigen und der in der Schonzeit oder im Schonrevier sowie der mit einem verbotenen Mittel oder Gerät gefangenen Fische. Doch liegt in dem rechtlichen Begriff der F.-Berechtigung ohne weiteres ein Aneignungsverbot für jeden unbefugten Dritten hinsichtlich der Fische des in Betracht kommenden Gewässers (Anm. 6).

[6]) Das Aneignungsrecht an einem herrenlosen Fisch, also einem solchen, der in niemandes Eigentum ist (Anm. 8 u. 10), steht ausschließlich dem für das betreffende Gewässer F.-Berechtigten zu. Nur er, oder wenn mehrere berechtigt sind, jeder von diesen kann an den Fischen dieses Gewässers Eigentum erwerben. Diese ausschließliche Aneignungsbefugnis an Fischen in einem bestimmten Gewässer bildet den Inhalt der F.-Berechtigung (§ 4 FG.).

Wer, ohne dazu berechtigt zu sein, in einem Gewässer einen Fisch fängt, wird trotz seines Aneignungswillens nicht dessen

§ **959.** Eine bewegliche Sache wird herrenlos, wenn der Eigentümer in der Absicht, auf das Eigentum zu verzichten, den Besitz der Sache aufgibt.[7])

§ **960.** Wilde Tiere[8]) sind herrenlos, solange sie sich in der Freiheit befinden.[9]) Wilde Tiere in Tiergärten

---

Eigentümer, weil er das alleinige Aneignungsrecht des F.-Berechtigten verletzt. Er wird nur Besitzer des Fisches (Anm. 4). Ist der Fisch aus einem Teich geholt (Anm. 10), so ist der Teicheigentümer auch Eigentümer des Fisches geblieben (JW. 1906, 758). In beiden Fällen kann von dem Fänger die Herausgabe des Fisches bzw. Werterſatz seitens jener Berechtigten gefordert werden (§§ 249, 823 BGB.). Eigentum an unbefugt gefangenen Fischen wird erst von dem gutgläubigen Dritten z. B. dem Käufer durch Inbesitznahme erworben (§ 932 BGB., GA. 53, 450). Vgl. hierzu Anm. 4 letzter Absatz.

[7]) Vorsätzliche Besitzaufgabe mit der Absicht des Eigentumsverzichts ist deshalb zum Verluste des einmal am Fisch erworbenen Eigentums und damit zur Entstehung seiner Herrenlosigkeit erforderlich. Schnellt ein Fisch aus dem Kescher auf den Boden oder gerät ein Aal beim Übergießen des Fischfasses in den Rinnstein, so sind sie noch nicht herrenlos, sondern gehören dem bisherigen Eigentümer weiter. Wer sie an sich nimmt, erwirbt nicht neues Eigentum daran und ist zur Herausgabe an den Eigentümer verpflichtet. Anders wenn der Fischer die mindermaßigen gefangenen Fische wieder in das Wasser wirft oder der Fischhändler die unverkauften toten Fische auf dem Markt liegen läßt, weil sie sich nicht des Mitnehmens lohnen. Wer sie in solchem Falle nimmt, wird ihr neuer Eigentümer, weil das frühere Eigentum durch Verzicht darauf untergegangen und dadurch Herrenlosigkeit eingetreten ist. Das gleiche gilt z. B. von Besatzfischen, die in ein offenes Gewässer ausgesetzt werden.

[8]) Rechtsbegrifflich gehören die Fische zu den wilden d. h. in der Wildheit lebenden Tieren im Gegensatz zu den Haustieren, wozu z. B. die Goldfische im Glasbehälter zu rechnen sind. Während letztere im Eigentum des betreffenden Tierhalters stehen, sind die noch nicht gefangenen Fische im Gewässer herrenlos. Sie gehören also niemanden, jedoch mit der oben im Satz 2 für Fische ausdrücklich angeführten Ausnahme (Anm. 10). Wo die Fische im Gewässer herrenlos sind, kann sie sich, sobald keine F.-Berechtigung besteht, wie z. B. in dem größten Teil der Küstengewässer (Anm. 4 zu § 6 FG.), jedermann fangen und erwirbt alsdann durch Aneignung (Anm. 4) Eigentum daran. Es ist dies der Fall des sog. „freien Fischfangs", welcher heute nur noch auf dem hohen Meer und in den niemanden gehörenden Küstengewässern besteht (§ 6 FG.).

[9]) Mit dem vollzogenen Fang und der dadurch beendeten

und Fische[10]) in Teichen[11]) oder anderen geschlossenen Privatgewässern[12]) sind nicht herrenlos.[10])

Freiheit hört der bis dahin herrenlose Fisch auf herrenlos zu sein. Er wird Eigentum des Fängers. Doch muß diesem die Fangbefugnis zustehen. Andernfalls bleibt der Fisch herrenlos (Anm. 4).

[10]) Der Satz 2 gibt eine wesentliche Sondervorschrift bezüglich der grundsätzlichen Herrenlosigkeit der Fische vor dem Fang. Er bestimmt, daß die Fische in Teichen (Anm. 11) und in anderen geschlossenen Privatgewässern (Anm. 12) nicht herrenlos sind. Alle in derartigen Gewässern befindlichen Fische gehören auch schon vor dem Fang dem betreffenden Gewässereigentümer. Der innere Grund für diese Vorschrift ist der, daß bei der von ihr vorausgesetzten Art des Gewässers die darin lebenden Fische nicht „als in der Freiheit befindlich" (Satz 1) anzusehen sind. Der Satz 2 enthält deshalb eigentlich keine Ausnahme von der Bestimmung des Satz 1. Sein Zweck ist jeden Zweifel über die Auslegung des Begriffs der Freiheit für Fische in solchen Gewässerarten auszuschließen.

[11]) Ob die Teiche (auch Halter, Lachen, Seen usw.) künstlich angelegt oder natürlich entstanden sind, ist ohne Belang. Die Teiche sind als eine der Arten der geschlossenen Privatgewässer besonders hervorgehoben, wie aus dem folgenden Wort „andere" hervorgeht. Bei ihnen treten die Merkmale des geschlossenen Privatgewässers (Anm. 12) am erkennbarsten hervor.

[12]) Der Begriff des geschlossenen Privatgewässers im Sinne des § 960 ist weder im BGB. noch in einem andern Gesetz erläutert. Es ist darunter ein Gewässer zu verstehen, welches auf natürliche Art von jedem Fischwechsel abgesperrt ist und in seinem ganzen Umfange ein und demselben Eigentümer gehört. Das letztere Merkmal ergibt sich aus dem Wortlaut und aus dem Sinn der Vorschrift des Satz 2. Denn, wenn die Fische in diesen Gewässern nicht herrenlos sein sollen, müssen sie nach dem Willen des BGB. bereits einem bestimmten Eigentümer gehören. Das wäre nicht der Fall, sobald das Gewässer in geteiltem Eigentum steht. Das Gewässer muß tatsächlich und rechtlich geschlossen sein d. h. es muß für die Fische eines solchen Gewässers nicht nur das Hinausgelangen aus seinen natürlichen Grenzen, sondern auch das Hineingelangen in einen einem anderweitigen Eigentum unterliegenden Wasserteil unmöglich sein. Der Begriff der Geschlossenheit eines Gewässers ist im zivilrechtlichen Sinne deshalb ein engerer als im fischereigesetzlichen Sinne (§ 2 FG.). Der nach § 2 FG. geschlossene See, auf dessen ganzer Fläche einem Dritten das alleinige F.-Recht zusteht, durch dessen Mitte aber eine Eigen-

Erlangt ein gefangenes wildes Tier die Freiheit wieder, so wird es herrenlos, wenn nicht der Eigentümer das Tier unverzüglich verfolgt oder wenn er die Verfolgung aufgibt.[13])

---

tumsgrenze geht, ist mithin nach dem BGB. kein geschlossenes Privatgewässer. Nur diese Auslegung gibt dem § 960 einen befriedigenden Inhalt. Sie wird als richtig bestätigt einmal durch das vom BGB. selbst besonders hervorgehobene Beispiel eines solchen Gewässers, nämlich dem Teich, welcher nach dem Verkehrsbegriff die gleichen Merkmale aufweist. Ferner durch den Vorläufer jener Vorschrift des BGB. den §§ 176, 177 I 9 ALR. (abgedruckt unter I C), wonach die Fische in denjenigen Privatgewässern Eigentum des Gewässerbesitzers sein sollten, welche sich nicht über die Grenzen des Grundstücks erstrecken. Hierzu muß auch der sich vom Gewässer infolge Wassermangels sich absondernde Tümpel gerechnet werden. Die Fische in solchen haben ihre Freiheit verloren und sind dadurch in das Eigentum des Tümpelbesitzers übergegangen. Anders bei den nach einer Überflutung verbleibenden Tümpeln. Denn in ihnen soll der Besitzer nur ein Aneignungsrecht haben (§ 12 Abs. 4 FG.).

Zivilrechtlich nicht erforderlich ist, daß das betreffende Gewässer im Eigentum einer Einzelperson steht. Es kann auch mehreren als Miteigentümern z. B. mehreren Erben, gütergemeinschaftlichen Eheleuten, aber auch juristischen Personen, auch dem Fiskus gehören. Das Eigentum muß aber für die ganze Wasserfläche einheitlich sein. Maßgebend ist ferner das Eigentum, nicht die F.-Berechtigung in dem Gewässer, wenngleich in vielen Fällen sich diese decken. Nur im fischereigesetzlichen, nicht im zivilrechtlichen Sinne genügt für den Begriff der Geschlossenheit eines Gewässers die Ausübung des F.-Rechts durch eine einzelne Person (§ 2 FG.). Der zur Ausübung der Fischerei Berechtigte im fremden geschlossenen Privatgewässer erwirbt seinerseits Eigentum an den bisher dem Gewässereigentümer gehörigen Fischen erst durch den Fang und zwar nicht im Wege der Aneignung (Anm. 6), welche einen herrenlosen Fisch voraussetzt, sondern als Ausüber eines Nutzungsrechts gemäß § 955 Abs. 2 BGB. Die nach § 2 FG. geschlossenen Gewässer sind mithin oft nicht geschlossene Privatgewässer im Sinne des BGB. Daraus folgt, daß nicht immer die Fische in den dem FG. nach geschlossenen Gewässern im Eigentum des Besitzers stehen. In den nach § 3 FG. nur für geschlossen erklärten Gewässern wird dies grundsätzlich sogar nicht der Fall sein.

[13]) An und für sich wird ein gefangenes Tier der Wildheit (Anm. 8) mit seinem Entkommen aus dem Gewahrsam noch

Ein gezähmtes Tier wird herrenlos, wenn es die Gewohnheit ablegt, an den ihm bestimmten Ort zurückzukehren.[14])

Vierter Titel. Ansprüche aus dem Eigentum.*)

§ **1004.** Wird das Eigentum in anderer Weise als durch Entziehung oder Vorenthaltung des Besitzes beeinträchtigt, so kann der Eigentümer von dem Störer die Beseitigung der Beeinträchtigung verlangen. Sind weitere Beeinträchtigungen zu besorgen, so kann der Eigentümer auf Unterlassung klagen.

Der Anspruch ist ausgeschlossen, wenn der Eigentümer zur Duldung verpflichtet ist.

---

nicht sogleich wieder herrenlos, sondern es bleibt vorläufig Eigentum des berechtigten Fängers, sobald er die Verfolgung aufnimmt und solange diese dauert. Die Verfolgung muß aber unverzüglich d. h. ohne schuldhaftes Zögern (§ 121 BGB.) erfolgen. Sie hat diese Rechtswirkung auch nur, wenn sie einigermaßen Aussicht auf einen Erfolg hat. Deshalb ist der aus dem Fischkasten in den Strom gelangte lebende Hecht mit dem Augenblick seines Entkommens herrenlos und darf von dem F.-Berechtigten des Stroms gefangen werden. Andererseits muß der Fisch zur Wiedererlangung der Herrenlosigkeit und damit zum Aufhören des bisherigen Eigentums und zugleich zur Zulässigkeit einer neuen Aneignung wirklich wieder die Freiheit erreicht haben. Der vom Fischfaß in den Rinnstein gelangte Aal gehört deshalb dem Eigentümer noch weiter und wird erst mit der Erreichung eines großen Gewässers herrenlos. Über das Verfolgungsrecht bei Überflutungen siehe § 12 FG.

[14]) Da gezähmte Tiere für die Fischerei nicht in Betracht kommen, ist der obige Absatz 3 für das Fischereirecht ohne Bedeutung.

*) Auf den sonst für die Fischerei unwesentlichen § 1004 ist im § 18 FG. verwiesen und er hier deshalb zum Abdruck gelangt.

C. Des Allgemeinen Landrechts.*)

Vom 5. Februar 1794.

(Bisher in Geltung gewesen).

Erster Teil. Neunter Titel.

Von der Erwerbung des Eigentums.

4. Von der Fischerei, Gegenstand derselben.

§ 170. So weit Jemand mit der Fischereigerechtigkeit in Strömen, Seen und anderen Gewässern versehen ist, so weit hat er ein ausschließendes Recht, sich alle in diesen Gewässern lebende Thiere zuzueignen. (Th. 2. Tit. 15. Abschn. 2.)[1])

§ 171. Der Fang solcher Thiere, die zugleich im Wasser und auf dem Lande leben (der Amphibien), gehört zur Jagd, wenn er mit Schießgewehr, Fallen oder Schlageisen geschieht.

§ 172. Der Fang der Fischottern und Biber gehört allemal zur Jagd.

§ 173. Wasservögel sind nur ein Gegenstand des Jagdrechts.

§ 174. In so fern jedoch jagdbare Zugvögel, außer der Hegezeit, mit Fischernetzen unter dem Wasser gefangen werden können, ist solches dem Fischereiberechtigten erlaubt.

§ 175. Alle andere Wasserthiere und Amphibien, welche mit Fischernetzen, Angeln, oder mit der Hand im Wasser gefangen werden, gehören dem Fischereiberechtigten.[2])

---

*) Die nachfolgenden fischereirechtlichen Bestimmungen des ALR., welche bis zum Erlaß des jetzigen FG. in Kraft waren, sind durch § 133² FG. aufgehoben. Von ihnen waren einige bereits durch die frühere Gesetzgebung inhaltlos geworden, die andern aber stellten das bisherige F.-Privatrecht dar. Letzteres ist jetzt mit im FG. (§§ 4ff.) enthalten. Die Vorschriften des ALR. kommen noch für alle aus der Zeit vor dem Inkrafttreten des FG. bestehenden Streitfragen in Betracht, dienen ferner als Vorläufer der privatrechtlichen Vorschriften des FG. zu dessen Auslegung und haben schließlich rechtsgeschichtliches Interesse. Sie sind hier deshalb mit zum Abdruck gebracht.

[1]) Der § 170 enthielt die landrechtliche Definition der F.-Berechtigung. Ihr unzulänglicher und unbestimmter Inhalt veranlaßte, daß bereits das frühere FG. (§ 2) eine andere Definition brachte. Beide Definitionen sind jetzt durch die neue im § 4 FG. ersetzt.

[2]) Die §§ 171—175 waren durch die inzwischen in der Preuß. Jagdordnung vom 15. Juli 1907 erfolgte Benennung der einzelnen jagdbaren Tierarten sowie durch das in § 45

Von Fischen in geschlossenen und ungeschlossenen Gewässern.

§ **176.** Teiche, Hälter, Seen und andere geschlossene Gewässer, welche sich nicht über die Gränze des Grundstücks erstrecken, in welchem sie liegen, sind in der Regel als das Eigenthum des Grundherrn anzusehen.

§ **177.** Die Fische in solchen Privatgewässern gehören also auch dem Eigenthümer des Grundstücks.[3])

§ **178.** Wenn Fische, die in solchen Gewässern gehegt werden, bei großem Wasser oder bei einem Durchbruche des Dammes austreten, so können sie von dem Eigenthümer, auch auf fremdem Grunde, wieder eingefangen werden.

§ **179.** Bis in Flüsse und Ströme hingegen, oder in andere Gewässer, worin ein Dritter das Recht zu fischen hat, findet die Verfolgung nur in so weit statt, als der Eigenthümer sichere Merkmale anzugeben vermag, wodurch seine ausgetretenen Fische von denjenigen, die in dem andern Gewässer befindlich sind, sich hinlänglich unterscheiden.

§ **180.** Wenn Flüsse, Bäche oder andere uneingeschlossene Gewässer austreten, so kann der, welcher darin zu fischen berechtigt ist, die ausgetretenen Fische in der Regel nicht verfolgen.

§ **181.** Vielmehr gehören diese demjenigen, auf dessen Grunde das ausgetretene Wasser stehen bleibt.

§ **182.** Bleiben die Fische, nach abgelaufenem Wasser, in Lachen zurück, die Jemand zu befischen das Recht hat, so kann dieser auch solche Fische sich zueignen.

§ **183.** Es darf aber Niemand die Fische durch Netze, Zäune, Dämme oder andere Währungen an der Rückkehr in den Strom verhindern.[4])

Polizeigesetze bei Ausübung der Fischerei.

§ **184.** Jeder Eigenthümer mag auf seinem Grunde und Boden, unter Beobachtung der Landes-Polizeigesetze, Fischteiche anlegen.

---

des früheren FG. dem F.-Berechtigten eingeräumte Tötungsrecht an fischfeindlichen Tieren inhaltlos geworden. Jetzt darf der F.-Berechtigte nur die im § 4 FG. aufgezählten Tiere sich aneignen und von jagdbaren Tieren nur dem Fischotter nachstellen (§ 105 FG.).

[3]) Die §§ 176, 177 waren inzwischen durch die Bestimmungen des § 960 BGB. ersetzt worden. Abgedruckt unter I B. Siehe im besonderen dort Anm. 10 u. 12.

[4]) In den §§ 178—183 war das bisherige F.-Recht bei Überflutungen enthalten. Diese Bestimmungen sind jetzt durch § 12 FG. ersetzt.

§ **185.** Die Fischerei in Teichen und eingeschlossenen Privatgewässern ist jeder Eigenthümer nach eigenem Gutbefinden auszuüben berechtigt.

§ **186.** In öffentlichen aber, so wie in nicht eingeschlossenen Privatgewässern, müssen, bei Ausübung derselben, die Vorschriften der Polizeigesetze wegen der Laichzeit, des verbotenen Fischerzeuges, und was sonst darin zur Verhütung des Ruins der Fischerei verordnet ist, genau befolgt werden.[5])

§ **187.** Auch in Privatflüssen, worin Mehrere die Fischereigerechtigkeit haben, darf Niemand, der nicht ein besonderes Recht dazu erworben hat, durch Versetzung des Flusses ober- oder unterhalb, den freien Gang der Fische hindern.[6])

§ **188.** Auf öffentlichen Gewässern soll Niemand zum Nachtheile der Fischereiberechtigten Enten halten.

§ **189.** Enten, welche die Besitzer der an Privatflüsse und Teiche stoßenden Grundstücke ohne ausdrückliche Erlaubniß des Fischereiberechtigten halten, ist dieser, wenn sie auf dem Wasser betroffen werden, zu pfänden oder zu tödten wohl befugt.[7])

§ **190.** Wer ohne Recht oder Erlaubniß fischt und krebst, verliert, außer dem, was er gefangen hat, auch die bei ihm befindlichen Netze und Fischergeräthe.[8])

---

[5]) Die §§ 184—186 gaben die rechtliche Wirkung des Unterschieds der geschlossenen und offenen Gewässer für die Fischerei wieder, die dann neu durch § 25 des früheren FG. geregelt war. Im neuen FG. finden sich keine diese Bestimmungen unmittelbar ersetzenden Vorschriften. Das neue FG. findet grundsätzlich auch auf geschlossene Gewässer Anwendung. Bei denjenigen Bestimmungen, die nicht auf sie angewendet werden sollen, spricht das FG. dies meist dadurch aus, daß es nur von offenen Gewässern spricht. Hinsichtlich der Anwendung der polizeilichen Anordnungen auf geschlossene Gewässer im besonderen siehe § 106 Abs. 4 FG.

[6]) Der Inhalt des § 187 betr. Nichtbehinderung des Fischwechsels war bereits durch § 20 des früheren FG. und ist jetzt durch § 35 FG. ersetzt.

[7]) Die Vorschriften der §§ 188, 189 betr. die Einlassung von Enten in Fischgewässer sind vom FG. nicht ersetzt worden. Es ist aber in ihm (§ 106 Ziff. 11) die Möglichkeit gelassen, durch Polizeiverordnung diese Frage zu regeln. Dies ist geschehen durch die FO. vom 29. März 1917. Siehe den § 38 dieser und die Anm. dazu (unter II B).

[8]) Der § 190 ist inzwischen durch §§ 296 und 370[4] StGB. ersetzt. Nur bei dem qualifizierten unberechtigten Fischen des § 296 ist in Verbindung mit § 40 StGB. die gerichtliche Ein-

Schranken der Fischereigerechtigkeit.

§ 191. Wer bloß die Fischereigerechtigkeit hat, darf sich deswegen in dem Strome oder Gewässer anderer Rechte des Grundeigenthümers nicht anmaßen.

§ 192. Werden also bei Gelegenheit des Fischfanges andere Sachen gefunden und entdeckt, so gelten in Ansehung derselben die Vorschriften des zweiten und dritten Abschnittes.[9])

Zweiter Teil. Fünfzehnter Titel.

Von den Rechten und Regalien des Staats.

Fischerei.

§ 73. Der Fischfang in öffentlichen Strömen gehört zu den Regalien.

§ 74. Wem die Fischereigerechtigkeit, ohne Bestimmung gewisser Grenzen, vom Staate verliehen worden, der kann dieselbe nur so weit ausüben, als sein Besitz am Ufer sich erstreckt.[10])

§ 75. Wem die Fischerei bloß zum häuslichen Gebrauche verliehen ist, der kann sie weder verpachten, noch mit den gefangenen Fischen Handel treiben.

§ 76. Ist jedoch der Fischfang zum Hausgebrauche nicht gewissen bestimmten Personen, sondern einem Grundstücke und dessen Besitzern beigelegt: so kann er dem Pächter des Grund-

---

ziehung der F.-Geräte auch jetzt noch möglich. Die Ausdehnung dieser Möglichkeit auf jeden Fall des unberechtigten Fischens ist von den Kommissionen des Landtags bei Beratung des FG. aber als erwünscht bezeichnet und die Regierung ersucht worden bei der Neuregelung des Strafrechts Vorsorge zu treffen, daß bei jeder Wildfischerei die Einziehung der benutzten Geräte auszusprechen ist.

[9]) Die §§ 191, 192, welche lediglich rechtlich Selbstverständliches wiedergeben, sind nicht durch andere Vorschriften ersetzt.

[10]) Das ALR. hatte überhaupt nicht unmittelbar ausgesprochen, wem an dem einzelnen Gewässer das F.-Recht zusteht. Die §§ 73, 74 sind die einzigen Vorschriften darüber gewesen. Erst die Rechtsprechung hat festgestellt, daß nach ALR. das F.-Recht in Privatflüssen und geschlossenen Gewässern Ausfluß des Grundeigentums, bei nicht geschlossenen des Uferbesitzes ist mit Ausnahme der öffentlichen Ströme, wo es nach § 73 Regel war. Die obigen Vorschriften sind jetzt durch die §§ 6, 7 FG. ersetzt, wonach durchgehends die F.-Berechtigung Ausfluß des Grundeigentums ist. Jedoch sind alle fremden F.-Berechtigungen aufrecht erhalten (§ 8).

stücks, mit diesem zugleich, zu solchem Gebrauche überlassen werden.[11])

§ **77.** Uebrigens finden die allgemeinen Bestimmungen wegen der einer Person oder Familie beigelegten, oder mit einem Amte verbundenen Nutzungsrechte, auch auf die solchergestalt verliehene Fischereigerechtigkeit Anwendung. (Th. 1. Tit. 19. §§ 22—28.)

§ **78.** Auch sind der Umfang, die Grenzen, und Einschränkungen einer jeden Fischereigerechtigkeit gehörigen Orts festgesetzt. (Th. 1. Tit. 9. §§ 170—192.)[12])

---

[11]) Die F.-Rechte zum häuslichen Gebrauch sind jetzt durch § 5 in Verbindung mit §§ 20, 26, 27 FG. geregelt. Sie sind als einer intensiven F.-Wirtschaft hinderlich für aufhebbar und ablösbar erklärt.

[12]) Die §§ 77, 78 enthalten nur Verweisungen, die ohne weiteres hinfällig geworden sind.

II. Fischereigesetz.*)

Vom 11. Mai 1916.

(GS. Nr. 14 S. 55, ausgegeben zu Berlin am 27. Mai 1916; mit Gültigkeit vom 15. April 1917).

Wir Wilhelm, von Gottes Gnaden König von Preußen usw., verordnen, mit Zustimmung der beiden Häuser des Landtags der Monarchie, was folgt:

---

*) In Preußen galt bisher das FG. für die Preußischen Staaten vom 30. Mai 1874 (GS. S. 197) mit der Ergänzung vom 30. März 1880 (GS. S. 228). Dieses hatte einen vorwiegend polizeilichen Charakter und hat damals das vor ihm in den einzelnen Landesteilen sehr voneinander abweichende F.-Polizeirecht unter Aufhebung aller bis dahin bestehenden Verordnungen für den ganzen Staat einheitlich geordnet. Nur die Verschiedenheit in den Vorschriften der einzelnen Polizeiverordnungen, welche auf Grund seines § 22 für die einzelnen Provinzen bzw. Regierungsbezirke zur Ausführung des Gesetzes ergingen und welche wenige Gebiete minder wichtiger Art wie die Fangzeiten, Größe des Maßes oder Gewichts der gefangenen Fische u. dgl. betrafen, blieb naturgemäß damals bestehen. Das F.-Privatrecht d. h. die Bestimmung, welche die Verhältnisse hinsichtlich der Fischerei zwischen den Staatsbürgern untereinander regeln, war in jenem Gesetz fast gar nicht berührt. Einerseits die seitherigen Fortschritte auf fischereilichem Gebiete, andererseits die hochgradige Veränderung der Vorbedingungen der Fischerei infolge des großen Aufschwungs in Landwirtschaft, Gewerbe und Verkehr in den letzten Jahrzehnten, schließlich die Störungen der Fischerei durch die vermehrte Dampfschiffahrt, durch die Strombauten, durch die Einrichtung und Ausdehnung gewerblicher Betriebe u. dgl. erheischten seitdem eine Änderung und Ergänzung des F.-Polizeirechts. Diese Forderung sollte anfänglich durch eine weitere Novelle zum bisherigen FG. erfüllt werden. Bei den Verhandlungen über eine solche wurde aber sowohl

von den F.-Interessenten als auch den beteiligten Verwaltungsbehörden die Einbeziehung auch des F.-Privatrechts, als welches bisher das veraltete ALR. noch in Betracht kam, in die Neuregelung des F.-Polizeirechts als erwünscht bezeichnet. Daraufhin ist von der Regierung an Stelle der ursprünglich beabsichtigten Novelle der Entwurf zu einem vollständig neuen FG. vorgelegt worden. In diesem ist im Gegensatz zum früheren FG. nicht nur das Polizeirecht, sondern das gesamte Fischereirecht in allen seinen Beziehungen erschöpfend behandelt worden.

Dieser Entwurf ist von der Regierung am 27. März 1914 nebst Begründung (Drucks. Nr. 260) eingebracht und in der Sitzung des Abgeordnetenhauses vom 25. April 1914 in erster Lesung beraten worden. Er wurde einer Kommission von 28 Mitgliedern zur Vorberatung überwiesen. Diese hat (nach einem vorläufigen Bericht vom 4. September 1914 (Drucksache Nr. 34 A) am 15. März 1915 einen ausführlichen und endgültigen Bericht über ihre Verhandlungen herausgegeben (Drucks. Nr. 725 A). Für die Vorberatung des Begriffs „Küstengewässer" hatte sie eine Unterkommission eingesetzt gehabt (deren Bericht: Drucks. Nr. 34 B). Die Kommission hat dann den von ihr in drei Lesungen überarbeiteten Entwurf des Gesetzes dem Abgeordnetenhause wieder vorgelegt (Drucks. Nr. 725 C). Dieser wurde angenommen und dem Herrenhause übersandt. Letzteres nahm ihn wider Erwarten nicht ohne weiteres an, sondern beschloß auch seinerseits eine Beratung in einer Kommission, die während der Frühjahrstagung 1915 keine genügende Zeit mehr dazu hatte. Dadurch unterblieb das damalige Zustandekommen des Gesetzes. Am 4. Januar 1916 wurde alsdann der von der Abgeordnetenhaus-Kommission hergestellte Entwurf von der Regierung mit einigen Abänderungen von neuem dem Landtage und zwar nunmehr zuerst dem Herrenhaus vorgelegt (Herrenhaus Drucks. Nr. 12). Durch dessen Beschluß vom 18. Januar 1916 wurde er einer besonderen Kommission von 21 Mitgliedern zur Vorberatung überwiesen. Diese legte den von ihr überarbeiteten Entwurf nebst Bericht vom 22. Februar 1916 (Herrenhaus Drucks. Nr. 27 A u. B) dem Herrenhaus wieder vor, welches ihn in der Sitzung vom 25. Februar 1916 annahm. Das Abgeordnetenhaus, an das er nunmehr gelangte, verwies ihn darauf am 3. März 1916 wiederum an eine Kommission von 28 Mitgliedern und nahm am 21. den Entwurf in der von dieser ihm gegebenen Fassung an (Bericht dieser Kommission: Drucksache Nr. 164), was dann am 31. März auch durch das Herrenhaus geschah. Seine Veröffentlichung als Gesetz erfolgte am 11. Mai 1916 (GS. S. 55). In dem Gesetz war der Zeitpunkt des Inkrafttretens einer Königl. Verordnung vorbehalten. Diese erging am 27. März

Erster Abschnitt. Allgemeine Vorschriften.**)

§ 1. Im Sinne dieses Gesetzes[1]) sind[2])

1. Küstengewässer:[3])[4]) die Teile der Nord- und Ost-

1917 (GS. S. 49), wonach das Gesetz am 15. April 1917 in Kraft zu treten hatte. Unmittelbar darauf wurde die ministerielle Polizeiverordnung zum Fischereigesetz (Fischerei-Ordnung) vom 29. März 1917 in den Regierungsamtsblättern veröffentlicht, welche die im Gesetz der polizeilichen Regelung vorbehaltenen Anordnungen einheitlich für ganz Preußen enthält, aber Einzelheiten den Regierungspräsidenten festzusetzen überlassen hat. Amtliche Bekanntmachung der FO. ist im Landw. Ministerialblatt vom Mai 1917 (S. 153) erfolgt.

**) Im ersten Abschnitt nimmt das FG. die Einteilung und Unterscheidung von Küsten- und Binnen-Gewässern (§ 1) sowie von geschlossenen und offenen Gewässern (§ 2) vor, deren Gruppen und Merkmale es zugleich angibt. Im § 3 wird dann die neu getroffene Einrichtung behandelt ein den äußeren Umständen nach offenes Gewässer durch ein bestimmtes Beschlußverfahren zu einem geschlossenen zu erklären.

[1]) Die im § 1 vorgenommene räumliche Abgrenzung der Küstengewässer von den Binnengewässern hat Bedeutung nur, soweit Vorschriften des FG. in Betracht kommen, also vor allem hinsichtlich des F.-Rechts in ihnen (§ 6), der Zuständigkeit der Behörde für Erteilung des etwa erforderlichen F.-Scheins (§ 92) usw. Für andere Rechtsgebiete, z. B. in staatsrechtlicher Beziehung und im Sinne des § 296a StGB. (unter III) ist die im § 1 getroffene lokale Abgrenzung nicht maßgebend.

[2]) Nach dem früheren FG. (§ 3) waren nicht, wie es jetzt in einer dem Gesetz beigefügten Beilage hinsichtlich der Flußmündungen geschehen ist, die Küstengewässer mit Namen aufgeführt und scharf gegen die Binnengewässer abgegrenzt, sondern nur allgemein angegeben und die örtlichen Grenzen zwischen den Küsten- und Binnengewässern sollten im einzelnen nach Anhörung der Provinzialvertretungen im Wege landesherrlicher Verordnungen festgelegt werden. Diese Festlegung war nur teilweise erfolgt. Die jetzige genaue Aufzählung der einzelnen Küstengewässer neben ihrer allgemeinen Begriffsbestimmung soll jegliche örtliche Unsicherheit beseitigen und ist von geringen Abänderungen abgesehen gemäß den tatsächlichen Verhältnissen zur Zeit des Ergehens des FG. erfolgt.

[3]) Man unterscheidet Hochsee-, Küsten- und Binnenfischerei. Nur die letzteren beiden sind in dem FG. geregelt.

Unter Hochseefischerei versteht man diejenige, welche in den nicht zu einem Staatsgebiet gehörigen Meeresteilen ausgeübt wird. Es ist also die außerhalb der Küstengewässer betriebene Meeresfischerei. Die völkerrechtliche Staatshoheitsgrenze auf den die Landesgrenze berührenden Meeren nach der offenen See hin bildet deshalb grundsätzlich auch die Grenzlinie für die Hochsee- und Küstenfischerei. In der Nordsee ist abweichend von diesem Grundsatz durch einen internationalen Vertrag zwischen dem Deutschen Reich, Großbritannien, Frankreich, Dänemark, Belgien und Niederlanden (Haager Konvention vom 6. Mai 1882; RGBl. 1884 S. 25) eine besondere F.-Hoheitsgrenze festgesetzt. In der Ostsee ist die allgemeine völkerrechtliche Staatshoheitsgrenze auf Kanonenschußweite, welche heute auf 3 Seemeilen Entfernung vom Strande bei Niedrigwasser angenommen wird, auch als Fischereihoheitsgrenze beibehalten. Nur auf dem Kleinen Belt ist sie durch ein Abkommen zwischen Preußen und Dänemark vom $\frac{\text{27. September 1894}}{\text{9. Oktober 1896}}$ besonders geregelt. Über die allgemeine Befugnis zur Ausübung der Hochsee-F. siehe Anm. 4 zu § 6.

Während hiernach die Hochsee-F. in dem jenseits der F.-Hoheitsgrenze befindlichen Teil des Meeres ausgeübt wird, ist die Küsten-F., allgemein betrachtet, diejenige, welche in den diesseits dieser Grenze, also auf den zwischen ihr und der Staats-Landgrenze (der Küste selbst) liegenden Meeresteilen, zur Ausübung kommt. Diese allgemeine Erklärung läßt die Grenze zwischen Küsten- und Binnen-F. aber unklar, weil es ungewiß ist, wie weit die Wasserflächen der Meeresbuchten, der Haffe und die Mündungen der ins Meer fallenden größeren und kleineren Flüsse noch zum Meere zu rechnen sind. Die Absicht des früheren FG. diese schon damals erkannte Unsicherheit durch Angabe lokaler Grenzmarken zu beseitigen ist damals nicht durchgeführt worden (Anm. 2). Das neue FG. hat deshalb von einer Definition der Begriffe Küsten- und Binnen-F. im Gegensatz zum früheren FG. abgesehen und lediglich die Küsten- und Binnengewässer in möglichst genauen Grenzen festgelegt (Anm. 4ff.). Küstenfischerei ist danach jegliche auf den von dem FG. als Küstengewässer bezeichneten Wasserflächen betriebene Fischerei anzusehen. Über die Befugnis zur Küsten-F. siehe § 6.

Binnenfischerei liegt stets vor, wenn auf einem diesseits der Preußischen Staatshoheitsgrenze liegenden Gewässer gefischt wird, welches durch das FG. nicht ausdrücklich als Küstengewässer bezeichnet ist.

Über die Rechtswirkung der Unterscheidung von Hochsee-, Küsten- und Binnen-F. siehe Anm. 4 zu § 6.

4) Die durch das FG. erfolgte Festlegung der Küstengewässer umfaßt zwei Arten, nämlich die unter einen all-

see, auf die sich die preußische[5]) Staatshoheit erstreckt, einschließlich der offenen Meeresbuchten,[6]) und die in der Beilage[7]) aufgeführten Strecken von Wasserläufen,[8])

2. Binnengewässer:[3]) alle anderen Gewässer.[9])

---

gemeinen Begriff fallenden (Anm. 6) und die besonders mit Namen und Lage ausdrücklich aufgeführten Wasserflächen (Anm. 8).

[5]) Da das FG. ein preußisches Landesgesetz und kein Reichsgesetz ist, konnte in ihm nur der Begriff des preußischen Küstengewässers im fischereirechtlichen Sinne (Anm. 1) festgelegt werden. Es scheiden hier also die oldenburgischen, hamburgischen und mecklenburgischen Küsten aus. Die ihnen vorgelagerten Meeresteile heißen nach den allgemeinen Völkerrechtsgrundsätzen ebenso wie die vor der preußischen Küste liegenden in staatsrechtlicher Beziehung deutsche Küstengewässer (§ 296 a StGB. unter III).

[6]) Zu den Küstengewässern gehören in erster Linie die nach dem allgemeinen staatsrechtlichen Begriff dazu rechnenden Wasserflächen d. h. die von der Staatshoheitsgrenze nach dem Binnenlande zu gelegenen Meeresteile. Näheres ergibt sich aus Anm. 3. Zu ihnen rechnen, wie besonders im FG. hervorgehoben wird, die offenen Meeresbuchten. Unter letzteren ist jegliche Wassereinbuchtung in das Binnenland hinein zu verstehen, wenn sie mit dem offenen Meere in dauernder natürlicher Verbindung steht, also z. B. auch ein Küstensee. Im besonderen rechnen dazu der Jasmunder See und der Kleine Jasmunder Bodden auf der Insel Rügen sowie die sog. Ostsee-Binnengewässer des Regierungsbezirks Stralsund (Bericht der Unterkommission, Drucks. 34 B S. 3 u. Begr. S. 36).

[7]) Diese Beilage bildet den Schluß des FG. und ist S. 190 abgedruckt.

[8]) Die Ungewißheit der Grenze der staatsrechtlichen Küstengewässer nach dem Binnenlande hin, die bisher für die Haffe und die Flußmündungen bestand, hat das neue FG. für die Fischerei dadurch beseitigt, daß es alle nach dem allgemeinen Begriff zweifelhaften Gewässer namentlich aufführt und bei ihnen die genauen örtlichen Grenzlinien festlegt. Von ihnen ab der Küste zu sind dieser Wasserflächen Küstengewässer. Infolgedessen braucht das neue FG. nicht wie das frühere (§ 3) im § 1 die Haffe und die größeren ins Meer fließenden Ströme noch besonders zu erwähnen, sondern sie sind in der namentlichen Aufzählung berücksichtigt. Diese Aufzählung unter Angabe der Anfangspunkte der Küstenge-

§ 2. [1]Im Sinne dieses Gesetzes[1]) sind geschlossene Gewässer:[2])

---

wässer ist in einem Verzeichnis erfolgt, welches als Beilage dem Gesetz amtlich beigefügt ist (Anm. 7). Der Inhalt dieses Verzeichnisses hat Gesetzeskraft und kann nur durch ein neues Gesetz abgeändert werden (Drucks. Nr. 34 S. 22). Für die gesetzliche Beifügung eines Verzeichnisses ist das WG. mit demjenigen der Ströme erster Ordnung vorbildlich gewesen. Besonderes über die einzelnen Küstengewässer siehe in den Anmerkungen zum Verzeichnis selbst (S. 191).

[3]) Die Binnengewässer umfassen sämtliche im Staatshoheitsgebiet Preußens liegenden Wasserflächen mit Ausnahme der unter Nr. 1 des § 1 genannten Küstengewässer. Jeder in der Beilage erwähnte Wasserlauf rechnet bis zu der dort angegebenen Grenzmarke zum Binnengewässer. Zur Binnenfischerei gehört deshalb die F.-Tätigkeit jeglicher Art auf irgend einer dieser Wasserflächen ohne Rücksicht, ob sie private oder öffentliche, geschlossene oder offene, stehende oder fließende, künstliche oder natürliche Gewässer sind.

[1]) Ebenso wie durch diese gleichen Worte im § 1 wird hier zum Ausdruck gebracht, daß die im § 2 angeführten Merkmale eines geschlossenen Gewässers nur insoweit maßgebend sind, als Vorschriften des FG. in Betracht kommen. Dies ist im besonderen wesentlich, weil auch § 960 BGB. von solchen in etwas anderem Sinne spricht. Die nach dem FG. geschlossenen Gewässer sind nicht gleichbedeutend mit den geschlossenen Privatgewässern des BGB. (siehe oben unter I B). Die Bedeutung der im § 2 im Anschluß an die frühere Gesetzgebung getroffenen Unterscheidung von geschlossenen und offenen Gewässern liegt darin, daß eine Reihe von Vorschriften des FG. nur auf die offenen und nicht auch auf die geschlossenen zur Anwendung kommt z. B. über die Aufhebung und Beschränkung von F.-Berechtigungen (§ 27), Bildung von F.-Genossenschaften (§ 36) und von F.-Bezirken (§ 86), ferner nur ein beschränkter Teil der polizeilichen Verordnungen (§ 106 Abs. 4) usw. Der F.-Betrieb im geschlossenen Gewässer ist unbeschränkter als im offenen und ermöglicht dadurch eine größere Ausnutzung nach dem Belieben des F.-Berechtigten. In privatrechtlicher Beziehung, im besonderen auf die Eigentumsfrage an den Fischen, sind die Unterscheidungsmerkmale des FG. nicht ausschlaggebend, sondern nur die Vorschriften des § 960 BGB. Abweichend vom früheren FG. gibt das jetzige Gesetz die Möglichkeit unter bestimmten Voraussetzungen auch an sich offene Gewässer zur besseren Ausnutzung des Wassers und zur Verbesserung des Fischbestandes fischereilich wie geschlossene zu

bewirtschaften, so daß also auch auf sie die erwähnten Betriebsbeschränkungen des FG. nicht zur Anwendung zu bringen sind (§ 3).

[2]) Das FG. unterscheidet für seine Vorschriften geschlossene (Abs. 1) und offene (Abs. 3) Binnengewässer. Küstengewässer sind stets offen. Über die rechtliche und wirtschaftliche Bedeutung dieser Unterscheidung siehe Anm. 1.

Der § 2 führt die Merkmale der geschlossenen Gewässer auf. Inhaltlich trifft auch für das neue FG. die in den Motiven zum früheren FG. gegebene Definition zu, wonach ein geschlossenes Gewässer überall da vorliegt, „wo die Verfügung über einen örtlich abgegrenzten Bestand von Fischen tatsächlich und rechtlich in der Hand eines einzelnen ruht". Anders wie beim geschlossenen Privatgewässer des § 960 BGB. kann dieser einzige Verfügungsberechtigte hier auch der fremde F.-Berechtigte sein, während dort nur der Gewässer-Eigentümer in Frage kommt (Anm. 11 Abs. 2 zu § 960 BGB. unter I B). In Übereinstimmung mit jener Definition fordert der § 2 als Voraussetzung für die Geschlossenheit seiner beiden Gruppenarten solcher Gewässer die Einheitlichkeit in der Regelung der F.-Ausübung auf ihnen, sei es durch eine einzelne Person oder durch eine Genossenschaft oder einen gemeinschaftlichen F.-Bezirk. Zu dieser rechtlichen Voraussetzung tritt eine tatsächliche: es darf keine wesentliche Veränderung im Fischbestande des Gewässers eintreten können. Nach dieser Richtung hin bestehen wieder zwei Gruppen geschlossener Gewässer: die Gewässer haben entweder überhaupt keine den Fischwechsel mit einem andern Gewässer ermöglichende dauernde Verbindung (§ 2 Nr. 2) oder sie haben eine solche, die aber nur mindermaßige Fische durchläßt. Im letzteren Fall müssen sie dann künstlich zu Zwecken der Fischzucht angelegt sein (§ 2 Nr. 1). Die geschlossenen Gewässer bedürfen also einer natürlichen oder mechanischen Absperrung. Bei der letzteren Gruppe wird ausnahmsweise durch die Verbindung mit einem andern offenen Gewässer der Begriff der Geschlossenheit nicht aufgehoben. Dies geschieht aber nur, wenn die besondere Art des Gewässers und die besondere Eigenschaft der Verbindung gewährleistet ist. Im Sinne der Geschlossenheit des FG. ist es ohne Belang, ob das Gewässer dem ganzen Umfange nach im Privateigentum steht. Auch der See des Großgrundbesitzers ist ein offener, sobald er den Fischwechsel ermöglichende Zu- oder Abflüsse hat, mögen sie verhältnismäßig auch unbedeutende sein. Auch Festungsgräben, die dauernde Verbindung mit einem Wasserlauf haben, gehören zu den offenen Gewässern (Drucks. 725 A S. 32), völlig abgesperrte aber nicht.

1. künstliche Fischteiche [3]) und sonstige künstliche Anlagen zur Fischzucht,[4]) sofern sie gegen den Wechsel von Fischen,[5]) die das vorgeschriebene Mindestmaß haben,[6]) abgesperrt sind,[7])

---

[3]) Das Gewässer muß, wenn es trotz der beschränkten Fischwechselverbindung als geschlossenes nach Nr. 1 angesehen werden soll, künstlich als Fischteich usw. hergestellt sein. Selbstverständlich sind damit nicht rein künstlich geschaffene Teiche usw. gemeint, es genügt, wenn der natürliche Teich durch zweckdienlichen Ausbau für die Fischzucht durch Menschenhand hergerichtet ist. Diese Gewässer müssen aber wirklich Zwecken der Fischzucht in erster Linie dienen. Deshalb ist ein künstlich geschaffener Mühlenteich oder -graben, selbst wenn er durch ein Fischgitter vom Wasserlauf abgesperrt ist, noch kein geschlossenes Gewässer. Denn er dient hauptsächlich gewerblichen und nicht fischereilichen Zwecken. Jedoch wird er auf Antrag des Mühlenbesitzers, wenn er darin Fischwirtschaft treiben will, gemäß § 3 zu einem geschlossenen Gewässer erklärt werden können.

[4]) Als solche Anlagen kommen z. B. die künstlich zur Forellenzucht hergestellten Rinnsale in Betracht. Künstliche Triebwerkkanäle, Mühlengräben usw. fallen aus dem in Anm. 3 angeführten Grunde nicht unter die hier gemeinten Anlagen.

[5]) Über den Begriff „Wechsel der Fische" bestehen geteilte Ansichten. Nach der einen Auffassung liegt solcher schon vor, wenn die Fische aus einem in das andere Gewässer hinein, wenn auch nicht wieder heraus gelangen können; die Möglichkeit eines Zurückwechselns soll also nicht erforderlich sein (OVG. 8, 238; GA. 40, 209; Delius S. 4 Anm. 1). Nach Ansicht der andern muß eine wechselseitige Übergangsmöglichkeit für die Fische bestehen, es soll ein wirkliches Hin- und Herwechseln von einem in das andere Gewässer möglich sein müssen (Havenstein S. 34 Anm. 4). Die letztere Auffassung ist als die richtige zu bezeichnen. Die gesetzliche Unterscheidung von geschlossenen und offenen Gewässern ist überhaupt nur durch die Möglichkeit einer Veränderung des Fischbestandes in den einzelnen Gewässern veranlaßt. Man sah ein, daß ein Gewässer mit einem festen Fischbestande in fischereilicher Beziehung anders behandelt werden muß wie eins mit einem völlig und dauernd veränderungsfähigen. Dieses letztere für den Charakter eines offenen Gewässers als ausschlaggebend gedachte Merkmal trifft nicht zu, wenn der Hauptbestand der Fische fest und im wesentlichen unveränderlich ist. Die Allgemeinheit hat bei einem derartig nur beschränkt wechselnden Fischbestande ebensowenig wirtschaftliches Interesse wie bei einem vollständig abgeschlossenen. Aus inneren Gründen

2. die übrigen Gewässer,[8]) sofern es ihnen an einer für den Wechsel der Fische[5]) geeigneten dauernden Verbindung[9]) fehlt,[9])

---

erscheint daher die aus allgemeinen fischwirtschaftlichen Interessen eingeführte Beschränkung der Fischwirtschaft bei völligem Bestandswechsel auf den lediglich entweder nur zu- oder nur abnehmenden Fischbestand eines Gewässers nicht gerechtfertigt. — Für den Begriff des Fischwechsels kommen nur wirkliche Fische in Frage. Der verallgemeinerte Begriff der Fische des § 4 Abs. 3, unter welchen auch die Frösche fallen können, erscheint hier aus natürlichen Gründen nicht anwendbar.

[6]) Während das frühere FG. ohne Einschränkung jede Verbindung eines künstlichen Fischteichs mit einem offenen Gewässer ohne Einfluß auf seine Geschlossenheit zuließ (§ 4), verlangt das jetzige FG. einen bestimmten Grad der Absperrung des Fischteichs für die Geschlossenheit. Diese Absperrung muß ferner eine bestimmte Wirkung haben. Sie muß den Wechsel größerer Fische verhindern und zwar ist als Maßstab für die Größe das von der zuständigen Polizeibehörde vorgeschriebene Mindestmaß (§ 106[1]) festgesetzt. Die in der FO. §§ 1ff. festgelegten Mindestmaße gelten auch für die obige Vorschrift. Fische unter diesem Maße dürfen unbeschadet des Begriffs der Geschlossenheit einwechseln können. Die Absperrung ist in ihrer Beschaffenheit nach dem Mindestmaß derjenigen Fischarten, welche in dem dem Fischteich angrenzenden Gewässer vorkommen, einzurichten. Durch diese Vorschrift soll verhindert werden, daß der Fischteichbesitzer das Einwechseln der Fische aus dem Nachbargewässer ausnutzt, sobald der Fischteich gesperrt aber nicht besetzt ist. Aus solchen Fischteichen dürfen gemäß § 106 Abs. 4 zur Besetzung anderer Gewässer übrigens Fische mit Mindermaß, also auch eingewechselte, verkauft werden.

[7]) Über den Grad der Absperrung siehe Anm. 6. Der völlige Mangel einer Absperrung oder das Vorhandensein einer ungenügenden macht den Fischteich zu einem offenen Gewässer. Bezüglich der Art der Absperrungsanlage siehe Anm. 15.

[8]) Ausnahmslos alle Arten von Gewässern, welche nicht nach Nr. 1 als Fischteiche u. dgl. in Betracht kommen, sind, sobald sie keine Fischwechselverbindung mit einem andern Fischwasser haben, geschlossene Gewässer, also künstliche und natürliche Lachen, Teiche, Seen, Bäche, die in geschlossene Seen fallen usw. Jedoch müssen sie ebenso wie die Fischteiche der im Nachsatz des Abs. 1 vorgeschriebenen einheitlichen Befischung unterliegen. Ob das Fehlen der Verbindung durch die Natur oder durch künstliche Anlagen herbeigeführt ist, ist gleichgültig.

wenn[10]) die Ausübung des Fischereirechts in vollem Umfang einer Einzelperson zusteht[11]) oder die Gewässer

---

Jedenfalls darf das Hindernis nicht beliebig zu öffnen und zu schließen sein (OVG. 26, 260; 35, 306). Dagegen können mehrere nach Nr. 2 in sich geschlossene Gewässer ohne ihre Eigenschaft als solche zu verlieren untereinander verbunden sein, sobald für die Gesamtheit die Voraussetzungen des ganzen Absatzes 1 bestehen. Andererseits hebt die Verbindung eines nach Nr. 2 geschlossenen Gewässers mit einem eine zulässige Verbindung nach einem offenen Wasser besitzenden Fischteich (Nr. 1) die Eigenschaft der Geschlossenheit für das erstere Gewässer auf.

9) Dem geschlossenen Gewässer muß jegliche Verbindung mit einem offenen Wasser fehlen oder die etwa bestehende Verbindung darf für Fischwechsel nicht geeignet und diese Nichtgeeignetheit muß eine dauernde sein. Im Gegensatz zu den künstlichen Fischteichen darf hier überhaupt kein Fischwechsel möglich sein (Anm. 5). Als solcher gilt auch einer mit Hindernissen für die Fische (OVG. 8, 278). In Übereinstimmung mit dem bisherigen Recht kann ein Gewässer dann nicht als geschlossen gelten, wenn durch periodisches Hochwasser, gleichviel ob es regelmäßig oder in unbestimmten Fristen wiederkehrt, ein Fischwechsel ermöglicht zu werden pflegt. Dagegen berührt eine außerhalb der Berechnung liegende Verbindung von Fischgewässern z. B. infolge eines Durchbruchs oder bei einer außergewöhnlichen Überschwemmung den Begriff des geschlossenen Gewässers nicht (OVG. 8, 238; Drucks. Nr. 725 A S. 35, Begr. S. 37). Wasserläufe, welche durch Wehre, Mühl- oder sonstige Triebwerke in der ganzen Breite abgesperrt sind und in welchen durch periodische Hochwasser ein zeitweiliger Fischwechsel ermöglicht wird, sind deshalb keine geschlossenen Gewässer. Ebenso auch nicht Festungsgräben, wenn sie mit einem Flußlauf in dauernder Verbindung stehen. Trotzdem darf die Kommandantur sie von jedem Verkehr, also auch von der Befischung absperren.

10) Während der § 2 in Nr. 1 und 2 die örtlichen Voraussetzungen für den Begriff der Geschlossenheit eines Gewässers vorschreibt, stellt der Nachsatz mit „wenn" ein weiteres rechtliches Erfordernis auf. Die Befischung muß rechtlich so geregelt sein, daß eine gute Fischwirtschaft auf dem Gewässer gewährleistet erscheint. Ist dies bei einem Gewässer in der im Nachsatz geforderten Weise nicht der Fall, so ist es, trotzdem die räumliche Abgeschlossenheit der Nr. 1 oder 2 besteht, kein geschlossenes Gewässer im Sinne des FG. und ist den für offene Gewässer geltenden Vorschriften unterworfen.

11) Als rechtliche Voraussetzung zur Geschlossenheit wird hier für jedes Gewässer, mag es die Erfordernisse der Nr. 1

einer Wirtschaftsgenossenschaft (§ 36 Abs. 1 Nr. 2)[12]) oder einem gemeinschaftlichen Fischereibezirke (§ 86) an=

---

oder der Nr. 2 des Vordersatzes haben, verlangt, daß die Ausübung des F.-Rechts nur einer einzigen Person zusteht. Nicht das F.-Recht selbst, sondern die Befugnis zu seiner Ausübung muß in einer Hand liegen, z. B. in der eines Pächters oder eines See-Eigentümers. Wenn dagegen mehrere F.-Berechtigte z. B. Miteigentümer eines Sees oder neben dem Eigentümer des Gewässers ein dinglich F.-Berechtigter vorhanden sind, so ist stets das Gewässer — auch des bisher geschlossen gewesenen — solange ein offenes, bis von den mehreren Mitberechtigten die Ausübung ihres Rechts auf eine Person übertragen worden ist (Drucks. A 725 S. 27, 33). Über die Arten und die Form solcher Übertragung siehe §§ 19 und 28. Verpachtet andererseits z. B. ein Einzeleigentümer seinen an sich räumlich geschlossenen See an einen Fischer, behält sich aber ein F.-Ausübungsrecht für den eigenen Tisch vor, so sind zwei Personen ausübungsberechtigt und der See ist von der Verpachtung ab ein offenes Gewässer. Desgleichen wird ein geschlossenes Gewässer durch den Erbgang auf mehrere Erben, durch Verpachtung an mehrere Pächter und durch Verkauf an eine Mehrheit von Käufern zu einem offenen und bleibt es solange, bis sie eine Einzelperson zur Ausübung des gesamten F.-Rechts nach § 28 Abs. 2 ermächtigt haben. Der einzige F.-Ausübungsberechtigte muß ferner eine natürliche Person sein. Der Fiskus, eine politische oder kirchliche Gemeinde, eine Aktiengesellschaft usw. macht durch das Innehaben des F.-Ausübungsrechts sei es als Eigentümer des Gewässers oder als F.-Pächter dieses zu einem offenen, vermag ihm aber durch die Übertragung des Rechts auf einen Bevollmächtigten die Eigenschaft der Geschlossenheit wieder zu geben. Die Ermächtigung kann formlos erfolgen (Anm. 3 zu § 28). Die Ausgabe von Erlaubnisscheinen berührt die Eigenschaft eines Gewässers nicht (Satz 2). Auch die juristischen Personen dürfen solche ausgeben, solange sie keinen Bevollmächtigten bestellt haben, an den alsdann das Ausgaberecht übergeht. Ist solcher nicht bestellt, so kann als an einem offenen Gewässer die Zahl der Erlaubnisscheine beschränkt werden (§ 98 Abs. 7).

[12]) Die Regelung des Fischfangs durch eine Wirtschaftsgenossenschaft ist der Ausübung des F.-Rechts durch eine einzelne natürliche Person gleichgestellt worden. Dies ist geschehen, weil dadurch ein fischwirtschaftlich guter Betrieb und damit der Zweck, die Gewähr für eine gute Fischwirtschaft, gesichert erscheint, zumal die genossenschaftliche Verwaltung unter Staatsaufsicht steht (§ 45). Eine Schutzgenossenschaft kann hier nicht in Frage kommen, da sie kein F.-Ausübungsrecht hat (Anm. 6 zu § 36).

gehören.[13]) Dadurch, daß die Ausübung des Fischereirechts unter Beschränkung auf den Fischfang (§ 28 Abs. 1) mehreren Einzelpersonen übertragen wird, hört ein Gewässer nicht auf, ein geschlossenes zu sein.[14])

II Über die Art der Absperrung nach Abs. 1 Nr. 1 können durch Polizeiverordnung (§ 124) nähere Bestimmungen getroffen werden.[15])

III Alle anderen Gewässer sind offene Gewässer.[16])

---

[13]) Die Zugehörigkeit zu einem gemeinschaftlichen F.-Bezirk ist aus denselben Gründen wie bei der Wirtschaftsgenossenschaft der F.-Ausübung durch eine Einzelperson gleichgestellt (Anm. 12).

[14]) Die Inhaber von Erlaubnisscheinen sind als nicht vollberechtigt und auch nicht voll ausübende Fischer, wie ständig im FG., auch hier nicht den F.-Pächtern usw. gleichgestellt. Selbst wenn eine größere Anzahl von Erlaubnisscheinen ausgestellt ist, bleiben für die Beurteilung der Eigenschaft des Gewässers lediglich die Persönlichkeiten der voll Ausübungsberechtigten maßgebend. Aber die Inhaber der Erlaubnisscheine müssen dazu natürliche Personen sein. Die Ausgabe von Erlaubnisscheinen an eine juristische Person oder einen Verein macht ein geschlossenes Gewässer zu einem offenen.

[15]) Bestimmte Weiten und Maße der Schutzrechen, Gitter oder der sonstigen Absperrungsarten sind im FG. wegen der Verschiedenheit der Fischarten in den einzelnen Gewässern nicht einheitlich vorgeschrieben worden. Um etwaige widerstreitende Entscheidungen der Gerichte zu vermeiden und für örtliche abgegrenzte Bezirke im Interesse aller Beteiligten eine Einheitlichkeit herbeizuführen, soll die rein technische Frage unter Berücksichtigung der örtlichen Verhältnisse durch Polizeiverordnungen geregelt werden können. In ihnen wird die Beschaffenheit der Absperrung nach dem Mindestmaße der im angrenzenden Gewässer vorkommenden Fischarten einzurichten sein. In der auf Grund des § 124 FG. ergangenen FO. ist durch § 30 der Abstand etwaiger Stabgitter und ebenso die lichte Weite etwaiger Maschen der Absperrungsvorrichtungen auf 2 cm für ganz Preußen festgesetzt (siehe unter II B).

[16]) Ausnahmslos sämtliche Gewässer, welche nicht den Anforderungen des Absatz 1 genügen, haben die Eigenschaft offener Gewässer. Im bisherigen FG. waren Streitigkeiten darüber, ob ein Gewässer als offenes oder geschlossenes anzusehen sei, durch ausdrückliche Vorschrift (§ 4 Abs. 2) der Entscheidung des Bezirksausschusses überwiesen. Eine derartige Bestimmung hat das jetzige FG. nicht. Nimmt die F.-Behörde (§ 119) nach Ansicht des Eigentümers zu Unrecht in einer

§ 3. [1]Offene Gewässer,[1]) in denen die Ausübung des Fischereirechts in vollem Umfang einer Einzelperson zusteht oder die einer Wirtschaftsgenossenschaft oder einem gemeinschaftlichen Fischereibezirk angehören,[2]) oder einzelne Strecken solcher Gewässer[3]) können durch Beschluß des

---

polizeilichen Verfügung oder einer Strafverfügung den Charakter eines offenen Gewässers an, so muß er gemäß § 127 LWG. Beschwerde einlegen oder gerichtliche Entscheidung beantragen, worauf in dem anhängig werdenden Verfahren die Frage zum Austrag gebracht werden muß.

[1]) Durch den § 3 ist eine wesentliche Neuerung gegenüber dem bisherigen FG. eingeführt. Durch ihn ist die Möglichkeit gegeben unter bestimmten Voraussetzungen Gewässer, welche dem Abs. 1 des § 2 nicht entsprechen und daher offen sind, trotzdem als geschlossene Gewässer im Sinne des FG. gelten zu lassen und sie auf diese Weise den Beschränkungen, welche das FG. für offene Gewässer vorschreibt, zu entziehen. Der Zweck dieser Bestimmung ist, auch für geeignete offene Gewässer die Möglichkeit zu schaffen, zielbewußte Maßnahmen zur Verbesserung des Fischbestandes und zur vollen Ausnutzung dieser Gewässer für die Fischzucht zu treffen und so einen rationellen Fischereibetrieb auf ihnen einrichten zu können.

[2]) Nur solche offenen Gewässer, für welche das im § 2 vorgeschriebene rechtliche Erfordernis eines geschlossenen Wassers vorhanden ist (Anm. 10 u. 11 u. § 2), kommen für die behördliche Erklärung zu geschlossenen Gewässern in Betracht. Weitere Voraussetzung ist, daß eine künstliche Absperrung des Fischwechsels gegen das angrenzende Gewässer erfolgt ist (Anm. 7).

[3]) Als „einzelne Strecken" kommen namentlich Seen mit Ab- und Zufluß in Frage. Auf solchen Seen ist eine geordnete Fischzucht nur durch die Absperrung der Verbindungswege möglich, weil ohne sie die Unter- und Oberlieger die vom Seebesitzer gezüchteten Fische abfangen würden. Auch Abzweigungen von Flußläufen, die in letztere wieder einmünden, wie z. B. Mühlgräben, können hiernach abgesperrt und als geschlossene Gewässer rationell fischereilich bewirtschaftet werden. Nach dem Wortlaut des Gesetzes könnten Strecken ausnahmslos aller offenen Gewässer, also z. B. auch Teile eines Flußlaufs nach Absperrung theoretisch in Betracht kommen. Tatsächlich wird aber in solchen Fällen die Genehmigung zur vollständigen Absperrung meist versagt werden müssen, weil durch eine Sperrung des von Fischen zur Laichzeit mit Vorliebe aufgesuchten oberen Wasserlaufs die Fischerei auf dem ganzen Gewässer zugrunde gerichtet werden

Bezirksausschusses[4]) auf Antrag des zur Ausübung Berechtigten[5]) für einen bestimmten Zeitraum[6]) zu geschlossenen Gewässern erklärt werden, wenn sie derart abgesperrt werden, daß Fische, die das vorgeschriebene Mindestmaß haben, nicht wechseln[7]) können.[8]) Zuvor

---

würde. Auch Talsperren fallen unter § 3 (Drucks. Nr. 25 A S. 45).

[4]) Der Bezirksausschuß, gegen dessen Entscheidung die Beschwerde an das Landeswasseramt binnen 2 Wochen nach Zustellung des Bescheides zulässig ist (§ 122), soll vorher einen F.-Sachverständigen hören (§ 121). Bei der Entscheidung wird nach den örtlichen Verhältnissen abzuwägen sein, ob der durch die Absperrung erzielte wirtschaftliche Vorteil größer ist als der andern F.-Berechtigten entstehende Schaden. Zuständig ist derjenige Bezirksausschuß, in dessen Bereich das betreffende Gewässer liegt.

[5]) Antragsberechtigt ist also der fischereiberechtigte Eigentümer des betreffenden offenen Gewässers, der das Fischgewässer nicht verpachtet hat, der dingliche F.-Berechtigte, der F.-Pächter oder von mehreren F.-Berechtigten derjenige, dem die alleinige Ausübung des F.-Rechts übertragen ist. Der Vorstand der F.-Genossenschaft und der Gemeindevorsteher als Vertreter des gemeinschaftlichen F.-Bezirks ist für das Gewässer eines der Genossen nicht antragsberechtigt, wohl aber letzterer selbst, da mit der Erklärung zum geschlossenen Gewässer diese Wasserfläche aus der Genossenschaft und dem F.-Bezirk ausscheidet. Denn nur offene Gewässer können jenen Vereinigungen angehören (§§ 30, 77).

[6]) In dem die Erklärung festsetzenden Beschluß muß bestimmt ausgesprochen sein, bis wann das Gewässer als geschlossenes gilt. Dadurch soll der Antragsteller eine Sicherheit für die Vorbereitung und Ausnutzung seiner wirtschaftlichen Maßnahmen, namentlich der Besetzung des Gewässers mit wertvollen Fischen, haben. In dem Regierungsentwurf sollte die Geschlossenheit auf Widerruf ausgesprochen werden können, um gegen einen Mißbrauch des gewährten Rechts geschützt zu sein und aus auftretenden anderweitigen Interessen die jederzeitige Zurücknahme der Genehmigung zu ermöglichen. Die Kommission hat diese Worte gestrichen, weil bei Bestehen eines Widerrufsrechts eine ergiebige Fischwirtschaft in einem solchen Gewässer naturgemäß nicht eingerichtet werden kann.

[7]) Siehe Anm. 5 zu § 2.

[8]) Der Grad der Absperrung muß also ein gleicher sein wie im § 2 Nr. 1 (siehe Anm. 6 zu § 2). Die Absperrung darf erst erfolgen, nachdem die Genehmigung dazu auf das Gesuch des Antragstellers erteilt ist. Stellt sich die Absperrung hinter-

ist der Antrag öffentlich bekannt zu machen und dabei darauf hinzuweisen, bei welcher Stelle Widersprüche binnen vier Wochen anzubringen sind.[9]) Der Beschluß des Bezirksausschusses ist dem Antragsteller und den Widersprechenden zuzustellen, der endgültige Beschluß durch das Amtsblatt bekannt zu machen.[10])

II Erleidet dadurch, daß ein Gewässer zum geschlossenen erklärt wird, ein zur Fischerei in anderen Gewässern oder Gewässerstrecken Berechtigter Schaden,[11]) so kann er vom Antragsteller Schadenersatz beanspruchen.[12]) Über den Anspruch und seine Höhe beschließt bei Streit der Be-

---

her als unzureichend heraus, so ist der Beschluß, der nur unter der Bedingung des vorgeschriebenen Absperrungsgrads ausgesprochen wird, wieder aufzuheben. Die Aufhebung kann von Amts wegen und auch auf Antrag eines jeden Beteiligten geschehen.

9) Diese Art eines öffentlichen Aufgebotsverfahrens soll den Beteiligten Gelegenheit geben ihre entgegenstehenden Interessen der entscheidenden Behörde zur Kenntnis zu bringen, um diese bei der Entscheidung mit in Erwägung ziehen zu können. Für die Bekanntmachung ist zwar keine bestimmte Form vorgeschrieben, doch wird sie in der für ähnliche Anträge bei der Behörde üblichen Weise zu erfolgen haben.

10) Die förmliche Zustellung soll möglichst die Kenntnisnahme der Beteiligten von dem Beschluß und ihnen damit das Rechtsmittel dagegen (§ 122) sichern. Unter endgültigem Beschluß ist der rechtsgültige zu verstehen. Seine Bekanntgabe hat stets durch das Amtsblatt zu erfolgen und ist nicht wie diejenige des Antrags freigestellt (Anm. 9).

11) Ein Schaden wird durch die künstliche Schließung eines dem örtlichen Charakter nach offenen Gewässers öfter nicht nur für die unmittelbar benachbarten Fischgewässerstrecken eintreten. Durch die Absperrung wird nämlich der Zug der Fische vielfach geändert werden und dadurch werden auch die entfernteren Anlieger, zum Teil sogar in anderen Gewässern, im Fange beeinträchtigt werden können. Alsdann sollen auch diese entschädigt werden.

12) Unter der Voraussetzung des Vordersatzes ist hier eine gesetzliche Schadensersatzpflicht desjenigen, auf dessen Antrag hin ein die Erklärung zur Geschlossenheit aussprechender Beschluß ergangen ist, aufgestellt. Durch eine angemessene Entschädigung soll der wirklich Geschädigte möglichst schadlos gehalten werden. Diese soll in erster Linie zwischen den Beteiligten frei vereinbart werden, wobei eine einmalige Abfin-

zirksausschuß, der nach Abs. 1 entschieden hat.[13]) Auf Antrag eines Beteiligten[14]) ist der Schaden durch wiederkehrende Leistungen zu ersetzen.[15]) Schadenersatz ist nicht dafür zu leisten, daß der Wechsel von Fischen verhindert

---

dungssumme oder auch eine jedesmalige Jahresleistung abgemacht werden kann. Auf Verlangen muß die letztere Art der Entschädigung gewählt werden (Anm. 13). Können sich die Beteiligten nicht einigen, so tritt behördliche Entscheidung ein (Anm. 13). Der Entschädigungspflicht braucht vom Antragsteller erst genügt zu werden, wenn der angeblich Geschädigte wirklich eine dahingehende Forderung stellt. Diese muß in der im letzten Satz des § 3 festgesetzten Zeit von ihm geltend gemacht werden (Anm. 17).

[13]) Mangels einer Einigung der Beteiligten kann jeder von ihnen — gewöhnlich wird dies der Geschädigte tun — die Entscheidung des zuständigen Bezirks-Ausschusses anrufen. Dieser hat sowohl über die Frage, ob überhaupt ein Schadensersatzanspruch besteht, und bejahendenfalls auch über die Höhe des zu zahlenden Schadens Entscheidung zu treffen. Gegen seine Entscheidung ist nur Beschwerde binnen 2 Wochen an das Landeswasseramt gegeben (§ 122). Der Rechtsweg ist ausgeschlossen. Bloß ein wirklicher Schaden ist zu vergüten. Eine Entschädigung für den Gewinn, den der angeblich Geschädigte bisher aus den Aufwendungen des Antragstellers bezogen hatte, im besonderen für den Ausfall der von letzterem schon früher gezüchteten Fische (Anm. 16) kann nicht beansprucht werden. Für die Bemessung der Entschädigung kommen die allgemeinen Grundsätze des BGB. über Schadenserſatz (§§ 249 ff.) zur Anwendung insbesondere auch die über konkurrierendes Verschulden des Geschädigten (§ 254 BGB.). Deswegen ist derjenige Schaden aus der Schließung, welchen ein Beteiligter durch fischereiwirtschaftliche Maßnahmen, die ihm billigerweise zugemutet werden können, abwenden konnte, nicht ersatzpflichtig (Drucks. 725 A S. 43). Oft wird der Schaden nur in dem Geldbetrag bestehen, den der Geschädigte für die durch Schließung des Gewässers für ihn erforderlich werdenden fischereiwirtschaftlichen Maßnahmen aufwenden muß (Drucks. Nr. 34 A S. 176).

[14]) Also nicht nur der Geschädigte, sondern auch der von ihm in Anspruch genommene F.-Ausübungsberechtigte kann den Antrag auf Entschädigung durch wiederkehrende Leistungen stellen (Anm. 15).

[15]) Durch die obige Vorschrift soll dem Schadensersatzpflichtigen die Abfindung durch Zahlung einer Jahresrente anstatt eines größeren einmaligen Betrags sowie auch, falls seine Erwartungen sich nicht erfüllen, die Wieder-

wird, die in dem zu schließenden Gewässer aufgewachsen sind.[16]) Der Schadenersatzanspruch ist ausgeschlossen, wenn er nicht binnen zwei Jahren nach Ablauf des Jahres, in dem die Absperrung erfolgt ist, bei dem Bezirksausschuß geltend gemacht wird.[17])

Zweiter Abschnitt. Fischereiberechtigung.*)

§ 4. [1]Das Fischereirecht[1]) enthält,[2]) soweit es nicht durch dieses Gesetz oder das Wassergesetz vom 7. April

---

aufhebung der Geschlossenheit des Gewässers erleichtert werden. Denn er braucht billigerweise die Entschädigung nur solange zu zahlen, wie das Gewässer tatsächlich geschlossen ist (Drucks. Nr. 34 A S. 34). Die wiederkehrende Leistung muß übrigens nicht in Geldzahlung bestehen, sondern kann z. B. auch durch Lieferung einer bestimmten Jahresmenge von Fischen, durch Überlassung der jährlichen Rohrernte oder dgl. erfolgen.

[16]) Das künftige Ausbleiben der in dem nunmehr geschlossenen Gewässer gezüchteten Fische, z. B. beim Nachbarfischer, ist nach der ausdrücklichen Vorschrift unter keinen Umständen als ein erstattungspflichtiger Schaden des angeblich Geschädigten anzusehen. Nur für das Ausbleiben derjenigen Fische, welche im natürlichen Laufe der Dinge die Gewässer sonst z. B. zur Laichung im See zu passieren und auf dem Rückwege von ihm weggefangen zu werden pflegten, ist der durch ihr nunmehriges Ausbleiben geschädigte Fischer zu entschädigen.

[17]) Die für die Geltendmachung des Schadensersatzanspruchs festgesetzte Frist ist keine Verjährungs-, sondern eine bei der Entscheidung von Amts wegen zu berücksichtigende Ausschlußfrist. Sie beginnt mit Ablauf des 31. Dezember des Jahres, in welchem die Absperrung des Gewässers eingetreten ist, und endigt mit Beginn des 1. Januar des darauf folgenden dritten Jahrs. Z. B. Absperrung erfolgt am 15. Oktober 1917, Ausschluß des Anspruchs ist am 1. Januar 1920 eingetreten. Bis dahin muß bei dem Bezirksausschuß der Anspruch erhoben sein. Die Geltendmachung bei dem Erstattungspflichtigen hält den Lauf der Frist nicht auf. Die verhältnismäßig lange Frist von zwei Jahren ist gewählt, weil aus fischereitechnischen Gründen die Beurteilung der wirklichen Folgen einer Absperrung auf den Zug der Fische einen längeren Zeitablauf erfordert.

*) Nach dem Inhalt des FG. ist die Fischereiberechtigung zu unterscheiden von dem Recht zur Ausübung der Fischerei. Unter F.-Berechtigung ist nach dem Sprachgebrauch des FG. nur die Befugnis aus eigenem Recht

auf einem Gewässer die Fischerei zu betreiben zu verstehen. Diese Befugnis darf also nicht aus dem Recht eines andern hergeleitet sein. In den Fällen solcher Ableitung spricht es von der Befugnis zum Fischen oder zur Ausübung des F.-Rechts. Unter F.-Berechtigten versteht das FG. deshalb stets nur die aus eigenem Recht Berechtigten, also den Gewässer-Eigentümer (§ 6) und den am fremden Gewässer dinglich Berechtigten (§ 7). Bei dem Gebrauch dieses Worts will es stets deshalb den F.-Pächter und den auf Erlaubnisschein Fischenden nicht mitverstanden wissen. Sollen diese letzteren inbegriffen sein, so spricht es von den zur Ausübung des F.-Rechts Befugten. Diese Unterscheidung ist bei der Auslegung des Wortlauts des FG. stets im Auge zu behalten. — Die F.-Berechtigung auf den Binnengewässern ist grundsätzlich ein Ausfluß des Eigentums am Gewässer (§ 7). Sie ist aber im Gegensatz zum Jagdrecht, welches vom Grund und Boden untrennbar ist (§ 2 JO.), ein selbständiges Recht und deshalb als solches ohne gleichzeitiges Eigentum am Gewässer möglich. Eigentum und F.-Berechtigung können in verschiedenen Händen sein. Sie ist aber ein dingliches d. h. ein dem Gewässer anhaftendes Recht. Für eine einklagbare Veräußerung gemäß § 19 FG. ist notarielle oder gerichtliche Beurkundung erforderlich. Um eine weitere Zersplitterung der Fischerei zu verhüten, ist die Neubestellung eines selbständigen F.-Rechts an einem Gewässer durch das jetzige FG. untersagt (§ 17). Die Entstehung neuer F.-Berechtigungen an fremden Gewässern ist dadurch für die Zukunft ausgeschlossen. Die Übertragung lediglich des Rechts zur Ausübung der Fischerei, im besonderen die Verpachtung, bedarf fortan einfacher Schriftlichkeit (§ 29).

[1]) Der § 4 enthält die von jetzt ab gültige Begriffsbestimmung der F.-Berechtigung. Diese war bisher in den §§ 170—175 I 9 ALR. gegeben (abgedruckt zu I C), welche durch § 133 FG. nunmehr aufgehoben sind. An Stelle der früheren allgemeinen Bestimmung, daß der F.-Berechtigte befugt sei, alle im Wasser lebenden Tiere und, außer mit Schießgewehr, Fallen oder Schlageisen, auch die zugleich im Wasser und auf dem Lande lebenden sich anzueignen, ist jetzt eine fest bestimmte Aufzählung der Wassertierarten, auf welche sich das F.-Recht erstreckt, erfolgt. Dadurch ist eine schärfere Abgrenzung dem Jagdrecht gegenüber erzielt. Auf alle nicht im § 1 erwähnten Tiere, Pflanzen und sonstigen Wasserprodukte hat der F.-Berechtigte kein ausschließliches Aneignungsrecht. Für sie kommen die allgemeinen Bestimmungen des BGB. zur Anwendung (§§ 958 ff. unter I B). Von solchen Tieren kommen namentlich Egel, Wasserkäfer und -insekten sowie Seesterne in Frage

1913 (GS. S. 53) eingeschränkt ist,[3]) die Befugnis,[4])

(Quappen gehören zu den Fischen). Bezüglich ihrer besteht das Recht jedermanns zum freien Tierfang. Sie sind herrenlose Tiere (§ 900 BGB.) und wer sie fängt, wird ihr Eigentümer (§ 958 BGB. Anm. 8). Hinsichtlich des Tötungsrechts des F.-Berechtigten an bestimmten Tieren siehe § 105. Die Wasserpflanzen (Rohr, Schilf, Binsen, Seegras usw.), die Steine im Wasser u. dgl. gehören dem Eigentümer des Gewässers. Der F.-Berechtigte hat gesetzlich keinen Anspruch auf sie, doch kann ein solcher vertraglich oder durch Ersitzung erworben sein. Die Art und Zeit ihrer Werbung kann aber für den Eigentümer des Gewässers zugunsten der Fischerei durch Polizeiverordnung geregelt werden (§ 106 Nr. 8 FG.).

²) Das F.-Recht besteht in der ausschließlichen Befugnis die im § 4 genannten Wassertiere zu hegen und sich anzueignen. Außer dem F.-Berechtigten darf niemand dies tun. Wer trotzdem eins der genannten Tiere fängt oder eins der Moose nimmt, wird nicht ihr Eigentümer, muß sie dem F.-Berechtigten herausgeben und macht sich strafbar (Anm. 6 zu § 958 BGB. unter I B u. § 370[4] StGB. unter III B). Dieses Aneignungsrecht bezieht sich auf jene Tiere auch im toten Zustande, solange sie noch als Fisch oder dgl. wirtschaftlich in Betracht kommen. Andererseits aber nur, solange diese Tiere sich wirklich im Wasser befinden. Daher unterliegen z. B. ausgespülte Fische und Muscheln, desgleichen über Land kriechende Aale dem freien Tierfang. Auch der Fischlaich und die Fischbrut unterliegt der F.-Berechtigung. In seiner alleinigen Aneignungsbefugnis ist der F.-Berechtigte nur durch die gesetzlichen Vorschriften beschränkt (Anm. 3). Jedoch kann diese Befugnis durch Verträge, Herkommen u. dgl. auch inhaltlich eingeschränkt sein. Dies ist z. B. der Fall, wenn ihm kein volles F.-Recht zusteht (§ 20 FG.). Die Aneignung darf der F.-Berechtigte in jeder erlaubten Weise ausüben. Diesbezügliche Verbote erwähnen §§ 100 und 106 Ziff. 1 FG. Der F.-Berechtigte in geschlossenen Gewässern darf danach zu allen Zeiten und mit allen Geräten fischen, der in offenen Gewässern muß die Schonzeiten und Schonbezirke (§ 110) innehalten und darf solche Fanggeräte, welche durch Polizeiverordnungen verboten sind, nicht gebrauchen. Giftige und explodierende Stoffe darf niemand zum Fang verwenden (§ 100). Die Schußwaffe ist für den Fischfang an sich nicht verboten, darf aber von dem Fischer, der nicht zugleich die Jagd auf seinem Fischgewässer hat, auf diesem nicht geführt werden (§ 368[10] StGB.). Zum Inhalt des F.-Rechts gehört die Befugnis zur Hege der im § 4 erwähnten Tiere und Moose.

in einem Gewässer Fische,[5]) Krebse, Austern und andere

Der F.-Berechtigte darf deshalb alle Maßnahmen treffen, die zur Erhaltung und Hebung des Fischbestandes dienen, z. B. Fischbrut einsetzen, die Tiere füttern und schonen, das Gewässer düngen (siehe dazu § 19 Abs. 2 WG.) usw. Jedoch darf er dabei nicht Rechte Dritter verletzen; er darf somit z. B. gegen den Willen des See-Eigentümers nicht Rohr pflanzen. Andrerseits kann er ungeeignete wirtschaftliche Maßnahmen eines Dritten, die der Fischerei schädlich sind, untersagen. Räumlich umfaßt das F.-Recht die Wasserfläche des betreffenden Gewässers. Nur im Gewässer darf der Berechtigte fischen. Mit dem Fallen des Wassers wird das Fischereigebiet mithin kleiner. Steigt das Wasser über die örtlichen Grenzen des Wassergrundstücks hinaus, so wird dadurch der räumliche Umfang der F.-Berechtigung an sich nicht vergrößert, es tritt aber das Befischungsrecht aus § 12 für die überfluteten Nachbargebiete in Kraft.

[3]) Solche Einschränkungen sind z. B. die Vorschriften des 3. Abschnittes (Beschränkungen der Ausübung des F.-Rechts), die Einziehung von Gewässern in einen F.-Bezirk (§ 86), das Erfordernis eines F.-scheins (§ 92), die polizeilichen Verbote (§ 106) usw. Ferner kann z. B. nach § 19 Abs. 2 WG. zur Verhütung der Verunreinigung eines Gewässers das Einbringen von Fischnahrung unter Umständen verboten werden.

[4]) Hier ist das Wort „ausschließliche" hinzuzudenken, d. h. außer dem F.-Berechtigten darf kein Dritter auf dem Gewässer fischen, es sei denn, daß jener diesem die Erlaubnis dazu übertragen hat (§ 28). Jedoch kann verschiedenen Personen das F.-Recht am gleichen Gewässer zustehen, z. B. seinem Eigentümer und einem dinglich Berechtigten, und zwar auch so, daß jeder nur eine bestimmte Art der Tiere fangen darf (§ 20 FG.). Dann steht ein F.-Recht einem ebensolchen gegenüber. Dem Dritten gegenüber besteht alsdann für jeden Rechtsinhaber die Ausschließlichkeit der F.-Befugnis.

[5]) Unter „Fische" ist im Abs. 1 jedes Tier zu verstehen, welches nach der Anschauung des Verkehrs als Fisch angesehen wird, also auch Quappen, Aale usw. In dieser Aufzählung ist das Wort daher im engeren Sinne gebraucht. An allen andern Stellen des Gesetzes soll es nach der ausdrücklichen Vorschrift des Abs. 3 im weiteren Sinne zu verstehen sein und gleichzeitig sämtliche Tiere und Moose der Aufzählung des Abs. 1 umfassen. Vgl. Anm. 5 zu § 2 am Schluß bezüglich des Begriffs Wechsel der Fische und Anm. 3 zu § 370 StGB. (unter III C). Hinsichtlich der Mindestmaße der einzelnen Fischarten und der Krebse siehe § 1 FO. (unter II B). Unter den Begriff der Fische fallen auch ihr Laich und ihre Brut.

Muscheln,[6]) Seemoos und Korallenmoos[7]) sowie Schildkröten zu hegen und sich anzueignen.[8])

II Soweit das Gewässer zur Fischerei nach Abs. 1 benutzt wird, erstreckt sich das Fischereirecht auch auf Frösche.[8])

III Die dem Fischereirecht unterliegenden Tiere werden in diesem Gesetz unter dem Ausdruck „Fische" zusammengefaßt.[5]) Als „fischen" gilt jede Tätigkeit nach Abs. 1.[9])

---

[6]) Nur das Einsammeln lebender Muscheln, z. B. die Perlenfischerei in der Elster, fällt darunter, nicht aber das Auflesen der Muschelschalen (Drucks. Nr. 725 A S. 51). Für letztere besteht, da sie als Teile eines nicht mehr vorhandenen Tiers herrenlos sind, das allgemeine Aneignungsrecht. (Vgl. § 958 BGB. unter I B). Die sog. Seesterne gehören nicht zu den Muscheln und können daher wie die Muschelschalen von jedermann an sich genommen werden. Der Gewässereigentümer und derjenige des Ufers kann den Sammlern aber das Betreten seines Grundbesitzes verbieten.

[7]) Diese beiden Arten sind nach dem jetzigen Stand der Wissenschaft keine Seegewächse, sondern Tierkolonien und sind deshalb dem F.-Recht unterstellt worden.

[8]) Die Frösche waren in dem Regierungsentwurf nicht mit aufgezählt. Die Möglichkeit, sie nach Bedarf für einzelne Landesteile dem F.-Recht zu unterstellen, war dadurch offen gelassen, daß der Erlaß einer diesbezüglichen Königlichen Verordnung im Entwurf vorbehalten war. Die Kommission hat die Frösche in den § 4 eingestellt, weil der Froschfang erfahrungsmäßig vielfach von Fischdieben vorgeschützt wird und um der Quälerei beim Froschfang ein Ende zu machen. Das ausschließliche Aneignungsrecht des F.-Berechtigten an Fröschen ist aber kein ausnahmsloses. Es besteht nur, soweit ein Gewässer wirklich zur Fischerei benutzt wird d. h. in denen wirklich eine geregelte Fischwirtschaft betrieben wird. In anderen Gewässern, z. B. im Dorfteich, im Torfstich usw., wenn auch Fische darin sind, unterliegt der Frosch wie früher allgemein dem freien Tierfang. An den Ufern wie überhaupt auf dem freien Lande ist letzterer Zustand auch für Fischgewässer bestehen geblieben. Der Froschfang in einem wirklichen Fischgewässer fällt nach Abs. 3 unter den Begriff des Fischens. Es bedarf deshalb zum Froschfang in solchen Gewässern eines F.-Scheins.

[9]) Hinsichtlich des Begriffs „fischen" siehe Anm. 3 zu § 370⁴ StGB. unter III C.

§ 5. Ein Fischereirecht für den häuslichen Gebrauch (Fischereirecht zu Tisches Notdurft, Küchenfischereirecht usw.[1]) gibt dem Berechtigten nur die Befugnis, für seinen eigenen Bedarf und den der Familienangehörigen seines Haushalts zu fischen.[2]) Ist es mit einem Grundstücke

---

[1]) Der § 5 ersetzt die bisherigen §§ 75, 76 II 15 ALR. (oben unter I C), welche die gleiche beschränkte Art eines F.-Rechts behandelten. Derartige mit einer bestimmten Person, einem bestimmten Grundstück oder auch mit einem Amt z. B. dem Schulzenamt (OTr. 20, 203) verbundenen individuellen F.-Berechtigungen bestehen auf Grund alter Verleihungen noch mehrfach, im besonderen an Wasserläufen erster Ordnung. Sie sind durch § 8 ebenso wie alle andern fremden F.-Rechte erhalten geblieben, sobald sie am 30. April 1914 zu Recht bestanden. Bei Feststellung ihrer Rechtsbeständigkeit kommt ihnen aber nicht die Erleichterung der vermuteten Ersitzung aus § 8 Abs. 2 zugute. Vom FG. wird überhaupt ihre Einschränkung in der Zahl und ihre allmähliche Beseitigung wegen ihres fischerei u n wirtschaftlichen Charakters angestrebt (§§ 26, 27). Sie sind wie alle Rechte vererblich, aber unter Lebenden nur an den Eigentümer des betreffenden Gewässers übertragbar (§ 20). Ihre Verpachtung ist als dem Inhalt ihres Rechts widersprechend unzulässig (§ 28 Anm. 1). Vom Inhaber eines solchen beschränkten F.-Rechts darf andererseits an sich ein Erlaubnisschein gegeben werden, aber nur mit Genehmigung der F.-Behörde und unter Verlust der eigenen F.-Befugnis für die Geltungsdauer des Erlaubnisscheins (§ 98 Abs. 4). Der Inhaber des Erlaubnisscheins darf nur für den Bedarf des Berechtigten fischen und muß ihm die Fische abliefern. Auch diese Art von F.-Rechten muß zu ihrer dauernden Erhaltung binnen 10 Jahren nach Inkrafttreten des FG. zur Eintragung ins Wasserbuch angemeldet sein (§ 11). Bei dieser Eintragung sollen sie, um ihre rechtswidrige Erweiterung im Laufe der Zeit zu verhindern, ihrem Inhalt und Umfang nach genau beschrieben werden (Drucks. 725 A S. 82). Sie kommen nämlich auch noch wieder zeitlich z. B. nur auf Sommer oder Winter oder inhaltlich z. B. auf eine bestimmte Fischart beschränkt vor. Das Uferbetretungsrecht kann derartigen F.-Berechtigten im einzelnen Falle widerruflich vom Kreisausschuß verliehen werden (§ 13 Abs. 2). Auch können sie wie jeder andere in eine Genossenschaft oder in einen gemeinschaftlichen F.-Bezirk einbezogen werden.

[2]) Der Umfang, in welchem ein derartiges F.-Recht ausgeübt werden darf, ergibt sich einerseits aus seiner Bezeichnung von selbst oder aus seinem Rechtstitel, z. B. der Ver-

verbunden, so ist der Bedarf des jeweiligen Nutzungsberechtigten maßgebend.[3])

§ 6. In den Küstengewässern,[1]) an denen kein Eigentum besteht,[2]) hat jeder Deutsche[3]) freien Fischfang.[4])

---

leihungsurkunde, andererseits aus der besonderen Bestimmung des FG. darüber. Wenn nichts anderes bestimmt ist, darf von dem Berechtigten nur der für seinen Familienhaushalt erforderliche Bedarf an Fischen gefangen werden. Ist das Recht noch weiter beschränkt, z. B. nur auf eine bestimmte Jahreszeit oder nur auf gewisse Arten von Fischen oder Fangzeugen, so ist außerdem auch diese Beschränkung innezuhalten. Zum Haushalt rechnet dabei nur die Person des F.-Berechtigten selbst und seine Familienangehörigen, diese aber auch nur, soweit sie sich in seinem Haushalt befinden und darin beköstigt werden. Gesinde, Gäste, Pensionäre, Sommerfrischler, Schlafburschen usw. rechnen hierbei nicht zum Haushalt. Fischt der Berechtigte über den vorgenannten Umfang hinaus, im besonderen zum Verkauf, zum Verschenken usw., so fischt er unbefugt im Sinne des § 370⁴ StGB. Über das Recht selbst siehe Anm. 1.

[3]) Ist das beschränkte F.-Recht eine Grunddienstbarkeit, so darf nur der Eigentümer oder Pächter des herrschenden Grundstücks es für seinen ganzen Bedarf in seiner Eigenschaft als Nutzungsberechtigter des Grundstücks ausüben. Er darf deshalb über den Kreis seines Familienbedarfs hinaus für den Bedarf des ganzen Hofs fischen. Also z. B. auch für den Bedarf des Gesindes. Dies folgt aus der im ersten aber absichtlich nicht auch im zweiten Satz erfolgten ausdrücklichen Erwähnung des Bedarfs des Haushalts gegenüber dem der Familie (Herrenh. Drucks. Nr. 27 A). Besitzen mehrere Personen das Grundstück, z. B. Miterben, so ist in analoger Anwendung des § 1025 BGB. die Ausübung nur in der Weise zulässig, daß sie für den Eigentümer des Gewässers nicht beschwerlicher wird. Es darf daher nur einer der Erben für seinen Bedarf fischen.

Zu § 6. [1]) Welche Wasserflächen zu den Küstengewässern hinsichtlich der Fischerei gehören, ist im § 1 ausgesprochen (siehe Anm. 6—8 zu § 1). Für die Frage nach der F.-Befugnis macht das FG. einen Unterschied zwischen solchen Küstengewässern, welche im Privateigentum stehen (§ 7) und solchen, bei denen dies nicht der Fall ist (§ 6).

[2]) Diejenigen Küstengewässer, welche dem grade verlaufenden Meeresstrande vorgelagert sind, pflegen nicht in privatem Eigentum zu stehen. Sie sind zweifellos unmittelbare Teile des Meeres und wie an letzterem selbst niemanden, auch nicht dem angrenzenden Staat, ein

Eigentum zusteht, so stehen auch diese Art Küstengewässer grundsätzlich in keinem privaten Eigentum. Doch gibt es einige wenige Ausnahmen. So hat in einigen Gegenden der vorpommerschen (früher schwedischen) Küste einschließlich derjenigen der Insel Rügen der Anlieger das sog. Scharrecht d. h. das Eigentum an der seinem Grundstück vorgelagerten Meeresfläche so weit, wie ein Mann waten und mit der Pflugschar werfen kann (nach der Rechtsprechung bis zu 1 m Wassertiefe). Auch die Meeresbuchten gehören grundsätzlich als Meeresteile niemandem. Jedoch kommt auch bei ihnen Privateigentum vor, z. B. gehört der Strelasund der Stadt Stralsund. Dagegen pflegen die durch das Verzeichnis des FG. zu Küstengewässern erklärten Haffe nicht privatem Eigentum zu unterstehen. Dabei ist zu bemerken, daß auch die dem Staate gehörigen Gewässer im Privateigentum sind. Denn der Gegensatz ist niemandem gehören. Auf den Haffen und Meeresbuchten selbst, wenn sie niemandem gehören, kommen F.-Rechte Dritter z. B. des Fiskus vor, die freien Fischfang ausschließen.

[3]) Alle deutsche Reichsangehörige, also auch Oldenburger, Hamburger und Mecklenburger, dürfen auf den niemanden gehörigen preußischen Küstengewässern die Fischerei betreiben. Nichtdeutsche, also sämtliche Ausländer, dürfen dies nicht und machen sich andernfalls nach § 296a StGB. (unter III) strafbar.

[4]) Unter dem freien Fischfang versteht man die Befugnis jedermanns nach Belieben zu fischen. Dieser Rechtszustand des freien Fischfangs besteht noch unbeschränkt für die Hochseefischerei. Über deren räumliches Gebiet siehe Anm. 3 zu § 1. Auf der hohen See dürfen, soweit nicht internationale Verträge entgegenstehen, die Angehörigen aller Nationen die Fischerei betreiben. Für die nicht in Privateigentum stehenden Küstengewässer ist, weil sie Teile des Meeres sind, durch § 6 dieser Rechtszustand an sich bestehen gelassen, aber aus staatsrechtlichen Gründen auf Reichsangehörige beschränkt (Anm. 3). Die Befugnis zum freien Fischfang ist eine allgemeine aus der Staatszugehörigkeit fließende und deshalb keine F.-Berechtigung des einzelnen im Sinne des FG. (RG. 75, 400). Nur auf den Küstengewässern, in denen einzelnen Personen dingliche F.-Rechte zustehen, gibt es wirkliche F.-Berechtigte. (Herrenhaus, Drucks. 27 A S. 16). Da nach dem Völkerrecht dem Uferstaat die Staatsautorität über die Küstengewässer zusteht, gelten auch für letztere die Staatsgesetze. Auch die Küstenfischerei ist daher z. B. den Schonvorschriften der Polizeiverordnungen, soweit sie für diese zutreffen, unterstellt. Freien Fischfang auf Binnengewässern gibt es nicht

§ 7. In den Küstengewässern,[1]) die im Eigentume stehen,[2]) und in den Binnengewässern[3]) hat der Eigentümer das Fischereirecht.[4])

§ 8. [1] Gegenüber den §§ 6, 7 bleiben alle Fischereirechte und der freie Fischfang aufrechterhalten,[1]) soweit sie am 30. April 1914 bestanden haben.[2])

---

mehr in Preußen. Durch § 133 Nr. 3 ist der letzte Rest eines solchen in Preußen aufgehoben. Hinsichtlich des F.-Rechts auf privaten Küstengewässern siehe § 7. Besteht ein ausschließliches F.-Recht an einem Küstengewässer, so ist dadurch der freie Fischfang ausgeschlossen (Anm. 2 und § 8).

Zu § 7. [1]) Vgl. Anm. 1 zu § 6.

[2]) Vgl. Anm. 2 zu § 6.

[3]) Hinsichtlich des Begriffs der Binnengewässer siehe § 1 und Anm. 3 dazu.

[4]) Das FG. hat den Grundsatz, daß das F.-Recht ein Ausfluß des Grundeigentums ist, daß also grundsätzlich das Eigentum an der Wasserfläche das F.-Recht darin bedingt. Dieser Grundsatz ist auf Küsten- und Binnengewässer angewendet. Deshalb ist auf ersteren, soweit sie niemanden gehören, was die Regel ist, der Fischfang frei (§ 6 Anm. 2 u. 4 dazu); soweit sie im Eigentum stehen, ist auch auf Küstengewässern der Eigentümer der alleinige F.-Berechtigte. Desgleichen hat auf Binnengewässern grundsätzlich der Eigentümer das ausschließliche F.-Recht.. Wer Eigentümer einer Wasserfläche ist, sagt in erster Linie das Grundbuch in Verbindung mit dem Kataster. Bei Wasserläufen steht es, sofern nicht besondere Verhältnisse bestehen, an solchen erster Ordnung dem Staat, an solchen zweiter und dritter Ordnung den Anliegern zu. Sie sind zugleich deshalb die F.-Berechtigten. Dieser Grundsatz wird dort durchbrochen, wo dingliche F.-Berechtigungen Dritter bestehen, welche durch § 8 aufrecht erhalten sind. Solange nicht ein solches ausschließliches fremdes F.-Recht am Gewässer festgestellt ist, hat dessen Eigentümer die F.-Berechtigung.

Zu § 8. [1]) Der § 8 bringt die Ausnahme von dem im § 7 ausgesprochenen Grundsatz, daß dem Eigentümer des Gewässers auch das F.-Recht darin zusteht. An den wohlerworbenen, nicht auf Eigentum am Gewässer sich stützenden F.-Rechten soll durch das neue FG. grundsätzlich nichts geändert werden. Deshalb sind alle alten Privat-F.-Rechte, zu denen auch die fiskalischen, im besonderen auch die Regalitätsrechte sowie die der Gemeinden, Stiftungen usw. und ebenso die nach Provinzialrechten bestehenden gehören, aufrecht erhalten, sobald sie am 30. April

[II] Für den, der ein Fischereirecht bis zum 1. Mai 1914 mindestens dreißig Jahre lang als sein eigenes ausgeübt hat, spricht die Vermutung, daß es ihm zusteht.[3]) Die Vorschriften des § 937 Abs. 2 und der

---

1914 (Anm. 2) zu Recht bestanden. Auch für F.-Rechte, die an Küstengewässern bestehen, z. B. der Stadt Greifswald an Teilen des Boddens, gilt dies. Den diesbezüglichen Begriff des Bestehens erklärt Abs. 2 näher (Anm. 3). Dabei ist es unerheblich, auf welchem Rechtstitel das F.-Recht beruht (dinglich oder persönlich, regale Verleihung oder Herkommen usw.). Aber nur wirkliche F.-rechte sind bestehen geblieben, wie auch z. B. das Scharrecht in Vorpommern (Anm. 2 zu § 6), das Auenrecht in Schlesien, das ausschließliche Recht des Staats zur Austernfischerei an der Westküste Holsteins (Drucks. Nr. 34 A S. 49 u. 53). Nicht aufrecht erhalten dagegen sind allgemeine Befugnisse zum freien Fischfang wie z. B. die Befugnis aller Bewohner des ehemaligen Herzogtums Magdeburg, vom Lande aus in der Elbe zu angeln sowie Krebse mit der Hand zu fangen (siehe zu § 133 Ziff. 3). Ein Recht zum freien Fischfang gibt es jetzt auf einem Binnengewässer nicht mehr (§ 5). Für die dauernde Erhaltung der bestehen gebliebenen F.-Rechte ist der Antrag auf ihre Eintragung in das Wasserbuch binnen 10 Jahren erforderlich (§ 11).

[2]) Dieser Zeitpunkt ist im Gesetz als maßgebender festgesetzt, weil das WG. vom 7. April 1913 mit dem 1. Mai 1914 in Kraft getreten ist. Durch letzteres Gesetz ist gerade das Eigentum an den Wasserläufen neu geregelt worden. Weil für die F.-Berechtigung das Eigentum an der Wasserfläche aber grundsätzlich ausschlaggebend ist (Anm. 4 zu § 7), ist nicht der Tag des Inkrafttretens des FG., sondern derjenige des WG. als Stichtag für maßgebend erklärt.

[3]) Der Abs. 2 gibt eine authentische Erklärung dafür, unter welchen Umständen ein F.-Recht als am 30. April 1914 bestehend (Abs. 1) angenommen werden soll. Der Zweck dieser Erklärung ist die möglichste Vermeidung von Prozessen über die Rechtsbeständigkeit derjenigen vielen bisher ausgeübten F.-Rechte an fremden Gewässern, für welche keine Urkunde oder ein sonstiger Rechtsgrund nachgewiesen werden kann. Besonders schwierig ist die Rechtslage für die seinerzeit durch Ersitzung erworbenen F.-Berechtigungen. Nach BGB. ist solche Ersitzung von Rechten seit 1. Januar 1900 überhaupt nicht mehr möglich. F.-Rechte im besonderen konnten seit dem Gesetz betr. Ergänzung der Gemeinheitsteilungs-Ordnung vom 2. März 1850 (GS. S. 139, Art. 1 Ziff. 7 u. Art. 12) nicht mehr ersessen werden. Die damals aber schon vollendete Ersitzung vermag jetzt durch Zeugenaussagen nicht mehr beweisen

§§ 938, 943, 944 des Bürgerlichen Gesetzbuchs gelten sinngemäß.[4])

---

zu werden. Unter diesen Umständen ist im Gegensatz zum BGB. — nach Art. 3 in Verbindung mit Art. 69 EG. BGB. zulässigerweise (Anm. 1 unter I A) — die Rechtsvermutung für die Rechtsbeständigkeit eines F.-Rechts auf Grund einer angenommenen Ersitzung aufgestellt. Die tatsächliche Ausübung des Fischfangs als eines vermeintlichen Rechts auf einem fremden Gewässer vom 1. Mai 1884 (oder früher) bis 30. April 1914 genügt, ohne daß ein besonderer Rechtstitel dargelegt zu werden braucht, um die Rechtmäßigkeit eines F.-Rechts anzunehmen. Der Fischfang braucht während dieser 30 Jahre nicht dauernd und auch nicht unter völligem Ausschluß Dritter ausgeübt zu sein. Auch eine periodische Ausübung und eine Mitbefischung genügt für die vermutete Ersitzung in dem ausgeübten Umfange. Dabei wird nach der besonderen Vorschrift des Abs. 2 und in Übereinstimmung mit den Voraussetzungen der früher allgemein zulässigen Rechtsersitzung die Ausübungszeit eines etwaigen Rechtsvorgängers z. B. des Erblassers, des Vorbesitzers eines Grundstücks usw. zugunsten des Ausübenden mit eingerechnet. Für die Rechtsvermutung muß der Fischfang aber aus vermeintlichem eigenen Recht ausgeübt sein (vgl. Vorbem. zu Abschnitt 2), nicht aus dem eines andern. Deshalb hat der mit oder ohne Anrechnungszeit seines Vorgängers seit 30 Jahren fischende Pächter und derjenige, welchem vom F.-Berechtigten auf Erlaubnisschein oder sonst auf Widerruf oder als Nießbraucher der Fischfang gestattet ist, jene Rechtsvermutung nicht für sich. Seine Gutgläubigkeit über sein eigenes Recht oder die seines Rechtsvorgängers braucht der Ausübende nicht darzutun, aber dem Eigentümer des betreffenden Wassergrundstücks ist das Recht vorbehalten geblieben, seinerseits nachzuweisen, daß der Ausübende bzw. sein Rechtsvorgänger nicht in gutem Glauben an ein eigenes F.-Recht während der ganzen 30 Jahre den Fischfang betrieben hat.

Die Prüfung, ob die Voraussetzungen des § 8, nach welchen die Rechtsbeständigkeit eines fremden F.-Rechts anzunehmen ist, vorliegen, ist bei dem Antrag des Ausübenden auf Eintragung seines vermeintlichen F.-Rechts in das Wasserbuch von dem Wasserbuchführer vorzunehmen. Von ihr ist diese Eintragung, welche nach § 11 zur dauernden Erhaltung fremder F.-Rechte zwingend erforderlich ist, abhängig zu machen. Näheres darüber siehe Anm. 4 zu § 11.

[4]) Die oben angeführten Vorschriften des BGB. sind abgedruckt unter I B.

III Abs. 2 gilt nicht für die im § 20 bezeichneten Fischereirechte.[5])

IV Vom 1. April 1917 ab wird das Fischereirecht der Gemeinden in den zu den Küstengewässern gehörenden Strecken der Leda und Jümme aufgehoben. In ihnen hat fortan jeder Deutsche freien Fischfang.[6])

§ 9. Nimmt der Staat nach § 11 Satz 2 des Wassergesetzes das Eigentum an einem Wasserlauf in Anspruch,[1]) so kann der bisherige Eigentümer verlangen, daß ihm das Fischereirecht bleibt.[2]) In diesem Falle hat der Staat

---

[5]) Die inhaltlich beschränkten F.-Rechte, wie sie in § 20 erwähnt werden, sind zwar auch durch Abs. 1 wie alle andern fremden F.-Rechte aufrecht erhalten. Aber für sie gilt die Erleichterung des Abs. 2 nicht. Sie müssen zur Eintragung in das Wasserbuch als zu Recht bestehend nach den allgemeinen Rechtsgrundsätzen ordnungsmäßig nachgewiesen werden. Die Versagung der erleichternden Rechtsvermutung für sie entspringt dem vom FG. ausgedrückten Bestreben diese unwirtschaftliche Art der F.-Berechtigung, an deren Erhaltung die Allgemeinheit kein Interesse hat, möglichst zu beseitigen.

[6]) Hinsichtlich der Geschichte des freien Fischfangs und des durch Abs. 4 aufgehobenen F.-Rechts der Gemeinden in den Küstenflüssen Leda und Jumme siehe Anm. 7 zur Beilage am Schluß des FG. (S. 193).

[1]) Nach dem WG. (§§ 7 ff., im Anhang unter 1) stehen die Wasserläufe erster Ordnung im Eigentum des Staats, die zweiter und dritter Ordnung nach bestimmten Grenzlinien in denjenigen der Anlieger, jedoch ist hiervon abweichendes, am 1. Mai 1914 beim Inkrafttreten des WG. bestehendes Eigentum erhalten geblieben. Der § 11 WG. bestimmt nun weiter, daß eine später erfolgende Veränderung in der Wasserlaufklasse auf das bisherige Eigentum keinen Einfluß hat. Doch ist der Staat, wenn ein Wasserlauf zweiter oder dritter zu einem solchen erster Ordnung wird, also trotz seines Charakters erster Ordnung vorläufig der bisherige Eigentümer das Eigentum weiter behält, berechtigt auf Grund einer alsdann etwa ergehenden Königl. Verordnung das Eigentum an diesem Wasserlauf gegen Entschädigung zu erwerben. Es liegt mithin eine Art besonderer Enteignung alsdann vor. Diesen Fall hat der § 9 FG. im Auge und will für ihn die Frage der F.-Berechtigung regeln (Anm. 2).

[2]) Nach dem Grundsatz des FG. (§ 7), wonach dem jedesmaligen Eigentümer einer Wasserfläche das F.-Recht darauf zusteht, geht letzteres bei einer Eigentumsveränderung auf den

den bisherigen Eigentümer auf die Folgen des § 11 Abs. 2 hinzuweisen.[3])

§ 10. [I]Verläßt ein Wasserlauf infolge natürlicher Ereignisse sein Bett oder bildet sich ein neuer Arm, so gehen die nicht dem Eigentümer des Gewässers zustehenden Fischereirechte am alten Wasserlauf auch auf den neuen Wasserlauf über.[1])

Erwerber über. Mithin würde grundsätzlich auch bei dem hier behandelten Fall das F.-Recht zugleich mit dem Eigentum am Wasserlauf auf den Staat übergehen müssen. Abweichend hiervon soll in solchem Fall der bisherige Eigentümer das Recht haben die F.-Berechtigung trotz des Eigentumsverlustes weiter zu behalten. Der Verbleib des F.-Rechts ist also in seinen Willen gestellt. Natürlich wird dies auf die Höhe der ihm nach § 11 WG. zustehenden Entschädigungssumme Einfluß haben. Steht das F.-Recht an dem vom Staat angeeigneten Wasserlauf einem andern wie dem bisherigen Eigentümer zu, so bleibt dieses Recht durch den Eigentumswechsel unberührt (Begr. S. 40). Es bedarf aber nach § 3 der Eintragung ins Wasserbuch (Anm. 3).

[3]) Das bisher auf Eigentum beruhende F.-Recht in dem betreffenden Wasserlauf ist nach dem Eigentumsübergang auf den Staat eine F.-Berechtigung des bisherigen Eigentümers an einem fremden Gewässer geworden (§ 8). Es bedarf zu seiner Erhaltung deshalb der im § 11 vorgeschriebenen Eintragung in das Wasserbuch. Um ihn vor deren Versäumnis und ihren Folgen zu schützen, ist dem Staat die Verpflichtung auferlegt, den bisherigen Eigentümer auf die Eintragungspflicht hinzuweisen. Die 10jährige Frist für den Eintragungsantrag läuft für den bisherigen Eigentümer von der Zustellung des Hinweises, welcher durch einen Bescheid der Regierung zu erfolgen hat (§ 11 Abs. 2 Nr. 2). Die Eintragung des F.-Rechts im Grundbuch sichert dieses auch bei Nichteintragung im Wasserbuch (ebenda).

[1]) Der § 10 behandelt den Fall der Veränderung eines Wasserlaufs durch die Bildung eines völlig neuen Bettes oder eines neuen Armes neben dem alten Bette. Ob diese Veränderung infolge natürlicher Ereignisse oder auf künstliche Weise entsteht, ist bei Wasserläufen 2. und 3. Ordnung gleichgültig. Nur bei künstlicher Ableitung eines Wasserlaufs erster Ordnung gilt eine Besonderheit (Abs. 2).

Nach einem allgemeinen Rechtsgrundsatz hat jeder Eigentümer den durch die Natur angerichteten Schaden selbst zu tragen. Hört deshalb künftig ein Wasserlauf ganz auf an einer Stelle, so verliert der Eigentümer ohne weiteres sein

[II] Wird ein Wasserlauf erster Ordnung künstlich abgeleitet, so gehen solche Fischereirechte auf den neuen Wasserlauf über, wenn dieser mehr als die Hälfte des Abflusses bei gewöhnlichem Wasserstande (§ 8 Abs. 3 des

---

F.-Recht und im neuen Bett wird gemäß § 7 der Eigentümer, über dessen Grund und Boden nunmehr der Wasserlauf neu fließt, fischereiberechtigt. Das gleiche gilt bei Bildung eines neuen Armes, wobei der bisherige Eigentümer sein F.-Recht auf dem alten Arm, soweit dieser bestehen bleibt, behält. Fischereirechtlich wird selbst bei so einer künstlich hervorgerufenen Veränderung — abgesehen bei einem Wasserlauf 1. Ordnung — dem Gewässereigentümer keine Entschädigung für den Verlust oder für die Beeinträchtigung des F.-Rechts gewährt. Tatsächlich wird der Eigentümer von Wasserläufen auch 2. und 3. Ordnung aber nach andern Rechtsvorschriften stets dafür entschädigt werden. Denn zur künstlichen Ableitung seines Gewässers ist entweder seine Genehmigung erforderlich, welche er von einer Entschädigung auch für das F.-Recht abhängig machen kann, oder er wird enteignet, wobei er nach dem Enteignungsgesetz voll zu entschädigen ist. Nimmt jemand aber ohne die Genehmigung der Beteiligten oder außerhalb einer Enteignung eine künstliche Ableitung vor, so handelt er rechtswidrig und muß nach § 823 BGB. allen Schaden ersetzen. — Eine vom allgemeinen Recht abweichende Regelung hat das FG. für die nicht auf Eigentum beruhenden, also für die auf fremden Gewässern bestehenden F.-Rechte bei solchen Veränderungen getroffen. Diese sollen ebenso wie das F.-Recht des Eigentümers an dem ursprünglichen Gewässer, soweit möglich, bestehen bleiben, sie sollen aber außerdem in allen Fällen — mit Ausnahme bei künstlicher Ableitung von Wasserläufen 1. Ordnung (Anm. 3) — auf den neu entstandenen Wasserlauf übergehen. Jene F.-Berechtigten haben in solchen Fällen also auf dem alten und dem neuen Wasser das F.-Recht. Bei künstlichen Ableitungen von Wasserläufen 2. und 3. Ordnung kann mit den fremden F.-Berechtigten vom Unternehmer vertragsmäßig natürlich etwas anderes verabredet werden. Mangels solcher Vereinbarung hat der fremde F.-Berechtigte des alten Gewässers unmittelbar mit dem Fertigsein des neuen das Recht auf ihm zu fischen. Hinsichtlich des Umfangs dieses Rechts siehe Anm. 4. Der § 10 stellt eine besondere Ausnahme von dem Grundsatz, daß dem Eigentümer das F.-Recht zusteht (§ 7), auf, weil durch die Ableitungen der F.-Berechtigte des Hauptgewässers stark beeinträchtigt wird. Das neue F.-Recht unterliegt ebenfalls zum Weiterbestehen der Eintragungspflicht ins Wasserbuch (§ 11). Die Vorschriften des § 10 kommen im besonderen auch

Wassergesetzes)[2]) aufzunehmen bestimmt ist. Die Fischerei in dem alten Gewässer steht dem Hersteller der Ableitung zu. Der Fischereiberechtigte kann von diesem für die Verminderung des Wertes seines Fischereirechts Entschädigung verlangen.[3]) Bei künstlichen Ableitungen anderer Wasserläufe gilt Abs. 1.[1])

III Umfang und räumliche Ausdehnung der Fischereirechte im neuen Wasserlaufe (Abs. 1, 2) bestimmen sich nach denen im alten.[4])

---

zur Anwendung für künftig anzulegende Ent- und Bewässerungsgräben, Industriekanäle, Mühlengräben usw. (Abs. 2 Satz 3). Die vor dem Inkrafttreten des FG. bestehenden F.-Rechte in solchen berührt der § 10 nicht.

[2]) Abgedruckt im Anhang unter 1.

[3]) Abweichend von dem im Abs. 1 aufgestellten Grundsatz wird in Abs. 2 der Fall einer künstlichen Ableitung eines Wasserlaufs erster Ordnung behandelt. Die Regelung ist in Anlehnung an den dafür bisher gültig gewesenen § 70 II 15 ALR. erfolgt (abgedruckt unter I C). Mit der Fertigstellung der Ableitung geht in solchem Falle das F.-Recht in dem alten Gewässer stets auf den Hersteller der Ableitung über. Diese Vorschrift soll ihm aus Zweckmäßigkeitsgründen die freie Verfügung über den alten Arm sichern. Der Eigentümer des letzteren verliert also sein F.-Recht auf ihm ganz, kann dafür aber Entschädigung verlangen. Da die Wasserläufe 1. Ordnung mit wenigen Ausnahmen im Eigentum des Staats stehen (§§ 7 u. 9 WG. im Anhang) und dieser selbst meist der Hersteller solcher Ableitungen ist, wird solcher Entschädigungsfall selten eintreten. Gedacht ist dabei an Durchstiche, die etwa von Stadtgemeinden, Hafengesellschaften u. dgl. unternommen werden. Die fremden F.-Rechte im alten Arm gehen ebenfalls auf den Hersteller über, aber leben im neuen Arm für den bisher im alten Arm F.-Berechtigten auf, wenn der neue Arm zur Aufnahme von mehr als der halben Abflußmenge des Wasserlaufs bestimmt ist. Ist dieses neue F.-Recht gleichwertig dem früheren, so steht dem fremden F.-Berechtigten kein Anspruch gegen den Hersteller zu, andernfalls kann er von ihm Entschädigung in Höhe der Wertminderung verlangen. Der alte Arm bleibt übrigens stets eine Abzweigung des Hauptwasserlaufs im Sinne des § 33 und der Ableiter ist deshalb zu seiner Verpachtung an den F.-Berechtigten des neuen Arms verpflichtet. Alle die neu entstehenden F.-Rechte, auch das des Herstellers, müssen binnen 10 Jahren seit ihrem Entstehen bei Vermeidung ihres Erlöschens zur Eintragung ins Wasserbuch angemeldet werden (§ 11).

IV Bei Streitigkeiten beschließt der Bezirksausschuß, soweit darüber nicht schon in einem anderen gesetzlich geordneten Verfahren entschieden worden ist.[5]) Soweit der Beschluß die Entschädigung betrifft, kann er binnen drei Monaten im Rechtsweg angefochten werden. Die Frist beginnt für jeden Beteiligten mit der Zustellung der Mitteilung des Bezirksausschusses, daß der Beschluß allen Beteiligten gegenüber endgültig geworden ist.[6])

V Solange kein endgültiger Beschluß des Bezirksausschusses (Abs. 4) vorliegt, kann die Fischereibehörde auf

[4]) Der Inhalt und Umfang der F.-Rechte im neuen Arm des Wasserlaufs richtet sich nach dem der Rechte im alten. War ein fremder F.-Berechtigter allein und unter Ausschluß des Eigentümers im alten Arm berechtigt, so ist dies auch im neuen der Fall. Bestand das F.-Recht neben dem des Eigentümers oder für mehrere oder durfte ein F.-Berechtigter nur bestimmte Fischarten oder nur zum häuslichen Gebrauch oder sonstwie nur beschränkt fischen, so gilt dies alles auch für den neuen Arm. Hatte räumlich von mehreren F.-Berechtigten jeder auf einer bestimmten Strecke des alten Arms ein F.-Recht und reicht der neue Arm für gleiche Strecken nicht aus, so ist jede verhältnismäßig zu kürzen und vom Hersteller entsprechender Werterfatz zu fordern. Können die Berechtigten sich nicht einigen, so muß Entscheidung nach Abs. 4 erfolgen.

[5]) Als derartige andere Verfahren kommen in Betracht: Enteignung nach Gesetz vom 11. Juni 1874 (GS. S. 221), Ausbau eines Wasserlaufs nach §§ 152 ff. WG., Begründung eines Zwangswasserrechts nach §§ 331 ff. WG. Es entscheidet alsdann nicht der Bezirksausschuß, sondern die für jedes andere Verfahren zuständige Behörde entscheidet auch über die F.-Fragen.

[6]) Alle sich gegenüberstehenden Interessen, Entschädigungsfragen, Umgrenzung der F.-Rechte im neuen Arm usw. sind in erster Linie durch Vereinbarung unter den Beteiligten zu erledigen. Kommt solche nicht zustande, so ist der Bezirksausschuß anzurufen, welcher den Streit nach Anhörung eines F.-Sachverständigen (§ 121) zu entscheiden hat. Gegen diese Entscheidung steht jedem Beteiligten nach § 122 binnen 2 Wochen die Beschwerde an das Landeswasseramt zu. Ist solche nicht eingelegt, so hat der Bezirksausschuß jedem Beteiligten durch förmliche Zustellung von der Rechtskraft der Entscheidung Kenntnis zu geben. Nur bezüglich der Fragen nach der Pflicht und Höhe der Entschädigung für die Wertminderung der F. im Falle des Abs. 2 ist binnen 3 Monaten der Klageweg bei den ordentlichen Gerichten zulässig. Für alle andern Streitfragen ist der Rechtsweg ausgeschlossen.

Antrag eines Beteiligten die Ausübung der Fischereirechte vorläufig regeln.[7])

§ **11.** [I] Fischereirechte, die nicht dem Eigentümer des Gewässers zustehen, sind auf Antrag des Berechtigten ins Wasserbuch einzutragen.[1]) In diesem Falle sind Wasserbücher anzulegen, auch wenn das Gewässer kein Wasserlauf im Sinne des Wassergesetzes ist.[2]) Der § 186,

---

[7]) Um bis zur endgültigen Entscheidung trotz des Streits unter den Beteiligten die Ausübung der Fischerei zu ermöglichen, ist jeder Beteiligte befugt, bei der F.-Behörde (§ 119 Abs. 3) die einstweilige Regelung der F.-Ausübung zu beantragen. Deren die vorläufige Befischung regelnde Anordnung tritt ohne weiteres mit der Rechtskraft der Entscheidung des Bezirksausschusses außer Kraft.

[1]) Während § 8 bestimmt, welche fremden F.-Rechte beim Inkrafttreten des FG. aufrecht erhalten bleiben, ordnet § 11 deren künftiges Weiterbestehen. Dazu fordert es ihre Eintragung ins Wasserbuch. Solche ist aber nur notwendig und zulässig für die fremden, also nicht auch für die auf Eigentum am Gewässer beruhenden F.-Rechte. Die aus dem Eigentum fließenden F.-Rechte ergeben sich aus dem Gesetz ohne weiteres (§ 7) und bedürfen daher keiner weiteren formellen Behandlung. Sie sind ein gesetzliches Recht des Eigentümers, mit dem jeder Dritte rechnen muß. Die fremden F.-Rechte sind aber für Dritte nicht erkennbar. Um dies zu erreichen, sollen sie in das für jedermann zur Einsicht offen stehende Wasserbuch bei Vermeidung ihres Erlöschens eingetragen werden. Die Eintragung muß vom Berechtigten binnen der in Abs. 2 angegebenen Frist von 10 Jahren beantragt werden. Andernfalls geht das F.-Recht ohne weiteres unter. Da eine Ersitzung von F.-Rechten nicht mehr möglich ist (Anm. 3 zu § 8), wird es nach 10 Jahren außer den auf Eigentum beruhenden F.-Rechten nur solche geben, welche aus dem Wasserbuch oder Grundbuch ersichtlich sind. Dadurch wird auf zweckmäßige Weise für die Zukunft eine klare Rechtslage geschaffen. Eintragungspflichtig ist jede Art fremden F.-Rechts, im besonderen auch die beschränkten F.-Rechte (§ 20), ferner solche in bestimmten Küstengewässern usw. über die materiellen Voraussetzungen für die Eintragungsfähigkeit eines F.-Rechts siehe § 8, über das Eintragungsverfahren Anm. 4.

[2]) Nach §§ 1 und 182 WG. (siehe Anhang unter 1) waren bisher Wasserbücher nur für wirkliche Wasserläufe anzulegen d. h. für solche Gewässer, die in natürlichen oder künstlichen Betten beständig oder zeitweilig oberirdisch abfließen einschließ-

§ 187 Abs. 1, 3 und die §§ 188, 190 bis 193, 195 des Wassergesetzes[3]) gelten sinngemäß; an Stelle der Wasserpolizeibehörde tritt die Fischereibehörde.[4])

---

lich ihrer oberirdischen Quellen und der Seen u. dgl., aus denen sie abfließen. Dazu rechnen nach der besonderen Bestimmung des § 1 WG. (Abs. 2 u. 3) nicht: die nur durch künstliche Ablaßvorrichtungen mit Wasserläufen in Verbindung stehenden Fischteiche, die ohne jeden oder nur mit künstlichen Abflüssen (z. B. Mühlgräben) versehenen Seen, Weiher, Teiche und ähnliche Wasseransammlungen, ferner Gräben mit Ausnahme der zur Vorflut der Grundstücke verschiedener Eigentümer dienenden Teile. Für alle solche Gewässer sowie ferner für die Küstengewässer bestehen bisher keine Wasserbücher. Nunmehr hat auch für alle diese von Amts wegen die Anlegung eines Wasserbuchs zu erfolgen, sobald ein fremder F.-Berechtigter die Eintragung seines F.-Rechts beantragt. Der Eigentümer kann die Anlegung nicht verlangen. Das Verfahren ist das gleiche wie in Anm. 4.

[3]) Abgedruckt im Anhang unter 1 S. 243.

[4]) Für die Eintragung der fremden F.-Rechte in das Wasserbuch gilt das der Eintragung von Wasserrechten angepaßte Verfahren des WG. zur Eintragung von Wasserrechten. Die Eintragung muß von dem F.-Berechtigten selbst beantragt werden (§ 11 Satz 1). Für die Führung des dem Grundbuch ähnlich eingerichteten Wasserbuchs ist der örtliche Bezirksausschuß zuständig. Bei diesem oder der F.-Behörde (§ 119 Abs. 3) sind die Eintragungsanträge von den Berechtigten schriftlich oder zu Protokoll zu stellen. Die Eintragung erfolgt kostenfrei und gilt alsdann bis zum Beweise des Gegenteils als richtig. Die Eintragung verleiht also kein F.-Recht, sondern erzeugt nur eine Rechtsvermutung für ein solches. Die Einsicht der Wasserbücher und aller Urkunden, auf welche sich Eintragungen gründen, ist jedermann gestattet; auch können beglaubigte Abschriften verlangt werden. — Die Eintragung erfolgt, wenn das Bestehen des F.-Rechts am 30. April 1914 unter den Voraussetzungen des § 8 dem Wasserbuchführer dargetan ist. Sind jene Voraussetzungen nach Ansicht des Wasserbuchführers nicht erfüllt, so findet ein öffentliches Aufgebotsverfahren nach § 188 WG. statt (Anhang unter III). Nach Ablauf der dort vorgeschriebenen Frist sind das F.-Recht und auch etwaige nicht offenbar unbegründete Widersprüche gegen seine Eintragung im Wasserbuch zu vermerken. Zwischen dem eingetragenen Berechtigten und den Widersprechenden ist der Streit im ordentlichen Prozeßwege auszutragen und demgemäß alsdann das Wasserbuch zu berichtigen. Ist ein fremdes F.-Recht im Grundbuch eingetragen, so bleibt es bestehen, auch wenn

II Fischereirechte der im Abs. 1 bezeichneten Art erlöschen mit Ablauf von zehn Jahren

1. nach Inkrafttreten des Gesetzes, soweit sie zu diesem Zeitpunkte bestanden haben (§ 8),
2. im Falle des § 9 nach Zustellung des Bescheides, in dem der Berechtigte auf diese Folge der Nichteintragung hingewiesen ist,
3. in den Fällen des § 10 Abs. 1, 2 nach ihrem Entstehen,

wenn die Eintragung ins Wasserbuch nicht vorher beantragt wird.[5]) Auf Rechte, die im Grundbuch eingetragen sind, sind diese Vorschriften nicht anzuwenden. Der § 380 Abs. 2 des Wassergesetzes gilt entsprechend.[6])

---

der Antrag auf Eintragung ins Wasserbuch rechtzeitig unterlassen wird (§ 11 Abs. 2) und seine Eintragung ins Wasserbuch muß ohne Nachprüfung bei Vorlegung einer beglaubigten Abschrift des Grundbuchblatts nachträglich erfolgen (§ 187 WG.). Bei etwa vorkommenden Abweichungen zwischen den Eintragungen im Grundbuch und im Wasserbuch ist ersteres entscheidend (Herrenhaus, Drucks. Nr. 27 A S. 16).

[5]) Innerhalb der 10jährigen Frist muß vom F.-Berechtigten bei dem Bezirksausschuß oder der F.-Behörde der Eintragungsantrag eingegangen sein, um das Eintragungsrecht und damit das Weiterbestehen des fremden F.-Rechts zu wahren. Die Eintragung selbst braucht in der Frist noch nicht zu erfolgen. Die rechtzeitige Eintragung des Antrags hat naturgemäß aber jene Wirkung nur, wenn es wirklich zur Eintragung des F.-Rechts kommt. Ist der Eintragungsantrag in jener Frist nicht eingegangen, so ist das fremde F.-Recht mit Ablauf der Frist ohne weiteres unwiderruflich erloschen. Eine Wiedereinsetzung in den vorigen Stand gibt es nicht. Die Eintragung im Grundbuch ersetzt aber jenen Antrag, erhält also stets das F.-Recht (§ 11, vorletzter Satz). Die grundbuchliche Eintragung erfolgt im Bestandverzeichnis II. Die Frist beginnt allgemein mit dem Zeitpunkt des Inkrafttretens des FG., also vom 15. April 1917, zu laufen. Für die Sonderfälle der Entstehung fremder F.-Berechtigungen im Falle des § 9 und § 10 sind die Anfangspunkte der Frist unter Ziff. 2 und 3 zweckentsprechend besonders festgesetzt.

[6]) Abgedruckt im Anhang unter 1. Danach soll der Bezirksausschuß als Wasserbuchbehörde, um die F.-Berechtigten möglichst vor dem Verlust ihres F.-Rechts durch etwaiges Versäumnis des rechtzeitigen Eintragungsantrags zu bewahren, im ersten und vorletzten Jahr der 10jährigen Frist der Ziff. 1 öffentlich auf das etwaige Erlöschen der F.-Rechte hinweisen.

§ **12.** [1]Tritt ein Gewässer über seine Ufer, so hat der in ihm zur Ausübung der Fischerei Berechtigte das Recht, auf den überfluteten Grundstücken zu fischen.[1]) Von der Befischung ausgeschlossen sind Hofräume, Gartenanlagen, Forstkulturen, bestellte Äcker, gewerbliche Anlagen und eingefriedigte Grundstücke.[2]) Betreten dürfen

---

[1]) Das F.-Recht bei Überflutungen war bisher in Preußen verschieden geregelt. Im Gebiet des ALR. bestand grundsätzlich kein Recht auf die sog. Fischnacheile. Nur dem Eigentümer eines geschlossenen Privatgewässers billigten die §§ 178, 179 I 9 (oben unter I C) ein solches zu und zwar ohne Ersatzpflicht für den etwa angerichteten Schaden. Im gemeinrechtlichen Gebiet durfte der F.-Berechtigte dagegen stets auf den von seinem Fischgewässer überschwemmten fremden Grundstücken die Fischerei ausüben, war aber schadensersatzpflichtig (RGZ. 8, 181). Im Anschluß an letzteres Recht gewährt § 12 nunmehr jedem F.-Berechtigten die alleinige Befugnis bei Überflutungen auf fremden Grundstücken zu fischen, während der Grundstückseigentümer zum Ausgleich den Ersatz des etwa dabei veranlaßten Schadens verlangen kann (§ 15) und das Aneignungsrecht an den auf seinem Grundstück zurückbleibenden Fischen hat (Anm. 6). Dabei ist es ohne Einfluß auf dieses Recht der Fischnacheile, ob das überflutende Gewässer ein offenes oder geschlossenes ist, ob die Überflutung eine außergewöhnliche (z. B. infolge Dammbruchs) oder periodisch eintretende und ob sie künstlich (z. B. zu Bewässerungszwecken) oder natürlich aufgetreten ist. Daraus folgt, daß auch das bei steigendem Wasser überflutete Ufer vom F.-Befugten mitbefischt werden darf. Die Fischnacheile ist ein Teil des F.-Rechts des Berechtigten und der Eigentümer des überfluteten Grundstücks muß sie deshalb stets auch bei schon vorauszusehenden Schaden dulden und sich mit dem Ersatz begnügen (ausgenommen bei Schikane, § 226 BGB.). Von der Befischung dabei ausgenommen sind nur die besonders im Satz 2 aufgezählten Grundstücksarten und fremde Fischgewässer (Abs. 5). Die Fischnacheile steht nicht nur dem aus eigenem Recht Berechtigten, sondern auch dem F.-Pächter und deren Angestellten sowie den auf Erlaubnisschein Fischenden zu. Für den dabei angerichteten Schaden sind die Täter selbst und außerdem der F.-Berechtigte verantwortlich (§ 15). Hinsichtlich des Betretungsrechts bei Überflutungen siehe Anm. 3.

[2]) Die im Abs. 2 aufgeführten Grundstücksarten darf der F.-Berechtigte bei Überschwemmungen nicht befischen und infolgedessen auch nicht betreten. Doch darf er sie, soweit es zur ordnungsmäßigen Befischung dahinter liegender Überflutungsflächen erforderlich und ohne weiteres möglich ist, in billiger

die überfluteten Grundstücke nur werden, soweit sie nicht von Wasserfahrzeugen aus befischt werden können.[3])

II Sind nach Abs. 1 mehrere berechtigt, auf den überfluteten Grundstücken zu fischen, so bestimmt der Kreis-(Stadt-)Ausschuß, wie sie ihre Rechte auszuüben haben. Dabei gilt § 10 Abs. 3 entsprechend.[4])

Auslegung des Wasserbetretungsrechts (Anm. 1 zu § 13); mit dem Wasserfahrzeug überfahren. Unter Gartenanlagen sind nur die gärtnerisch kultivierten und als solche benutzten Grundstücke zu verstehen; ein Bestand mit einigen Bäumen rechnet dazu noch nicht (Drucks. Nr. 725 A S. 112). Unter Forstkulturen fallen auch Schonungen jüngeren Datums. Als bestellte Äcker gelten solche, die noch nicht besät sind, und auch Rieselwiesen nicht. Eingefriedigt ist im Sinne des § 12 nur das Grundstück, dessen Umfriedung den gewöhnlichen Zutritt zum Grundstück für Menschen verhindert. Sie braucht nicht ständig zu sein (wie im § 13 Abs. 4), es genügt eine grade zur Überschwemmungszeit bestehende. Im allgemeinen ist für die Frage, ob ein einzelnes Grundstück unter eine der aufgeführten Arten fällt, ausschlaggebend, ob es die nach der Verkehrsanschauung dafür erforderlichen Merkmale aufweist. Der Ausschluß von der Befischung nimmt den Eigentümern dieser Art Grundstücke nicht das Aneignungsrecht an den auf ihnen beim Rücktritt der Überflutung verbleibenden Fischen (Abs. 4).

[3]) Grundsatz ist, daß bei Ausübung der Fischerei die überfluteten Grundstücke nicht betreten werden dürfen, damit möglichst jede Beschädigung vermieden wird. Die Befischung soll grundsätzlich also nur vom Kahn, Floß oder sonstigem Wasserfahrzeug aus erfolgen. Nur wenn von ihnen aus die ordnungsmäßige Befischung nicht ausführbar ist, z. B. wegen Seichtheit des Wassers, wegen Buschwerks u. dgl., darf der Fischer in das Wasser hineinwaten, um z. B. die Fische mit dem Kescher zu fangen. Aber das Betreten darf nur insoweit stattfinden, als die ordnungsmäßige Befischung es wirklich erfordert. Jeder dabei entstehende Schaden muß dem Eigentümer ersetzt werden (§ 15). Der Fischer ist nicht berechtigt Hindernisse der Fischerei zu beseitigen, z. B. einen Baum umzubrechen. Außerhalb der Wasserfläche hat er kein Betretungsrecht, insbesondere nicht aus § 13 an dem Rande der Überflutung, da dieser kein Ufer im Sinne des WG. und FG. ist. Andrerseits ist jede Art des Befischens gestattet, er darf also z. B. auch Reusen legen, und dazu sind nicht nur der F.-Berechtigte oder sein Pächter und der auf Erlaubnisschein Fischende befugt, sondern auch ihre angestellten Fischer und sonstige Beauftragte.

[4]) Der Abs. 2 betrifft den Fall, daß mehrere Personen auf Grund des Abs. 1 auf der Überflutungsfläche fischereiberechtigt

III Unzulässig sind Maßnahmen, die den Zweck haben, die Rückkehr der Fische in das Gewässer oder das Fischen auf den überfluteten Grundstücken zu hindern.[5])

IV Der Grundeigentümer hat nicht das Recht, auf den überfluteten Grundstücken zu fischen. Bleiben jedoch nach Rücktritt des Wassers in Gräben oder anderen Vertiefungen, die nicht mehr in Verbindung mit dem Gewässer stehen, Fische zurück, so darf er sie sich aneignen. Untermaßige Fische (§ 107) kann die Fischereibehörde auf Antrag und auf Kosten des Fischereiberechtigten in das Gewässer zurücksetzen lassen.[6])

---

sind. Solche Fälle treten ein, wenn auf dem überflutenden Gewässer es mehrere F.-Berechtigte gab oder auch wenn mehrere Gewässer überschwemmen und sich ihre Überschwemmungsflächen vereinigen. In allen solchen Fällen hat der Kreisausschuß, der von einem Beteiligten oder der F.-Behörde anzurufen ist, den Umfang der Fischerei für jeden der Berechtigten zu bestimmen. In erster Linie soll für die Einteilung der Überflutungsfläche der Umfang und die räumliche Ausdehnung der zu berücksichtigenden F.-Rechte in den überflutenden Gewässern maßgebend sein (Anm. 4 zu § 10).

5) Der Abs. 3 entspricht im wesentlichen dem bisherigen Recht nach § 183 I 9 ALR. (unter I C). Wie der F.-Berechtigte keine Erleichterung des Fischens vom Eigentümer verlangen kann, so darf dieser andrerseits ersterem das Fischen nicht absichtlich erschweren. Er darf im besonderen keine Vorkehrungen treffen, um die Fische beim Rücktritt des Hochwassers möglichst zurückzuhalten (Abs. 4). Derartige Maßnahmen sind nach § 127 Ziff. 1 strafbar, ihre Unterlassung und die Beseitigung etwaiger Vorkehrungen kann von der F.-Behörde erzwungen werden (§ 130) und der F.-Berechtigte kann aus § 823 BGB. vom Eigentümer Ersatz des etwaigen Schadens verlangen. Diese Rechtsfolgen treten aber nicht ein, wenn die hindernden Maßnahmen nicht eigens zu jenem Zweck getroffen sind, trotzdem die Hinderung aber als Nebenwirkung haben.

6) Den Eigentümern der überfluteten Grundstücke ist ein F.-Recht versagt. Aber es ist ihnen im Anschluß an § 181 I 9 ALR. (unter I C) zum Ausgleich das Aneignungsrecht an den auf ihnen beim Rücktritt des Wassers verbleibenden Fischen gegeben. Solange und soweit noch eine den Fischwechsel ermöglichende Verbindung zwischen dem zurücktretenden Fischgewässer und den sich auf den überflutenden Grundstücken bildenden Tümpeln oder den dort vorhandenen Gräben usw. besteht,

V Für fremde Fischgewässer, die von der Überflutung betroffen sind, gelten diese Vorschriften nicht.[7])

mögen sie groß oder klein sein, darf in ihnen nur der F.-Berechtigte und nicht der Grundstückseigentümer fischen. Mit dem Zeitpunkt, in welchem mangels hinreichender Wasserverbindung den Fischen daraus die Rückkehr in das Überflutungsgewässer unmöglich wird, tritt an Stelle des F.-Berechtigten das obige Recht des Eigentümers des überflutet gewesenen Grundstücks. Befinden sich die Tümpel, Gräben usw. auf den Grundstücken verschiedener Eigentümer, so darf jeder innerhalb seiner Grenzen die Fische fangen. Dies gilt auch für solche Grundstücke, auf denen dem F.-Berechtigten die Befischung verboten war (Anm. 2). Mit der endgültigen Bildung des Tümpels erhält der Grundstückseigentümer nicht ohne weiteres Eigentum an den Fischen (abweichend von § 960 BGB. unter I B), sondern er wird deren Eigentümer erst mit ihrem Fang (§ 958 daselbst). Denn § 12 FG. gibt ihm nur die Befugnis sich die zurückgebliebenen Fische anzueignen und bestimmt nicht, daß sie ihm mit dem Wegfall der Wasserverbindung ohne weiteres gehören. Wer unbefugt aus solchem Tümpel Fische holt, kann deshalb nicht wegen Diebstahls aus § 242, sondern nur aus § 370[4] StGB. wegen unberechtigten Fischens bestraft werden. Da die Tümpel nur vorübergehend bestehen und die darin befindlichen Fische, wenn sie nicht gefangen werden, dem Tode preisgegeben sind, können die für ganz andre Fischverhältnisse bestimmten Polizeiverordnungen betr. den Fischfang z. B. in der Schonzeit, von untermaßigen Fischen usw. hier vernünftigerweise keine Anwendung finden (a. M. Drucks. Nr. 725 A S. 112), wohl aber die betreffend den Verkehr (§ 107). Dagegen ist der Grundstückseigentümer verpflichtet mit den untermaßigen Fischen möglichst entsprechend den Vorschriften des § 10 FO. (unter II B) zu verfahren. Weil kein Fischen im Sinne des FG., sondern nur ein zeitweiliges besonderes Aneignungsrecht vorliegt, bedarf der Eigentümer auch keines Fischereischeins aus § 92, wenn er die zurückgebliebenen Fische fängt. Hat der Eigentümer nicht die Nutzung des Grundstücks, so tritt an seine Stelle der Nutzungsberechtigte, also sein Pächter, Nießbraucher usw., wenn sich aus dem Pachtvertrag usw. nichts andres ergibt (a. M. Delius S. 70).

[7]) Das F.-Recht des F.-Befugten auf der Überflutungsfläche hört auf an der Grenze eines Fischgewässers, auf welchem einem andern wie ihm ein F.-Recht zusteht. Dieses Gewässer muß aber ein wirkliches Fischgewässer sein. Es muß also schon vor dem herantretenden Überflutungswasser der Fischwirtschaft dienstbar gewesen sein. Ein Torfstich, ein Dorfteich u. dgl., der vorher nicht ordnungsmäßig befischt worden ist, hemmt das F.-Recht desjenigen des überflutenden Gewässers

§ 13.[1]) [1]Der in einem Gewässer[2]) zur Fischerei Berechtigte und mit dessen Ermächtigung der Fischereipächter oder angestellte Fischer darf mit seinen Gehilfen und

---

deshalb nicht und kann von ihm während der Dauer der Überflutung mitbefischt werden. Werden zwei fremde Fischgewässer durch die Überflutung verbunden, so darf also keiner der beiden F.-Berechtigten innerhalb der Grenzen des andern Fischgewässers fischen und die Befischung der Zwischenfläche hat durch sie nach der Festsetzung des Kreisausschusses (Abs. 2) zu erfolgen.

[1]) Der § 13 führt für ganz Preußen ein Uferbetretungsrecht ein, wie es bisher auf Grund von Sondergesetzen nur in den Provinzen Westfalen, Rheinland, Hannover und im Regierungsbezirk Kassel bestanden hat. Durch die Rechtsprechung ist allerdings auch im Gebiet des ALR. öfter dahin entschieden, daß das ein Grundstück belastende F.-Recht, dessen ordnungsmäßige Ausübung das zeitweise Betreten des Ufers erfordert, in sich selbst für den F.-Berechtigten ein Recht dazu in diesem Umfange trage. Diese Rechtsauslegung ist aber nicht unbestritten geblieben und wurde unmittelbar vom Gesetz nicht gestützt. Rechtlich stellt sich das jetzige Uferbetretungsrecht des § 13 als eine Eigentumsbeschränkung des anliegenden Ufergrundstücks dar. Im gewissen Gegensatz zu ihm steht das Wasserbetretungsrecht. Ein solches wird auch ohne ausdrückliche Erwähnung im Gesetz allgemein als eine ohne weiteres aus der Eigenart der F.-Berechtigung sich ergebende Befugnis dem F.-Ausübungsberechtigten zugebilligt. Wenn nicht durch besondere Rechtsverhältnisse z. B. durch Vertrag eine abweichende Rechtslage geschaffen ist, was völlig freisteht, darf daher der F.-Berechtigte sowie sein Pächter und die Angestellten zur Ausübung der Fischerei das betreffende Fischgewässer, soweit die ihrem F.-Recht unterworfene Wasserfläche reicht, mit dem Wasserfahrzeug befahren und es auch watend betreten. Das Betreten auch des Ufers folgt an sich aber nicht aus diesem Wasserbetretungsrecht, sondern erst aus § 13. Das Betreten überschwemmter Gebiete zum Fischfang regelt § 12 (Anm. 3 dazu).

[2]) Durch die allgemeine Bezeichnung „Gewässer" soll hier zum Ausdruck gebracht werden, daß das in § 13 behandelte Uferbetretungsrecht für Gewässer jeder Art gelten soll, also nicht nur für Wasserläufe, sondern auch für Seen usw. und schließlich auch für Küstengewässer. Denen, die in letzteren den freien Fischfang nach § 6 ausüben, steht diese Befugnis dabei den Strand zu betreten nicht zu, da keine wirkliche F.-Berechtigung vorliegt. Im allgemeinen darf der Meeresstrand aber von jedermann betreten, deshalb auch

seinen Geräten die an das Wasser angrenzenden Ufer, Inseln, Anlandungen, Schiffahrtanlagen sowie Brücken, Wehre, Schleusen und sonstige Wasserbauwerke soweit betreten,[3]) als es die Ausübung seines Fischereirechts erfordert.[4])

---

schon bisher gewöhnlich vom Fischer benutzt werden. Wo in Neuvorpommern und Rügen das Scharrecht besteht (Anm. 2 zu § 6), darf der Strand von andern zur Ausübung des Fischfangs nicht betreten werden (Drucks. Nr. 164 S. 8).

[3]) Ein selbständiges Uferbetretungsrecht räumt der § 13 nur den wirklichen F.-Berechtigten, also den aus eigenem Recht zur Ausübung der Fischerei Befugten ein (Vorbem. zu § 4). Unter ihnen aber ausnahmslos allen, also auch den nach § 20 nur beschränkt Berechtigten. Diejenigen, welche erst von jenen ihr Recht zur Ausübung der Fischerei herleiten, also der F.-Pächter und alle Angestellten sowie deren Gehilfen, haben nicht ohne weiteres jenes Recht das Ufer zu betreten, sondern es muß ihnen erst von dem F.-Berechtigten übertragen werden. Bei Genossenschaften steht nur deren gesetzlichen Vertretern, nicht den einzelnen Genossen, das Betretungsrecht ohne Übertragung zu. Ein Unterpächter bedarf ebenfalls dazu der Ermächtigung des Hauptverpächters; solche nur seitens desjenigen, von dem er die Fischerei etwa weiter erpachtet hat, genügt nicht. Den lediglich auf Grund von Erlaubnisscheinen Fischenden kann das Uferbetretungsrecht nur ausnahmsweise gewährt werden (Anm. 5). — Ob den Pächtern usw. das Uferbetretungsrecht zustehen soll, ist mithin von dem F.-Berechtigten abhängig. In den Pachtverträgen wird daher zweckmäßig darüber stets eine besondere Abmachung zu treffen sein. Die Ermächtigung kann auch stillschweigend erfolgen. Sie ist für erforderlich erklärt, weil der F.-Berechtigte selbst für den auch vom Pächter usw. angerichteten Schaden beim Betreten des Ufers mit verhaftet ist (§ 15). Die Ufer dürfen nur zu solchen Zeiten und zu solchen Tätigkeiten betreten werden, wie es zum Zwecke der Aneignung oder der Hege erforderlich ist. Zum Zweck z. B. des Fischotterfangs ist die Uferbetretung deshalb nicht gestattet (§ 105). Da die Befugten auch mit ihren Geräten das Ufer betreten dürfen, können sie mit ihrem Fahrzeug landen und dies am Ufer festmachen sowie vorübergehend Netze niederlegen u. desgl. Der Ufereigentümer braucht aber weder das Trocknen der Netze noch das Ausladen des Kahns und das Abfahren des Fangs mit der Handkarre oder dgl. zu dulden. Der Fischende kann andrerseits nicht die Beseitigung von Hindernissen z. B. von Pfählen und Bäumen verlangen und muß sich solche vorübergehenden Cha-

II Abgesehen von dieser Vorschrift, kann der Kreis- (Stadt-) Ausschuß nach Anhörung der Beteiligten widerruflich genehmigen, daß auch einzelne Inhaber von Erlaubnisscheinen (§ 98) fremde Grundstücke nach Abs. 1 betreten dürfen.[5])

---

rakters, wie z. B. zeitweilige Lagerung des Aushubs des Gewässers gefallen lassen. Sind solche lediglich in der Absicht seiner Behinderung angelegt, so kann er die Beseitigung nach § 226 BGB. fordern. Hinsichtlich der räumlichen Ausdehnung des Rechts siehe Anm. 4. Das Betretungsrecht kann durch Vertrag erweitert und auch ausgeschlossen werden. Hinsichtlich der Verpflichtung zum Ersatz des Schadens, den der betretende Fischer etwa erleidet, siehe § 14 und desjenigen, den etwa der Fischer beim Betreten anrichtet, § 15.

[4]) Dem Betretungsrecht der in Anm. 3 erwähnten Personen unterliegen räumlich nur die unmittelbar an das betreffende Gewässer stoßenden Ufer. Mit diesem Worte, welches an Stelle des Ufergrundstücks im Entwurf gesetzt ist, soll ausgedrückt werden, daß sich das Betretungsrecht auf den Rand und nicht auf das hinter dem Ufer liegende Grundstück erstreckt. In welcher Breite das Ufer betreten werden darf, ist nicht in einem bestimmten Maße festgesetzt, sondern richtet sich nach der Notwendigkeit bei der Ausübung der Fischerei. Nur in der Breit- und Längsausdehnung und nur für die Zeitdauer, wie es wirklich erforderlich ist, darf das Ufer betreten werden. In Streitfällen wird das Gutachten eines F.-Sachverständigen ausschlaggebend sein. Jeder Fischer darf natürlich nur die an sein Fischgewässer grenzenden Ufer betreten. In dem gleichen Maße wie die Ränder gewöhnlicher Ufergrundstücke dürfen auch die sonstigen Uferstrecken wie Inseln, Anlandungen usw. auf ihrem Rande betreten werden. Auch auf die quer durch das Gewässer geführten künstlichen Anlagen (Brücken, Wehre, Schleusen usw.) ist das Betretungsrecht ausgedehnt. Doch kann seine Ausübung auf derartigen künstlich hergestellten Uferstrecken gemäß Abs. 3 besonders geregelt werden. In der FO. (unter II B) ist dies nicht geschehen. Ausgenommen vom Betretungsrecht sind nur die Uferarten des Abs. 4. Zu welchen Tätigkeiten die Ufer betreten und benutzt werden dürfen, siehe Anm. 3.

[5]) Den Inhabern von Erlaubnisscheinen steht grundsätzlich das Uferbetretungsrecht nicht zu. Natürlich kann es ihnen aber freiwillig von dem Eigentümer des Ufergrundstücks eingeräumt werden. Ausnahmsweise soll ihnen, namentlich um das Angeln nicht allzusehr zu beschränken, kein volles Recht, sondern nur die widerrufliche Erlaubnis durch den Kreis- (Stadt-) Ausschuß erteilt werden können, das Ufer auch gegen den Willen des Eigentümers zu betreten. Dies soll nur im Einzelfalle und

III Das Betreten von Schiffahrtanlagen und Wasserbauwerken sowie von Anlandungen, die durch Unterhaltungs- und Ausbauarbeiten (§ 140, § 162 Abs. 1 des Wassergesetzes)[6]) entstanden sind, kann durch Polizeiverordnung eingeschränkt oder verboten werden.[7])

IV Das Recht nach Abs. 1 erstreckt sich nicht:[8])

1. auf Gebäude, Hofräume, Gartenanlagen, Forstkulturen, bestellte Äcker, gewerbliche Anlagen[9]) und dauernd vollständig eingefriedigte Grundstücke,[10])

---

nur unter Wahrung aller entgegenstehenden berechtigten Interessen geschehen und zu diesem Zweck sollen vorher alle Beteiligten, insbesondere die Grundstückseigentümer und die Jagdberechtigten, gehört werden.

[6]) Abgedruckt im Anhang unter 1 (Seite 242, 243).

[7]) Die im Abs. 3 aufgeführten künstlichen Uferbefestigungen, Uferbauten usw. sind zum Teil durch ein Betreten erheblicher Beschädigung ausgesetzt, zum Teil kann aus andern allgemeinen Gründen ihr Betreten unerwünscht sein. Deshalb soll in solchen Fällen der Polizeibehörde zum Schutz dieser Anlagen die Befugnis zustehen, die Ausübung des Betretungsrechts auf ihnen ganz zu untersagen, auf ein zulässiges Maß einzuschränken oder es sonst zu regeln. Unter Wasserbauwerk das Abs. 3 fallen auch die Brücken, Wehre, Schleusen usw. Eine solche verbietende oder einschränkende Anordnung ist für ganz Preußen nicht erfolgt, da die FO. (unter II B) eine solche nicht enthält.

[8]) Außer der im Abs. 3 vorgesehenen Beschränkung ist den Berechtigten das Betreten nicht ausnahmslos jeder Grundstücksart und bei den zulässigen Arten nicht unter allen Umständen gestattet. Unter den Ausnahmen sind drei Gruppen zu unterscheiden: a) die im Abs. 4 unter Ziff. 1 u. 2 genannten bestimmten Arten von Grundstücken, b) die vom Kreis- (Stadt-) Ausschuß allgemein festzusetzenden Ausnahmen und c) die einzelnen Fälle, in welchen dieser Ausschuß wegen unverhältnismäßig großen Schadens den Ausschluß ausspricht (Abs. 5). Betritt der Fischende sie bewußt unbefugt, so macht er sich des Feld- bzw. Hausfriedensbruchs schuldig (§ 9 Feld- u. ForstPolGes.; § 123 StGB.). Die §§ 125 ff. FG. drohen dafür eine besondere Strafe deshalb nicht an.

[9]) Die hier ausgenommenen Grundstücksarten sind im großen und ganzen die gleichen, welche bei Überflutungen nicht befischt werden dürfen. Hinsichtlich ihrer siehe näheres Anm. 2 zu § 12. Ein unmittelbar an das Fischgewässer stoßender Acker darf von dem Augenblick der Bestellung bis zur Aberntung nicht betreten werden.

[10]) Im Gegensatz zum § 12 Satz 2 wird hier Dauer und Vollständigkeit der Einfriedigung eines Grundstücks zu dessen

2. auf die Ufer von Bewässerungs- oder Entwässerungsgräben in Wiesen.[11])

Zur vollständigen Einfriedigung gehört eine Einfriedigung des Ufers nicht. Eingezäunte Viehweiden gelten nicht als eingefriedigte Grundstücke im vorstehenden Sinne.[10]) Bei Streit beschließt auf Antrag der Kreis- (Stadt-) Ausschuß.[12])

Ausschluß vom Betretungsrecht gefordert. Es genügt dazu also hier nicht eine nur zeitweise Umfriedung wie in § 12. Hinsichtlich der Vollständigkeit schränkt der drittletzte Satz des Absatzes 4 die Merkmale selbst ein. Danach gilt im Sinne des § 13 auch das nach dem Gewässer hin offene, nur auf den andern drei Seiten umfriedete Grundstück als vollständig eingefriedigt. Als Einfriedigung hat jede ordnungsmäßige und wirksame Absperrung gegen den Ein- und Austritt von Menschen und Vieh zu gelten, nicht etwa der als Sonderbestimmung lediglich für das Jagdrecht gemäß der Eigenart der diesem unterliegenden Tiere in § 4 JO. mit den gleichen Worten geforderte Abschluß gegen den Einlauf von Haarwild. Viehweiden, auch wenn sie völlig und dauernd eingefriedigt sind, scheiden aus dem Begriff der eingefriedigten Grundstücke im Sinne des § 13 Abs. 4 Ziff. 1 aus. Derartige Weiden können am Ufer daher stets vom Fischer betreten werden, wenn ihm sonst das Betretungsrecht aus Abs. 1 zusteht, und zwar auch unter Übersteigung der Einfriedigung, sobald der ordnungsmäßige F.-Betrieb dies notwendig macht.

[11]) Wiesenränder unterliegen grundsätzlich dem Uferbetretungsrecht, also z. B. auch Rieselwiesen. Stoßen sie an das Fischgewässer, so kann deshalb ihr Uferrand betreten werden. Nur zur Befischung der in ihnen liegenden Be- und Entwässerungsgräben darf der Berechtigte auf deren Ufern nicht entlang gehen, um deren Beschädigung zu vermeiden. Die Ufer solcher Gräben auf Ländereien, die nicht Wiesen sind, dürfen betreten werden. Steigen die Be- oder Entwässerungsgräben bis über ihr Ufer, so tritt ebenfalls die Vorschrift des § 12 ein. Die Wiesen dürfen alsdann in ihren überschwemmten Teilen, falls die Befischung anderweit nicht ausführbar ist, watend betreten werden mit Ausnahme jener Grabenufer.

[12]) Der Kreisausschuß kommt für Landkreise, der Stadtausschuß für Städte über 25000 Einwohner in Frage, die einen eigenen Kreis bilden (§ 4 Kreis-Ordg. v. 13. Dez. 1872, GS. S. 180). — Für alle Streitigkeiten aus dem Abs. 4 darüber, ob im einzelnen das Grundstück dem Uferbetretungsrecht unterliegt oder nicht, ist der Kreis- (Stadt-) Ausschuß

V Der Kreis- (Stadt-) Ausschuß kann das Recht nach Abs. 1 noch weiter einschränken, als in Abs. 4 bestimmt ist.[13]) Die Ausübung des Rechtes ist ausgeschlossen, wenn der Schaden für den Eigentümer des Grundstücks größer ist als der Vorteil für die Fischerei. Darüber, ob dies zutrifft, beschließt auf Antrag der Kreis- (Stadt-) Ausschuß.[14])

§ **14.** Schaden, welchen die nach den §§ 12, 13 Berechtigten oder ihre Gehilfen bei Ausübung dieser Rechte erleiden, brauchen Eigentümer oder Nutzungsberechtigte nur zu ersetzen, wenn sie ihn absichtlich herbeigeführt haben.*)

---

in erster, der Bezirks-Ausschuß in zweiter Instanz, in deren Bereich die betreffenden Ufer liegen, auf Antrag eines Beteiligten zur Entscheidung zuständig.

[13]) Durch diese Bestimmung soll die Möglichkeit gegeben werden, im einzelnen Fall, wo es aus triftigen Gründen angebracht erscheint, das Betretungsrecht zur Entlastung des Ufergrundstücks weiter einzuschränken. Ein Maßstab ist dabei für die Entscheidung nicht gegeben, so daß das billige Ermessen ausschlaggebend sein muß. Der Ausschuß kann auch allgemein einschränkende Anordnungen erlassen z. B. für das ganze Kreisgebiet das Betreten der eingefriedigten Viehweiden untersagen (Herrenhaus, Drucks. Nr. 27 A S. 21). Eine Erweiterung des Betretungsrechts zugunsten des Fischers kann behördlich nicht ausgesprochen, wohl aber von ihm mit den Eigentümern der Ufergrundstücke vereinbart werden.

[14]) Das an sich nach § 13 bestehende Uferbetretungsrecht tritt für jede Art von Grundstück außer Kraft, wenn der dadurch entstehende Schaden in keinem angemessenen Verhältnis zum Wert für die Fischerei steht. Der Eigentümer, nach dessen Ansicht diese Voraussetzung für sein Grundstück zutrifft, muß die Entscheidung des Kreis- (Stadt-) Ausschusses (Anm. 11) gegen den Fischer anrufen, wenn dieser jene Ansicht für unzutreffend hält. Ausschlaggebend für die Entscheidung ist lediglich das Ermessen des Ausschusses, der zweckmäßig einen F.-Sachverständigen hören wird. Beschwerde an den Bezirks-Ausschuß ist für beide Teile zulässig. Da die gesetzlichen Voraussetzungen für das Betretungsrecht an sich vorliegen, steht dessen Ausübung alsdann dem Fischer bis zur Entscheidung zu.

*) Jeder Fischer, welcher das überflutete fremde Grundstück (§ 12) oder ein Ufer usw. nach § 13 betritt, muß gemäß § 15 allen entstehenden Schaden ersetzen und übt außerdem sein Betretungsrecht auf eigene Gefahr aus. Er kann sei-

§ 15. [1] Für Schaden, der durch Ausübung der Rechte in den Grenzen der §§ 12, 13 verursacht wird, kann der Geschädigte Ersatz verlangen.[1]) Ersatzpflichtig ist der Fischereiberechtigte. Neben ihm haften Fischereipächter, angestellte Fischer und Inhaber von Erlaubnisscheinen als Gesamtschuldner, wenn sie oder ihre Gehilfen den Schaden verursacht haben. In gemeinschaftlichen Fischereibezirken haftet an Stelle des Fischereiberechtigten der Fischereibezirk.[2])

---

nerseits keinen Schadensersatz vom Eigentümer aus § 823 BGB. verlangen, wenn er z. B. auf der morschen Uferbrücke durchbricht und verunglückt oder in eine auf der Wiese liegen gebliebene Sense gerät oder gar auf der Viehweide von einem Stier verletzt wird (§ 833). Nur den absichtlich, d. h. vorsätzlich im Gegensatz zu fahrlässig ihm zugefügten Schaden muß ihm der Grundstückseigentümer ersetzen, jedoch bleibt er für die Absicht der Schadenszufügung beweispflichtig. Diese von den Vorschriften der §§ 823 ff. BGB. abweichende Gestaltung der Schadensersatzpflicht ist, weil es sich um einen Sonderfall innerhalb des F.-Rechts handelt, auf Grund des Vorbehalts in Art. 69 EG. BGB. (abgedruckt unter I A) zulässig. Die Geltendmachung des absichtlich dem F.-Berechtigten zugefügten Schadens hat durch Klage vor den ordentlichen Gerichten zu erfolgen.

[1]) Der § 15 führt einen besonderen, außerhalb des § 823 BGB. liegenden Schadensersatzanspruch auf Grund des Art. 69 EG. BGB. (siehe vorletzten Satz der Anm. zu § 14) ein, welchen der Geschädigte zu fordern berechtigt ist. Er hat nur den Schaden im Auge, welcher bei der ordnungsmäßigen Ausübung des Betretungsrechts der überfluteten Grundstücke (§ 12) und der Ufer usw. (§ 13) durch die Ausübung der Fischerei entstanden ist. Die nur bei Gelegenheit dieser Ausübung durch Überschreitung jener Rechte verursachten Schäden, z. B. der Fischer ist weiter als nötig in die Wiese gegangen, hat Hunde mitgehabt, hat sich mit seinen Kindern im Grase gelagert oder Obst gestohlen, sind im § 15 nicht behandelt, sondern auf Grund des § 823 BGB. gegen den Täter selbst binnen 3 Jahren geltend zu machen. Derartige Schadensersatzansprüche gehören daher vor die ordentlichen Gerichte und sind von diesen im Wege der Klage zu erheben. Vgl. Anm. 4.

[2]) Für jeden bei der ordnungsmäßigen Ausübung der Rechte aus §§ 12, 13 von den betretungsbefugten Fischern einschließlich ihrer Gehilfen angerichteten Schaden kann infolge der festgesetzten Gesamthaftung der Grundstückseigentümer oder

II Der Anspruch auf Schadenersatz ist binnen einer Woche, nachdem der Geschädigte von der Beschädigung Kenntnis erhalten hat, bei der Fischereibehörde oder dem Gemeinde- (Guts-) Vorsteher schriftlich oder zu Protokoll anzumelden. Wird diese Frist versäumt, so erlischt der Anspruch.[3])

III Über den Anspruch und die entstandenen Kosten entscheidet die Fischereibehörde nach Anhörung der Beteiligten. Gegen den Bescheid ist binnen zwei Wochen die Klage im Verwaltungsstreitverfahren beim Kreis- (Stadt-) Ausschuß zulässig. Auf Berufung entscheidet der Bezirksausschuß endgültig.[4])

---

sonst Geschädigte, z. B. der Gutspächter, nach seiner Wahl gemäß § 421 BGB. den F.-Berechtigten selbst oder den Pächter oder den angestellten Fischer (nicht aber deren Gehilfen) oder den betr. Inhaber eines Erlaubnisscheins in Anspruch nehmen. Jeder bleibt bis zur völligen Bezahlung des Schadens ihm dazu verpflichtet. Der F.-Berechtigte haftet dem Geschädigten für den Schaden in erster Linie und zwar unter allen Umständen, selbst wenn er mit dem F.-Pächter vereinbart hat, daß letzterer etwaige Schäden zu bezahlen hat. Deshalb soll der Pächter usw. nur mit seiner Ermächtigung das Uferbetretungsrecht ausüben dürfen (§ 13 Abs. 1). Bei Genossenschaften und gemeinschaftlichen F.-Bezirken bleiben die Haftverhältnisse, nur an Stelle des F.-Berechtigten tritt der betreffende Verband. Für den gemeinschaftlichen F.-Bezirk ist dies besonders zum Ausdruck gebracht, weil er keine juristische Person ist und deshalb nicht ohne weiteres nach § 31 BGB. haften würde.

[3]) Der Abs. 2 bestimmt, in welcher Weise der in Abs. 1 zugebilligte Schadensersatzanspruch geltend zu machen ist. Der Anspruch muß bei Gefahr seines Ausschlusses binnen einer Woche seit Kenntnisnahme vom Schaden von demjenigen, der den Schaden erlitten hat, bei der zuständigen F.-Behörde (§ 11 Abs. 3) oder dem Vorsteher der Gemeinde oder des Guts, in welchem der Geschädigte wohnt oder in dessen Bezirk das beschädigte Grundstück liegt, schriftlich oder zu Protokoll desselben — mündliche Anzeige genügt nicht — erhoben werden. Die Frist ist so kurz gewählt, weil die angerichteten Schäden nach längerer Zeit meist kaum mehr zu sehen sein werden. Eine Wiedereinsetzung in den vorigen Stand gibt es nicht, selbst wenn die Frist unverschuldet, z. B. infolge höherer Gewalt, versäumt ist.

[4]) Der Abs. 3 regelt das Entscheidungs**verfahren** des besonderen Anspruchs aus Abs. 1 (siehe Anm. 1). Auf die

§ **16.** Weitergehende Rechte zur Benutzung fremder Grundstücke, die auf besonderen Rechtsverhältnissen beruhen, werden durch die §§ 13 bis 15 nicht berührt.*)

§ **17.** Mit neuen Fischereirechten darf, unbeschadet der §§ 9, 10, ein Gewässer nicht belastet werden.**)

---

rechtzeitige Anmeldung des Schadens (Abs. 2) hat die F.-Behörde die Geschädigten und den von ihm in Anspruch genommenen Fischer schriftlich oder mündlich zu hören und dann durch einen schriftlichen Bescheid zu entscheiden. Hiergegen kann binnen 2 Wochen seit ihrer Bekanntgabe an die Beteiligten von jedem derselben Klage beim Kreis- (Stadt-) Ausschuß (Anm. 12 zu § 13) mit Berufung an den Bezirksausschuß erhoben werden. Die F.-Behörde kann auch einen Vergleich herbeiführen, der sich stets empfehlen wird, wenn ein weiterer Schaden (Anm. 1) vor dem ordentlichen Gericht einzuklagen wäre. Aus dem rechtskräftigen Bescheide der F.-Behörde ist die Zwangsvollstreckung im Verwaltungszwangsverfahren zulässig. Der Rechtsweg vor den ordentlichen Gerichten ist aber nicht ausgeschlossen (Herrenhaus, Drucks. Nr. 27 A S. 23).

*) Alle beim Inkrafttreten des FG. bereits bestehenden Uferbetretungsrechte, welche nicht auf gesetzlicher Grundlage, sondern auf besonderen Rechtstiteln, wie z. B. auf Ersitzung, auf Vertrag, Privileg usw., beruhen, bleiben, auch wenn den F.-Berechtigten oder ihren Pächtern usw. mehr Rechte wie im § 13 eingeräumt sind, weiter bestehen. Derartige weitergehende Rechte können auch künftig durch Vertrag festgesetzt werden. Im besonderen empfiehlt es sich bei F.-Pachtverträgen zwischen dem Eigentümer eines Fischgewässers, der zugleich Ufereigentümer ist, und dem F.-Pächter die Frage des Uferbetretungsrechts, welches dabei auch ganz ausgeschlossen werden kann, zu regeln. Für alle Streitigkeiten aus vertragsmäßig oder dgl. eingeräumten Uferbetretungsrechten ist der ordentliche Rechtsweg gegeben.

**) Die Verpachtung der Fischerei seitens des fischereiberechtigten Gewässereigentümers, der sie nicht selbst ausüben will oder kann, ist die wirtschaftlich wichtigste Form der Nutzung eines Fischgewässers und sie wird auch größtenteils schon gewählt. Künftig soll für ihn die Verpachtung deshalb die allein zulässige Nutzungsart in solchem Falle sein, was durch das Verbot des § 17 bezweckt wird. Der Eigentümer eines Gewässers kann künftig kein dingliches F.-Recht eines Dritten an seinem Gewässer bestellen. Das Eigentum und die F.-Berechtigung am Fischgewässer sind für die Zukunft untrennbar. Nicht das F.-Recht selbst, sondern nur das F.-

§ 18. Ein nicht dem Eigentümer des Gewässers zustehendes Fischereirecht[1]) gilt vom Inkrafttreten dieses Gesetzes an als ein das Wassergrundstück belastendes Recht. Auf dieses Recht ist der § 1004 des Bürgerlichen Gesetzbuchs[2]) sinngemäß anzuwenden.[3]) Sein Rang bestimmt sich nach der Zeit der Entstehung. Es braucht, um gegenüber dem öffentlichen Glauben des Grundbuchs wirksam zu sein, nicht eingetragen zu werden. Die Eintragung hat jedoch auf Antrag des Berechtigten oder des Eigentümers des belasteten Grundstücks zu erfolgen; die Kosten trägt der Antragsteller.[4])

Ausübungsrecht kann künftig von dem Gewässereigentümer auf einen andern übertragen werden. Neue selbständige Fischereirechte außer in den Fällen des § 9 (früheres Recht des Eigentümers) und des § 10 (neue Armbildung) können seit Inkrafttreten des FG. nicht mehr entstehen, da es eine Ersitzung von Rechten an Grundstücken nach dem BGB. nicht mehr gibt. Wo vor dem Inkrafttreten des FG. selbständige F.-Rechte an Grundstücken bestehen, sind sie gemäß § 8 aufrecht erhalten. Der § 17 soll die künftige Vermehrung derartiger F.-Rechte verhindern.

[1]) Nachdem durch § 17 die Neuentstehung fremder F.-Rechte an Gewässern ausgeschlossen ist, werden in den §§ 18 bis 22 die bereits bestehenden F.-Rechte solcher Art behandelt. Der § 18 setzt ihren künftigen Rechtscharakter fest, der § 19 regelt den Grundsatz ihrer künftigen Übertragung von einem auf den andern, worauf die §§ 20 und 21 die Ausnahmefälle dazu bringen. Der § 22 behandelt einen Sonderfall.

[2]) Abgedruckt unter IB (Seite 12).

[3]) Durch die Erklärung der fremden F.-Berechtigungen zu Rechten, die das Wassergrundstück belasten, ist zum Ausdruck gebracht, daß jedes F.-Recht, welches nicht auf Eigentum am Fischgewässer beruht oder nicht aus ihm hergeleitet wird, rechtlich einen dinglichen Charakter hat, also an das damit belastete Grundstück gebunden ist. Es gilt nach § 96 BGB. als dessen Bestandteil. Bei einer Zwangsversteigerung des Wassergrundstücks ist der F.-Berechtigte deshalb Beteiligter (§ 9 ZwG.). Diesen Charakter hat ausnahmslos jedes derartige F.-Recht. Infolgedessen soll auch der Inhaber derartiger Rechte die Berechtigung aus § 1004 BGB. haben, bei Störung seines F.-Rechts gegen den Störer auf Beseitigung der Störung und Unterlassung etwaiger weiterer Beeinträchtigungen zu klagen. Die ausdrückliche Erwähnung des § 1004

§ 19. [I] Ein nicht dem Eigentümer des Gewässers zustehendes Fischereirecht[1]) kann durch Vertrag auf den Eigentümer oder einen anderen übertragen werden, auch wenn es nach dem bisherigen Rechte nicht übertragbar war. Der Vertrag bedarf der gerichtlichen oder notariellen Beurkundung. Der gleichen Form bedarf ein Vertrag, durch den der Berechtigte sich zur Übertragung des Fischereirechts verpflichtet; doch wird der Mangel der Form durch die Übertragung geheilt.[2])

BGB. ist hier erfolgt, um etwaige Zweifel an dessen Anwendbarkeit auf F.-Rechte auszuschließen.

[4]) Dem dinglichen Charakter und den dementsprechenden Vorschriften des BGB. zufolge müßten die nicht auf Eigentum beruhenden F.-Rechte eigentlich im Grundbuch eingetragen werden (§ 873 BGB.). Nach § 18 soll dies aber für ihre Gültigkeit, weil diese F.-Rechte künftig nach § 8 ausnahmslos im Wasserbuch verzeichnet sein werden, nicht erforderlich sein. Damit ist für sie eine Ausnahmebestimmung geschaffen. Die Eintragung im Grundbuch hat aber zu erfolgen, wenn ein Beteiligter sie beantragt. Eine Folge der Nichtverpflichtung zur grundbuchlichen Eintragung ist, daß sich die Reihenfolge mehrerer nacheinander entstandener F.-Rechte auf dem gleichen Gewässer nicht nach der Zeit der Eintragung im Grundbuch, wie bei sonstigen dinglichen Rechten, sondern nach der Zeit ihrer Entstehung richtet. Die Vorschrift des § 11 zur Eintragung dieser Rechte spätestens binnen 10 Jahren im Wasserbuch wird hierdurch nicht berührt.

[1]) Siehe § 18 Anm. 1.

[2]) Die bei Inkrafttreten des FG. bestehenden F.-Rechte Dritter an fremden Gewässern sind jederzeit und mit Ausnahme der beschränkten des § 20 und der Koppelfischerei (§ 21) ausnahmslos und ohne Einschränkung an andre übertragbar. Dabei kann ihr bisheriger Inhalt ohne Zuziehung des Wassereigentümers nicht verändert werden. Eine Vereinbarung, auf Grund deren ein solches F.-Recht auf einen andern zu einem bestimmten Termin übergehen soll oder sich der F.-Berechtigte zur späteren Übertragung verpflichtet, muß bei Vermeidung der Ungültigkeit vor dem Amtsrichter oder dem Notar zu Protokoll erklärt werden. Nur die Beglaubigung genügt nicht. Diese strenge Form ist gewählt, um für die Zukunft mehr wie bisher formell feste Rechtsgrundlagen für die F.-Berechtigungen zu haben. Die Formvorschrift gilt nicht nur für den Verkauf, sondern auch für die Überlassung solches F.-Rechts vom Vater auf den Sohn zu Lebzeiten und ebenso bei Schenkung. Die nur teilweise

II Ist das Fischereirecht mit dem Eigentum an einem Grundstücke verbunden, das mit dem Recht eines anderen belastet ist, so kann es nur übertragen werden, wenn dieser in öffentlich beglaubigter Form zustimmt, es sei denn, daß sein Recht nicht durch die Übertragung berührt wird.[3])

III Sind mit dem Fischereirechte Nebenrechte, namentlich zum Trocknen der Netze, zur Rohrnutzung oder zum Fischen auf überschwemmten Wiesen oder Verpflichtungen verbunden, so gehen sie zugleich auf den Erwerber über.[4])

Übertragung eines selbständigen F.-Rechts z. B. hinsichtlich bestimmter Arten von Fischen oder nur für bestimmte Fanggeräte ist als dem Zweck und Sinn des FG. zuwiderlaufend unzulässig (ebenso Delius S. 87). Ist die Verpflichtung zur Übertragung unter Außerachtlassung dieser Form vereinbart, so ist sie nichtig und kann nicht mit Erfolg eingeklagt werden. Erfolgt die Übertragung trotz des Formmangels, so wird dadurch jede auch formlos getroffene Vereinbarung rechtsverbindlich. Diese Bestimmung ist dem § 313 BGB. bei der Übertragung von Grundstücken nachgebildet. Die Eintragung des Übergangs auf einen andern im Wasserbuch ist zur Gültigkeit nicht erforderlich (Drucks. Nr. 725 A S. 162).

[3]) Der Abs. 2 betrifft die subjektiv-dinglichen F.-Berechtigungen d. h. die Fälle, in welchem dem jedesmaligen Grundstückseigentümer als solchem das F.-Recht auf einem Gewässer zusteht. Bei einer Belastung dieses Grundstücks z. B. mit einer Hypothek soll das F.-Recht zu deren Sicherheit mithaften, und so wie andre dingliche Rechte und Bestandteile, die aus dem Grundbuch ersichtlich sind, behandelt werden. Da sonst bei einer Überlassung des F.-Rechts an einen andern es aus der Pfandverbindlichkeit ausscheidet, soll bei solchen mit dem Grundstück verbundenen F.-Rechten ein etwaiger Grundbuchgläubiger der Übertragung in der vorgeschriebenen Form zustimmen. Der Hypothekengläubiger würde also schriftlich unter Beglaubigung seiner Unterschrift durch den Amtsrichter oder Notar zur Gültigkeit des Überlassungsvertrags seine Zustimmung erteilen müssen. Diese Zustimmung ist bei Veräußerung des Grundstücks zusammen mit dem F.-Recht nach § 22 nicht erforderlich, weil alsdann die Sicherheit des Gläubigers nicht gefährdet ist.

[4]) Mit der Übertragung eines F.-Rechts gehen sämtliche bisher damit verbundenen Rechte auf den neuen Erwerber über. Zu diesen Rechten sollen auch die der Eigenart der Fischerei entsprechenden öfter bestehenden Nebenrechte gehören, von denen das FG. oben einige als Beispiele aufzählt.

§ 20. Ein Fischereirecht, das auf Hegen oder Aneignen nur einzelner der im § 4 aufgeführten Fische oder auf die Benutzung bestimmter Fangmittel,[1]) mit Ausnahme der Anweisung auf mehrere Arten von Netzen oder Reusen,[2]) beschränkt ist, desgleichen ein Fischereirecht auf Zeit oder für den häuslichen Gebrauch sowie jedes in anderer Hinsicht eingeschränkte Fischereirecht kann durch Rechtsgeschäft unter Lebenden nur auf den Eigentümer des Gewässers übertragen werden.[3])

Auch andre Nebenrechte wie die besonders erwähnten gehen deshalb mit über, so z. B. das Recht mit dem Kahn zum Ausladen des Fangs oder zu sonstigen Zwecken anzulegen, Fischkästen aufzustellen, den Kahn im Winter auf einer bestimmten Stelle zu lagern u. dgl. Soll ein solches Nebenrecht nicht mit übergehen, so muß dies in dem Vertrage ausdrücklich erwähnt werden.

[1]) Der § 20 betrifft jegliche Art eines beschränkten F.-Rechts, mag es inhaltlich oder zeitlich beschränkt sein. Es soll darunter jede Berechtigung fallen, welche eine Ausübung der Fischerei nicht in wirtschaftlich vollwertiger Weise zuläßt. Über die ausdrücklichen Ausnahmen siehe Anm. 2.

[2]) Diese Ausnahmen unter den beschränkten F.-Rechten sind gemacht, um eine Anzahl selbständiger Berufsfischer, namentlich Reusen- und Schleppnetzfischer, welche keine andre Art der Berechtigung als mit diesen Fangmitteln haben, in ihrer Selbständigkeit nicht einzuschränken. Die Anwendung von Reusen und Netzen, gleichviel ob es sich um größere oder kleinere Zug- und Fangnetze handelt, ist dabei als eine wirtschaftlich vollwertige Ausnutzung der Fischerei angesehen worden. Aber dem Berechtigten müssen mehrere Netz- oder Reusenarten erlaubt sein. Eine einzelne Art von diesen, auch nur je eine Art von beiden dieser Fangmittel zusammen, schließt § 20 nicht aus.

[3]) Durch die Beschränkung ihrer Veräußerlichkeit soll ebenso wie durch ihre Ablösbarkeit (§ 26) die allmähliche Beseitigung der beschränkten F.-Rechte gefördert werden. Die käufliche, schenkungsweise oder sonstige Überlassung bei Lebzeiten des Inhabers eines solchen Rechts ist nur an den Eigentümer des betreffenden Gewässers zulässig, bei welchem alsdann die Rechtsfolge des § 24, nämlich das Aufhören der Selbständigkeit des Rechts, eintritt. Einen andern Berechtigten als den ursprünglichen braucht der Eigentümer des Gewässers nicht zu dulden. Eine Rechtsnachfolge kann bloß von Todes wegen durch Testament oder gesetzliche Erbfolge eintreten. Nur wenn das beschränkte Recht mit dem Eigentum an einem bestimmten Grund-

§ **21.** Ein Fischereirecht an derselben Gewässerstrecke kann durch Rechtsgeschäft unter Lebenden nur dann auf mehrere Personen übertragen werden, wenn die Zahl der Erwerber die der bisher Berechtigten nicht übersteigt.[1]) Ist ein solches Fischereirecht durch Erbgang,[2]) Lehns- oder Fideikommißfolge auf mehrere Personen übergegangen, so dürfen es diese nur an so viele Personen übertragen, als zur Zeit des Inkrafttretens dieses Gesetzes Fischereiberechtigte vorhanden sind.[3])

---

stück verbunden ist, ist es mit dem Grundstück zugleich auch unter Lebenden veräußerlich (§ 22). Eine Teilung des F.-Rechts ist bei einer Übertragung stets unzulässig.

[1]) Der § 21 setzt voraus, daß mehrere F.-Rechte an ein und derselben fremden Gewässerstrecke bestehen. Er betrifft also die Fälle der sog. Koppelfischerei. Ebenso wie die beschränkten F.-Rechte in § 20 so sind die Berechtigungen der Koppel-F. hinsichtlich ihrer Veräußerung als Ausnahme vom § 19 einer Einschränkung unterworfen. Ein Koppel-F.-Recht ist im Gegensatz zu den beschränkten F.-Rechten (§ 20) unter Lebenden veräußerlich, aber es darf höchstens an so viele Personen veräußert werden wie es bisher gehabt haben. Es soll dadurch künftig die Vermehrung der Berechtigten bei der Koppel-F. aus wirtschaftlichen Gründen verhütet werden. Der Inhaber einer Koppel-F. kann durch Testament aber eine größere Zahl von berechtigten Erben bestimmen. Ebenso können durch gesetzliche Erbfolge mehr Berechtigte wie früher entstehen. Für diese Fälle siehe Satz 2. Ist das Koppel-F.-Recht mit einem Grundstück verbunden, so fällt auch unter Lebenden die Beschränkung in der Zahl der Erwerber weg, sobald das Grundstück zusammen mit dem F.-Recht veräußert wird (§ 22).

[2]) Ohne Unterschied, ob es sich um testamentarische oder gesetzliche Erfolge handelt.

[3]) Diese Bestimmung soll eine künftige weitere Vermehrung der Koppelfischer im Wege der Veräußerung der F.-Rechte durch die Erben verhindern. Der Übergang infolge Erbgangs usw. ist in der Anzahl der Erwerber unbeschränkt. Die Erben eines Koppelfischereirechts sind ohne Rücksicht auf ihre Anzahl fischereiberechtigt, dürfen aber, wenn sie ihr Recht unter Lebenden veräußern wollen, es nur an soviel Personen übertragen wie zur Zeit des Inkrafttretens des FG. berechtigt waren. Die Innehaltung dieser Vorschrift wird künftig manche Schwierigkeit bereiten. In den Kommissionsverhandlungen ist deshalb den Gerichten und Notaren angeraten, bei der Aufnahme eines Übertragungsvertrags den seitherigen Tatbestand hinsichtlich aller berechtigten Personen möglichst genau festzustellen.

§ **22.** Auf den Fall, daß ein mit dem Eigentum an einem Grundstücke verbundenes Fischereirecht zusammen mit dem Grundstücke übertragen wird, beziehen sich die §§ 19 bis 21 nicht.*)

§ **23.** Ein Fischereirecht, das mit dem Eigentum an einem Grundstücke verbunden ist, verbleibt bei dessen Teilung, wenn nichts anderes in der Form des § 19 vereinbart wird, der ältesten Hofstelle und, wenn eine solche nicht vorhanden ist, dem größten Teilgrundstücke, bei einer Teilung in gleiche Teile dem Teilgrundstücke, das die Fischereibehörde bestimmt. Eine Vereinbarung, nach der das Fischereirecht mit mehreren Teilgrundstücken verbunden bleiben soll, ist nichtig.**)

§ **24.** Vereinigt sich ein Fischereirecht mit dem Eigentum am Wasserlaufe, so erlischt es als besonderes Recht.

---

*) Von dem Grundsatz des § 19, daß ein fremdes F.-Recht frei veräußerlich ist, bringen §§ 20 und 21 die Ausnahmen (Anm. 1 zu § 18). Der § 22 stellt für diese Ausnahmen in einem Sonderfall jenen Grundsatz des § 19 wieder her, nämlich sobald die ausgenommenen Berechtigungen dem jedesmaligen Eigentümer eines Grundstücks als solchem zustehen. Mit dem herrschenden Grundstück zusammen kann abweichend vom § 19 Abs. 2 ein F.-Recht ohne Zustimmung des Grundbuchgläubigers sowie auch ein beschränktes oder ein Koppel-F.-Recht unter Lebenden veräußert werden. Die Aufteilung eines solchen Grundstücks regelt § 23.

**) Um bei Teilverkäufen oder Parzellierungen von solchen Grundstücken, denen ein F.-Recht zusteht, eine Vermehrung der dinglich F.-Berechtigten zu verhindern, ist bestimmt, daß das F.-Recht nur mit einem der Teilgrundstücke verbunden werden darf. Dies ist in erster Linie das im Vertrage vereinbarte, mangels einer Vereinbarung in Übereinstimmung mit der bisherigen Rechtsprechung die älteste Hofstelle und mangels einer solchen das größte Teilgrundstück. Bei einer Teilung in gleich große Trennstücke bestimmt die F.-behörde (§ 119 Abs. 3) nach ihrem Ermessen das berechtigte Grundstück. Ein außerhalb des gerichtlichen oder notariellen Vertrags getroffene Vereinbarung über den Verbleib des F.-Rechts ist nichtig. Ist das F.-Recht ein auf den häuslichen Gebrauch beschränktes, so ist der Hofbedarf des Eigentümers, der das Grundstück zusammen mit dem F.-Recht erworben hat, künftig für den Umfang der Ausübung maßgebend (§ 5 Anm. 3).

Ist es mit dem Recht eines anderen belastet, so erlischt es nur, wenn dieser in öffentlich beglaubigter Form zustimmt.

§ 25. Unberührt durch die §§ 17 bis 24 bleibt das Gesetz über den Erwerb von Fischereiberechtigungen durch den Staat und das Aufgebot von Fischereiberechtigungen vom 2. September 1911 (GS. S. 189).*)

§ 26. [1] Die im § 20 bezeichneten Fischereirechte sind ablösbar, auch soweit sie es bisher nicht waren.[1]) Das Verfahren richtet sich nach den Ablösungsgesetzen.[2])

---

*) Erwirbt der am fremden Gewässer F.-Berechtigte das Gewässer durch Kauf, Erbgang oder sonstwie oder erwirbt in gleicher Weise der Gewässereigentümer das bisher einem Dritten daran gebührende F.-Recht, so geht dieses als besonderes Recht in jedem Falle einer Vereinigung in einer Person unter d. h. es wird ein dem Eigentümer des Gewässers als gesetzlicher Ausfluß des Eigentums (§ 7) zustehendes unselbständiges Recht. Es wird dadurch nur der rechtliche Charakter desselben, aber nicht sein Inhalt geändert. Diese Bestimmung ist eine Folgerung aus derjenigen des § 17. War es als ein mit dem Grundstück verbundenes Recht im Grundbuch (Bestandsverzeichnis II) eingetragen und zugunsten eines Dritten, z. B. einer Hypothek oder Reallast belastet, so muß letzterer zu dieser rechtlichen Veränderung in einem Schriftstück, dessen Unterschrift vom Amtsgericht oder vom Notar beglaubigt werden muß, seine Zustimmung geben. Versagt er sie, so bleibt es trotz der Vereinigung von Eigentum und F.-Recht in einer Person als selbständiges Recht weiter bestehen. Durch diese Bestimmung soll das Pfandrecht des Gläubigers, welches ihm an dem besonderen F.-Recht eingeräumt war, zu seiner größeren Sicherheit gewahrt bleiben.

Das Gesetz ist abgedruckt im Anhang unter 2. Nach dem Inhalt dieses Gesetzes können F.-Berechtigungen an Gewässern, welche durch staatliche Bauausführungen betroffen werden, in besonderer durch das FG. ausdrücklich aufrecht erhaltener Weise auf den Staat übertragen werden.

[1]) Nach Art. 1 Nr. 7 des Ergänzungsgesetzes zur Gemeinheitsteilungsordnung vom 2. März 1850 (GS. S. 139) sind alle F.-Berechtigungen in stehenden oder fließenden Privatgewässern, sofern sie Dienstbarkeiten sind und das Eigentum belasten, auf Antrag sowohl des Berechtigten als auch des Verpflichteten ablösbar. Diese Bestimmung ist durch § 26 nicht berührt und deshalb sind die im § 20 bezeichneten Arten von Fischereirechten, welche als Personal- oder Grunddienst-

II Vorbehaltlich Abs. 1 kann ein Recht zur Ablösung nicht auf das Eigentum an einem Wasserlaufe gestützt werden, das erst durch das Wassergesetz begründet worden ist. Ebenso entsteht kein Ablösungsrecht daraus, daß das Fischereirecht nach § 18 ein das Wassergrundstück belastendes Recht geworden ist.[3]) Die nach dem bisherigen Rechte

---

barkeiten an Privatgewässern bestehen, außerhalb der Vorschrift des § 26 ablösbar geblieben. Der § 26 dehnt die Ablösbarkeit jener Art beschränkter Rechte aber weiter aus. Auch soweit sie auf Regalien an öffentlichen Gewässern beruhen, werden sie durch ihn für nunmehr ablösbar erklärt. Es sollen also fortan ausnahmslos alle beschränkten Berechtigungen des § 20 ablösbar sein, und zwar ohne die Voraussetzungen des § 27 Abs. 2 Nr. 2. In offenen Gewässern können sie nach § 27 auch außerhalb eines Ablehnungsverfahrens beschränkt oder aufgehoben werden. Die auf den fiskalischen Gewässern bestehenden vollwertigen fremden F.-Berechtigungen sind nach wie vor unablösbar geblieben.

[2]) Soweit eine Berechtigung der im § 20 bezeichneten Art nicht aus § 27 beschränkt oder beseitigt, sondern nach § 26 abgelöst werden soll (Anm. 1), kommt nicht das in § 27 vorgeschriebene besondere Verfahren, sondern das allgemeine Ablösungsverfahren, wie es das Gesetz betr. die Ablösung der Reallasten und die Regulierung der gutsherrlichen und bäuerlichen Verhältnisse vom 2. März 1850 (GS. S. 177) vorsieht, zur Anwendung.

[3]) Durch den Abs. 2 soll zum Ausdruck gebracht werden, daß die schon bestehenden Befugnisse, die Ablösung eines F.-Rechts zu verlangen, voll aufrecht erhalten, jedoch mit Ausnahme der F.-Rechte in § 20 durch das FG. nicht erweitert werden sollen. Im besonderen soll dem Staat, nachdem er etwa auf Grund des WG. Eigentümer eines Wasserlaufs erster Ordnung, der früher in niemandes Privateigentum stand, geworden ist und nachdem die an letzterem bestehenden F.-Berechtigungen Dritter dadurch jetzt gemäß § 18 FG. als dingliche, das Eigentum eines andern belastende Rechte, also als privatrechtliche Dienstbarkeiten (Anm. 1) anzusehen sind, nicht das Ablösungsrecht für diese bisher unablösbaren Berechtigungen an bisher öffentlichen Flußläufen zustehen. Das gleiche gilt von allen bisher selbständigen F.-Gerechtigkeiten u. dgl., die durch § 8 lediglich privatrechtliche Eigentumsbeschränkungen geworden sind. Durch Abs. 2 wird bezüglich der Ablösbarkeit der vollwertigen F.-Berechtigungen der vor dem Inkrafttreten des Wassergesetzes bestehende Rechtszustand lediglich aufrecht erhalten. Nur hinsichtlich der be-

bestehende Ablösbarkeit von Fischereiberechtigungen wird hierdurch nicht berührt.[4])

§ 27. [I] In offenen Gewässern[1]) können die im § 20 bezeichneten Fischereirechte gegen Entschädigung der Berechtigten beschränkt oder aufgehoben werden.[2])

[II] Die Beschränkung oder Aufhebung können beanspruchen:

1. der Staat im öffentlichen Interesse:
2. Fischereiberechtigte, wenn sie nachweisen, daß die Fischereiberechtigung der Erhaltung oder Verbesserung des Fischbestandes dauernd nachteilig ist und einen wirtschaftlichen Betrieb der Fischerei in dem Gewässer hindert.[3])

---

schränkten F.-Rechte ist eine Änderung der bisher bestehenden Ablösbarkeit durch das FG. eingetreten.

[4]) Der letzte Satz des Abs. 2 soll gegenüber den beiden vorhergehenden Sätzen zweifellos stellen, daß die Frage der Ablösbarkeit von F.-Berechtigungen außer denen des § 20 durch das FG. nicht berührt und das bisher geltende diesbezügliche Recht nicht geändert werden sollte. Deswegen ist auch die Ablösbarkeit von F.-Berechtigungen in Wasserläufen, die im Eigentum von Gemeinden oder Deich- und Sielverbänden sind (§ 9 Abs. 2 u. 3 WG.), sowie das Recht der Gemeinden in Hessen-Nassau auf Ablösung des F.-Regals erhalten geblieben (Drucks. Nr. 725 A S. 177, 181).

[1]) Derartige beschränkte F.-Rechte in geschlossenen Gewässern betrifft weder der § 27 noch § 26. Diese können wie bisher nur nach Maßgabe der Ablösungsgesetze (Anm. 2 zu § 26) abgelöst werden.

[2]) Die wirtschaftlich schädlichen beschränkten F.-Rechte können hiernach außer im allgemeinen Ablösungsverfahren durch eine Art von Enteignung ganz oder doch in ihren besonders schädlichen Beziehungen beseitigt werden. Wie bei der richtigen Enteignung ist diese Beschränkung oder Beseitigung nur unter bestimmten Voraussetzungen (Abs. 2), gegen volle Entschädigung (Abs. 3) in einem hier besonders vorgeschriebenen Verfahren (Abs. 4) zulässig.

[3]) Antragsteller für die besondere Art der Beseitigung oder Beschränkung können entweder der Staat oder F.-Berechtigte bzw. F.-Genossenschaften sein. Für ersteren muß die beantragte Beseitigung im öffentlichen Interesse liegen. Von den letzteren muß ein dauernder Nachteil des Fischbestandes ihres F.-Bezirks und eine Behinderung ihres F.-Wirtschafts-

III Die Entschädigung hat zu leisten, wer den Anspruch erhebt.[4])

IV Über Anspruch und Entschädigung beschließt der Bezirksausschuß nach Anhörung der Beteiligten. Soweit der Beschluß die Entschädigung betrifft, kann er binnen drei Monaten im Rechtsweg angefochten werden. Die Frist beginnt mit dem Tage, an dem die Entscheidung über den Anspruch endgültig geworden ist.[5])

Dritter Abschnitt. Ausübung des Fischereirechts.*)

§ 28. I Die Ausübung des Fischereirechts kann, soweit sein Inhalt nicht entgegensteht,[1]) einem anderen

betriebs, welche das zu beseitigende oder zu beschränkende F.-Recht mit sich bringt, nachgewiesen werden. Sie können das Verfahren aus § 27 deshalb lediglich bezüglich der in ihrem Bezirk vorhandenen beschränkten F.-Rechte in die Wege leiten (Drucks. Nr. 725 A S. 172). Liegen jene Voraussetzungen nach der Überzeugung der entscheidenden Behörde nicht vor, so darf die beantragte Aufhebung oder Beschränkung nicht ausgesprochen werden.

[4]) Dem F.-Berechtigten, dessen Recht aufgehoben oder beschränkt wird, ist volle Entschädigung dafür zu gewähren. Zahlungspflichtig ist dem Berechtigten der jedesmalige Antragsteller (Anm. 3), weil dessen Interessen dadurch gefördert werden.

[5]) Entscheidende Behörde über den gestellten Aufhebungs- oder Beschränkungsantrag ist der Bezirksausschuß, in dessen Bezirk das mit dem betreffenden F.-Recht belastete Gewässer liegt. Er hat die Beteiligten stets zu hören und wird sich meist ein Gutachten von Sachverständigen erteilen lassen. Alsdann beschließt er zunächst darüber, ob die Voraussetzungen des Abs. 2 vorliegen, und setzt bejahendenfalls die Höhe der Entschädigung fest. Verneinendenfalls weist er den Antrag zurück. Hinsichtlich der Entscheidung über die erstere Frage kann jeder Beteiligte binnen 2 Wochen die Beschwerde an das Landeswasseramt einlegen, welches alsdann in zweiter Instanz entscheidet (§ 122). Hinsichtlich der Höhe der von dem Bezirksausschuß festgesetzten Entschädigung kann jeder Beteiligte wie bei der Enteignung von Grundstücken binnen der im Abs. 4 genannten Frist Klage beim ordentlichen Gericht erheben.

*) Über den Unterschied des FG. zwischen F.-Berechtigung und dem Recht zur Ausübung des F.-Rechts siehe Vorbem. vor § 4. Die im 2. Abschnitt erwähnten Be-

durch Vertrag in vollem Umfange (§ 29) oder unter Beschränkung auf den Fischfang übertragen werden.[2]) Ein unter Beschränkung auf den Fischfang abgeschlossener

---

schränkungen sind solche der F.-Berechtigung an sich. Der 3. Abschnitt behandelt solche des F.-Ausübungsrechts im besonderen. Die Beschränkungen des 2. Abschnitts binden den F.-Berechtigten auch ohne Ausübung seines Rechts, die des 3. Abschnitts kommen nur für die Ausübung des F.-Rechts in Betracht. Von letzteren zu unterscheiden sind ferner noch die Beschränkungen bei der wirklichen Ausübung der Fischerei selbst, also diejenigen für das tatsächliche Fischen, wie sie z. B. durch die Einführung der F.-Scheine (§ 92) und durch die Polizeiverordnungen (§ 100) festgesetzt sind.

[1]) Durch diesen einschränkenden Nebensatz wird zum Ausdruck gebracht, daß höchstpersönliche, wie z. B. F.-Privilegien, oder sonstwie nach ihrem Inhalt nicht übertragbare F.-Rechte, nicht wie unbeschränkte Rechte andern frei überlassen werden können. Hieraus ergibt sich z. B., daß die Verpachtung der F.-Rechte zum häuslichen Gebrauch (§ 5) unzulässig ist.

[2]) Der F.-Berechtigte im Sinne des FG. (Bemerkung vor § 4) kann die Fischerei ruhen lassen oder selbst fischen oder durch angestellte Fischer für sich fischen lassen. Will er sein F.-Recht nicht selbst so in eigener Verwaltung ganz oder zum Teil ausüben, sondern sein F.-Recht dadurch nutzen, daß er Dritte in ihrem Namen und auf ihre Rechnung fischen läßt, so kann er sein F.-Ausübungsrecht den Dritten nur auf die zwei im § 28 angegebenen Arten überlassen: nämlich durch Übertragung des ganzen F.-Ausübungsrechts als solches oder durch Erteilung nur der Befugnis den Fischfang auszuüben, ohne daß der Dritte in den wirklichen Besitz des F.-Ausübungsrechts an sich gelangt. Im ersteren Falle liegt F.-Verpachtung vor, welche in § 29 näher behandelt wird. Im letzteren Fall kann die Befugniserteilung mannigfach verschiedene Rechtsgrundlagen haben (Anm. 2). Für diese letzteren alle ist die äußere Form: der Erlaubnisschein (§ 98). Die Übertragung des F.-Ausübungsrechts muß in beiden Fällen stets schriftlich erfolgen. Eine nur mündliche Übertragung ist nichtig (§ 125 BGB.) ohne Unterschied, ob sie entgeltlich oder unentgeltlich, auf bestimmte Zeit, auf Widerruf oder sonstwie erteilt ist. Mit den übertragenen Befugnissen gehen auch die anhaftenden Pflichten über. Die Übertragung der F.-Berechtigung selbst regelt § 19. Zum gesetzlichen d. h. vom Willen des F.-Berechtigten unabhängigen Übergang eines F.-Ausübungsrechts siehe § 30.

Vertrag wird erst durch Erteilung eines Erlaubnisscheins nach § 98 wirksam.[3])

II Fischereiberechtigte in Gewässern der im § 2 Abs. 1 Nr. 1, 2 bezeichneten Art können eine Einzelperson ermächtigen, das Fischereirecht an ihrer Stelle in vollem Umfang auszuüben. Die Ermächtigung wird erst durch Anzeige an die Fischereibehörde wirksam. Der zur Ausübung Ermächtigte gilt insoweit als Fischereiberechtigter.[4])

---

[3]) Wenn ein F.-Berechtigter einen andern, ausgenommen den Verpachtungsfall, den Fischfang gestattet, z. B. den sog. Angelschein erteilt, geschieht dies stets auf Grund eines Rechtsverhältnisses, mag dieses für den Laien auch nicht erkennbar sein. Aus diesem Rechtsverhältnis leitet sich rechtlich die Befugnis des Dritten zum Fischfang her. Diesem Rechtsverhältnis können die verschiedensten Rechtsgeschäfte zugrunde liegen, z. B. Schenkung, widerrufliche Gewährung des Fischfangs gegen Geld oder ohne Entgelt, im besonderen auch Auftrag z. B. beim angestellten Fischer. Die Fischereierlaubnis kann sich auch auf einzelne Fischarten, z. B. Krebse, oder Fanggeräte, z. B. Angel, oder auf nur örtliche Teile eines Gewässers erstrecken. Alle solche Rechtsgeschäfte, die an sich formlos mit Rechtsgültigkeit zustande gekommen sind, werden erst rechts*wirksam*, wenn ihr Abschluß durch die Erteilung eines Erlaubnisscheins für Dritte erkennbar geworden ist. Wer keinen Erlaubnisschein hat, kann sich mit rechtlichem Erfolg nicht auf den Abschluß eines Rechtsgeschäfts, welches ihm die Erlaubnis zum Fischfang geben sollte, berufen. Trotz Bestehens eines solchen ist der Fischer ohne Erlaubnisschein aus § 126 Ziff. 1 strafbar. Auch der angestellte Fischer muß stets einen Erlaubnisschein haben. Dies trifft für offene und geschlossene Gewässer zu.

[4]) Der Abs. 2 läßt eine Ausnahme von den zwei Übertragungsarten des Abs. 1 zu. In Gewässern, welche den *tatsächlichen* Voraussetzungen der Geschlossenheit eines solchen erfüllen, bei denen die *rechtlichen* Voraussetzungen aber durch ein Vorhandensein *mehrerer* F.-Berechtigter nicht vorliegen (siehe Anm. 11 zu § 2), soll, um die Nachteile eines offenen Gewässers, z. B. bei mehreren Erben des Vorbesitzers, leicht ausschließen zu können, es genügen, wenn die sämtlichen F.-Berechtigten, ohne daß es eines formellen Übertragungsaktes bedarf, der F.-Behörde (§ 119 Abs. 3) eine natürliche Person als allein ausübungsberechtigt anzeigen. Diese Person ist dann der Behörde in rechtlicher und polizeilicher Beziehung wie sonst jeder F.-Berechtigte verantwortlich. Auch die juristischen Personen, also der Fiskus, die Gemeinden,

§ 29. I Zur Übertragung der vollen Ausübung des Fischereirechts bedarf es eines Pachtvertrages in schriftlicher Form.[1]) In dem Vertrag ist die Pachtzeit auf

---

Kirchen, G. m. b. H. usw., welche Eigentümer eines Gewässers sind, können auf diese Weise durch Ernennung eines Generalbevollmächtigten ihren Gewässern die rechtlichen Voraussetzungen eines geschlossenen Gewässers und damit dessen bevorrechtigte Stellung verschaffen (Drucks. Nr. 164 S. 6). Auch ein einzelner F.-Berechtigter, z. B. der Besitzer einer großen Herrschaft, kann einen Bevollmächtigten ernennen. In allen Fällen tritt der Bevollmächtigte von der Anzeige an die F.-Behörde ab nach außen hin an die Stelle des F.-Berechtigten.

[1]) Die im § 28 an erster Stelle genannte Übertragungsart des F.-Ausübungsrechts wird im § 29 des näheren behandelt. Sie vollzieht sich durch den Abschluß eines Pachtvertrags. Dadurch geht das Ausübungsrecht mit dem Willen des Verpächters (im Gegensatz zu § 30) in vollem Umfange auf den Pächter über. Er tritt in allem, was die Ausübung des F.-Rechts anbetrifft, an Stelle des Verpächters, wenngleich dieser an sich auch nach der Verpachtung der F.-Berechtigte im Sinne des FG., also im Besitz der F.-Berechtigung selbst, verbleibt und auch als solcher der F.-Behörde und Dritten z. B. aus dem Uferbetretungsrecht (§ 15) verantwortlich ist. Der Pächter gilt nur in den Ausnahmefällen des § 30 zugleich als F.-Berechtigter. Verpachtungsfähig sind grundsätzlich alle F.-Rechte, auch die selbständigen und die beschränkten, falls sich aus ihnen selbst nicht das Gegenteil ergibt, z. B. persönliche Privilegien, Küchenfischereirecht. Eine inhaltlich teilweise Verpachtung, z. B. auf nur bestimmte Fischarten oder eine örtliche Teilung eines Fischgewässers, ist unzulässig (Drucks. Nr. 725 A S. 193). Zwischen dem Verpächter und Pächter entsteht nur ein persönliches Rechtsverhältnis, welches nach den §§ 581 ff. BGB. zu beurteilen ist. Der Pächter erhält kein dingliches d. h. mit dem Pachtgewässer als Grundstück verbundenes Recht. Siehe hierzu Anm. 9. Für den Abschluß des Pachtvertrags ist die einfache schriftliche Form vorgeschrieben, während bei Übertragung der F.-Berechtigung selbst der § 19 die gerichtliche oder notarielle Beurkundung verlangt. Zur formellen Gültigkeit der Übertragung des F.-Ausübungsrechts muß also ein Schriftstück aufgesetzt und vom Verpächter und Pächter unterschrieben werden. Werden mehrere gleichlautende Schriftstücke gefertigt, so genügt es, wenn jeder Vertragsteil die für den andern Teil bestimmte Urkunde allein unterschreibt. Das Handzeichen einer etwa schreibensunfähigen oder -unkundigen Person muß gerichtlich oder notariell beglaubigt werden (§ 126

mindestens zwölf Jahre festzusetzen. Ausnahmen kann der Kreis- (Stadt-)Ausschuß zulassen.[2])

II Auf Antrag der Fischereibehörde kann der Bezirksausschuß bestimmen, an wieviel Personen höchstens ein Gewässer oder eine Gewässerstrecke eines Fischereiberechtigten verpachtet werden darf.[3]) Jedes Mitglied eines Vereins gilt im Sinne dieser Vorschrift als Pächter.[4])

BGB.). Die Nichtinnehaltung der vorgeschriebenen Form macht die Verpachtung nichtig (Abs. 4). Unter den Begriff der Verpachtung fällt auch jede Art der Weiterverpachtung (Afterpacht) und jede Neuverpachtung (Wiederverpachtung). Die Vorschriften des § 29 gelten für offene und geschlossene sowie für Küsten-Gewässer. Die Verpachtung kann, auch bei juristischen Personen, unter der Hand oder öffentlich beliebig erfolgen. Der Tod des Verpächters beeinflußt den Pachtvertrag nicht, der des Pächters gibt seinen Erben ein Kündigungsrecht nach § 596 BGB.

[2]) Damit der Pächter in den Stand gesetzt wird, auch die Frucht etwaiger Arbeit bei der langen Entwicklungsdauer mancher Fischarten, z. B. der Aale, zu ernten und deshalb kurzfristige Pachtverträge möglichst verhütet werden, ist eine Mindestpachtzeit von 12 Jahren festgesetzt. Von der Bestimmung auch einer Höchstdauer ist Abstand genommen, weil der Pächter in eigenem Interesse eine recht lange Vertragsdauer ohne weiteres zu erstreben suchen wird. Ein Pachtvertrag unter 12jähriger Pachtdauer ist trotz formell richtigen Abschlusses nichtig (Abs. 4), es sei denn, daß dies vom Kreis- (Stadt-) Ausschuß ausdrücklich zugelassen ist. Erst mit dessen Genehmigung wird in solchem Ausnahmefall der vorher abgeschlossene Pachtvertrag rechtswirksam. Die Gültigkeit der vor dem Inkrafttreten des FG. abgeschlossenen Pachtverträge wird durch § 29 nicht berührt. Die ausnahmsweise Zulassung von kürzeren Pachtverträgen ist namentlich mit Rücksicht auf die größeren Flüsse, in denen oft die F.-Verhältnisse z. B. durch Strombauten sich erheblich ändern, ausgesprochen. Liegt das Pachtgewässer in verschiedenen Kreisen oder wird sonst ein Kreis- bzw. Stadtausschuß, z. B. weil das Gewässer der betr. Stadtgemeinde gehört, unzuständig, so hat der Regierungspräsident, wenn mehrere Regierungsbezirke oder gar mehrere Provinzen in Frage kommen, der Oberpräsident bzw. der Minister den zuständigen Ausschuß zu bestimmen.

[3]) Eine Beschränkung der Anzahl der Pächter hat das FG. grundsätzlich nicht ausgesprochen, um zur Erzielung hoher Pachtpreise die Verpachtung dem Verpächter möglichst schrankenlos zu lassen. Jeder Verpächter, auch z. B. eine Gemeinde,

III Eine Verpachtung an Personen, die nicht die Reichsangehörigkeit besitzen, bedarf der Genehmigung des Regierungspräsidenten.[5])

IV Pachtverträge, die gegen Abs. 1 bis 3 verstoßen, sind nichtig.[6]) Streitigkeiten darüber werden im Ver-

---

kann deshalb, wenn nichts andres ihm auferlegt wird, an eine beliebige Anzahl von Personen verpachten. Es ist aber dem Bezirksausschuß das Recht gegeben im einzelnen Verpachtungsfall über die Höchstzahl der Pächter Bestimmung zu treffen. Für eine Mindestzahl ist dies zwar nicht ausdrücklich vorgesehen, aber der Einzelpächter kann tatsächlich dadurch erreicht werden, daß der Ausschuß erforderlichenfalls die Höchstzahl auf eins festsetzt. Der Bezirksausschuß wird nach dieser Richtung hin nicht von Amts wegen tätig, sondern nur auf Antrag der F.-Behörde (§ 119 Abs. 3). Diese wird den Antrag in den Fällen stellen, in welchen aus allgemeinen fischereilichen Gründen, z. B. wegen drohender Raubfischerei, eine Beschränkung angezeigt erscheint. Die gleichen Gründe werden bei der Entscheidung des Bezirksausschusses in Frage kommen. Hat er eine bestimmte Anzahl von Pächtern festgesetzt und wird trotzdem an eine größere Zahl verpachtet, so wird dadurch der ganze Pachtvertrag für alle Pächter, nicht nur für die überschießenden, nichtig (Abs. 4).

[4]) Die Verpachtung an F.-Vereinigungen ist vom FG. unbeschränkt zugelassen, nachdem anfänglich dafür Genehmigung der Aufsichtsbehörden vorgesehen war. Um einen Mißbrauch, namentlich durch nachträgliche Aufnahme von Mitgliedern, vorzubeugen, ist bestimmt, daß jedes Mitglied, dem die F.-Ausübung vom Verein gestattet ist, als Pächter hinsichtlich der vom Bezirksausschuß festgesetzten Anzahl solcher zählt. Den fischenden Mitgliedern des Vereins steht als Mitpächtern das Uferbetretungsrecht aus § 13 zu.

[5]) Für Nichtpreußen mit deutscher Reichsangehörigkeit, also auch für Elsaß-Lothringer, als Pächter ist die Genehmigung nicht erforderlich. Durch die obige Vorschrift soll die unerwünschte Befischung von Fischgewässern durch Ausländer auf ein möglichst geringes Maß beschränkt werden.

[6]) Ist der Pachtvertrag nicht in der ordnungsmäßigen Schriftform (Anm. 1) geschlossen oder verstößt er inhaltlich gegen die Bestimmungen des Bezirksausschusses hinsichtlich der Pachtdauer (Anm. 2) oder der Pächterzahl (Abs. 2) oder ist an Nichtdeutsche ohne Genehmigung verpachtet (Abs. 3), so ist die Verpachtung nichtig, d. h. der Vertrag gilt von Anfang an als nicht geschlossen. Kein Teil kann aus ihm Rechte herleiten, im besonderen erhält der Pächter daraus keine Befugnis zum Fischen. Ist die Fischerei auf Grund des nich-

waltungsstreitverfahren entschieden.[7]) Zuständig ist der Kriegsausschuß, in Stadtkreisen[8]) der Bezirksausschuß. Für die Dauer des Verwaltungsstreitverfahrens kann die Fischereibehörde die Ausübung der Fischerei vorläufig regeln.[9])

V Bei Veräußerung des Fischereirechts gelten die §§ 571 bis 579 des Bürgerlichen Gesetzbuch[10]) sinngemäß. Der

---

tigen Vertrags bereits einige Zeit durch den Pächter ausgeübt, so muß zwischen den Parteien nach den Grundsätzen der ungerechtfertigten Bereicherung (§§ 812 ff. BGB.) abgerechnet werden. Der Pächter muß dann die aus der Pacht bisher erzielten Einnahmen abzüglich des etwa gezahlten Pachtzinses herauszahlen. Die Nichtigkeit des Vertrags kann von jedem, der ein rechtliches Interesse daran hat, jederzeit, auch wenn der Vertrag schon seit Jahren befolgt war, geltend gemacht werden (DJZ. 10, 1359).

[7]) Streitigkeiten zwischen Verpächter und Pächter sind grundsätzlich vor den ordentlichen Gerichten zum Austrag zu bringen. Hiervon ist im Abs. 4 eine Ausnahme aus Zweckmäßigkeitsgründen festgesetzt. Wenn es sich in dem Streit lediglich um die Frage handelt, ob der F.-Pachtvertrag gültig oder wegen eines Verstoßes gegen Abs. 1—3 nichtig ist, soll das Verwaltungsstreitverfahren zur Anwendung kommen. Diese Zuständigkeit ist streng auf solche Feststellungsklagen beschränkt. Klagt z. B. der Verpächter die Pacht ein und der Pächter wendet Nichtigkeit aus § 29 Abs. 1 bis 3 ein, so bleiben die ordentlichen Gerichte für die Entscheidung zuständig. Das Verfahren des Abs. 4 richtet sich nach §§ 61 ff. LVG.

[8]) D. h. in Städten über 25 000 Einwohner, die wirklich einen Kreis bilden (§ 4 Kreisordng. vom 13. Februar 1872, GS. S. 180). Die Berufung geht in Landkreisen an den Bezirksausschuß, in Stadtkreisen an das Oberverwaltungsgericht.

[9]) Damit nicht etwa beide streitenden Parteien fischen oder damit sonstige schädliche Zustände beseitigt werden können, kann die F.-Behörde (§ 119 Abs. 3) für die Dauer des Streits durch eine vorläufige Anordnung die F.-Ausübung nach ihrem Ermessen auf Antrag oder auch von Amts wegen regeln. Diese Regelungsbefugnis steht ihr aber nur bei einem aus Abs. 4 zwischen Verpächter und Pächter vor den Verwaltungsgerichten schwebenden Streit zu. Bei allen andern Streitigkeiten ist von einer Partei für die Prozeßdauer beim Prozeßgericht evtl. beim Amtsgericht eine einstweilige Verfügung über die vorläufige F.-Ausübung zu erwirken (§§ 935 ff. ZPO.).

[10]) Abgedruckt unter I B (Seite 3).

Überlassung an den Mieter steht der Beginn der Pachtzeit gleich.[11])

§ **30.** Wer zur Ausübung eines fremden Fischereirechts nach den §§ 33, 34, 91 ermächtigt ist, gilt insoweit als Fischereiberechtigter.*)

---

[11]) Da allgemein durch den Pachtvertrag der Pächter nur das persönliche Recht erhält, von dem Verpächter die F.-Ausübung zu verlangen (Anm. 1) und somit nach Ausspruch des Reichsgerichts kein Pachtvertrag im Sinne des BGB. (§§ 571 ff) vorliegen soll, hört sein durch den Vertrag erworbenes F.-Ausübungsrecht bei einem Verkauf des Fischgewässers oder der fremden F.-Berechtigung nach der Rechtsprechung auf, wenn der Käufer nicht ausdrücklich in den Pachtvertrag eintritt und so ein rechtliches Verhältnis auch dem Pächter gegenüber für ihn entsteht (RGZ. 70, 71; JW. 09, 48). Diese Rechtsfolge soll für F.-Pachtverträge aus wirtschaftlichen Gründen ausgeschlossen sein. Deshalb bestimmt Abs. 5 ausdrücklich, daß die gewöhnlichen Vorschriften des BGB. über Miete und Pacht auf F.-Pachtverträge zur Anwendung kommen sollen, so daß ein Eigentumswechsel in der verpachteten F.-Berechtigung das Pachtverhältnis in Zukunft nicht berührt.

*) Außer der freiwilligen Übertragung des F.-Ausübungsrechts, wie sie durch die in § 29 geregelte Verpachtung erfolgt, kennt das FG. drei Fälle, in welchen das F.-Ausübungsrecht kraft Gesetzes, also unfreiwillig, unter bestimmten Voraussetzungen vom F.-Berechtigten auf einen andern übergehen kann. Nämlich in Abzweigungen von Wasserläufen (§ 33), in einem mit einem Wasserlauf oder See verbundenen und von ihm nicht abgesperrten, blind endigenden Gewässer (§ 34) und in einem an einen selbständigen F.-Bezirk angrenzenden Gewässer (§ 91). Diesen Fällen unfreiwilligen Übergangs des F.-Ausübungsrechts legt der § 30 eine von dem freiwilligen Übergang abweichende Rechtswirkung bei. Während nämlich auch in solchen Fällen der Berechtigte den Besitz der F.-Berechtigung an sich behält, soll er nach dem Übergang des Ausübungsrechts im Gegensatz zum Verpächter des § 29 (Anm. 1 dazu) der F.-Behörde und einem Dritten gegenüber aus Billigkeitsgründen nicht mehr als Inhaber der F.-Berechtigung gelten und ihnen gegenüber als solcher nicht mehr verantwortlich sein. In derartigen Fällen sind also z. B. Verfügungen der F.-Behörde nicht gegen ihn, sondern gegen den F.-Ausübungsberechtigten zu richten und für die Schäden aus dem Uferbetretungsrecht (§ 15) haftet letzterer und nicht der wirkliche Inhaber der F.-Berechtigung. Auch

§ 31. [I] Juristische Personen, mit Ausnahme von Fischerinnungen, dürfen Fischereirechte nur nach § 28 nutzen. Für Wirtschaftsgenossenschaften gilt dies nicht.[1]) [II] Wenn mehrere Personen ein oder mehrere Fischereirechte an derselben Gewässerstrecke haben, kann der Bezirksausschuß auf Antrag der Fischereibehörde oder eines Beteiligten beschließen, daß die Fischerei nur nach Abs. 1 ausgeübt werden darf. Einigen sich die Beteiligten über

---

die F.-Genossenschaften gelten im Rahmen ihrer Aufgaben als F.-Berechtigte (§ 36).

[1]) Während die natürliche Person, welche eine F.-Berechtigung besitzt, sie selbst ausüben kann, ist diese Art Nutzung den juristischen Personen durch § 31 untersagt. Weder ihre gesetzlichen Vertreter noch sonstige Angehörige der juristischen Person dürfen deren F.-Recht als solches ausüben. Diese Ausübungsbeschränkung gilt für die juristischen Personen jeglicher Art, also sowohl des privaten als auch des öffentlichen Rechts, mithin für Aktiengesellschaften, eingetragene Vereine, Stiftungen u. dgl. sowie andrerseits für den Fiskus, Kirchen, Schulen und im besonderen auch für alle politischen Gemeinden. Die einzigen Ausnahmen bilden die Fischerinnungen und die Wirtschaftsgenossenschaften. Bei ersteren wird vom Gesetz ohne weiteres eine sachgemäße Ausübung des F.-Rechts vorausgesetzt und ihnen ist deshalb, zumal dies im gewerblichen Interesse liegt, die Selbstbefischung gestattet. Das gleiche gilt von einem gemeinschaftlichen F.-Bezirk (§§ 86, 87). Er ist im § 31 nicht erwähnt, weil er nicht zu den juristischen Personen gehört (§ 87 Abs. 3). In den im Abs. 1 besonders erwähnten F.-Wirtschaftsgenossenschaften (nicht auch Schutzgenossenschaften), deren Zweck grade die gemeinschaftliche Bewirtschaftung und Nutzung der Fischgewässer ihrer Genossen ist, ist durch die Staatsaufsicht ebenfalls eine sachgemäße Ausübung der F.-Rechte gewährleistet und ihre Unterstellung unter § 31 freigelassen. Alle sonstigen juristischen Personen können ihr F.-Recht nach Belieben ruhen lassen. Wollen sie es aber nutzen, so müssen sie es verpachten oder Erlaubnisscheine ausstellen. Die Verpachtung darf auch an Angehörige der juristischen Person erfolgen. Erlaubnisscheine müssen auch angestellte Fischer zur Legitimation haben. Es ist den juristischen Personen mithin nach § 28 gestattet auch durch angestellte Fischer den Fischfang zu betreiben. Wie bei natürlichen Personen kann deren Zahl nur für offene Gewässer nach § 98 Abs. 7 durch Festsetzung einer bestimmten Anzahl von Erlaubnisscheinen beschränkt werden. Auch sonst sind die Gemeinden und andere juristischen Personen mit Ausnahme von

die Nutzung nicht, so kann der Bezirksausschuß sie vorläufig regeln.[2])

III Solange der Bezirksausschuß keinen Beschluß nach Abs. 2 gefaßt hat, kann in der Provinz Hannover und im Regierungsbezirke Cassel die Auseinandersetzungsbehörde die Ausübung von Koppelfischereirechten nach den §§ 19 bis 24 des Gesetzes, betreffend die Fischerei der Ufereigentümer und die Koppelfischerei in der Provinz Hannover, vom 26. Juni 1897 (GS. S. 196), §§ 1 bis 6 des Gesetzes, betreffend die Koppelfischerei im Regierungsbezirke Cassel, vom 19. Mai 1908 (GS. S. 133) regeln.[3])

---

§ 31 Abs. 1 im FG. den Rechten der natürlichen Personen gegenüber in keiner Weise beschränkt. Sie bedürfen im besonderen bei Verpachtungen keiner Genehmigung, unterliegen bezüglich der Pachtdauer und der Anzahl der Pächter nur den allgemeinen Vorschriften (§ 29 Abs. 1 u. 2) und dürfen ihre Fischgewässer in beliebigen Bezirken, die aber wie bei natürlichen Personen mittelbar durch Festsetzung der Pächterzahl beeinflußt werden können, verpachten. Die schriftliche Vollziehung des Pachtvertrags muß durch ihre gesetzlichen Vertreter erfolgen. Für die geschlossenen F.-Bezirke gelten Sonderbestimmungen (§ 87).

[2]) Auch Koppelfischer sind grundsätzlich in der Ausübung ihres F.-Rechts nicht beschränkt. Um einer Überfischung durch sie aber vorbeugen zu können, kann durch den Bezirksausschuß die Selbstausübung der Fischerei für die F.-Berechtigten wie bei juristischen Personen (Abs. 1) ausgeschlossen werden. Bei ihnen bedarf im Unterschied zu den juristischen Personen es aber erst dazu einer Entscheidung des Bezirksausschusses, welche auf Antrag jedes Interessenten, also auch des Gewässereigentümers, oder der F.-Behörde (§ 119 Abs. 3) ergeht. Für den Fall einer solchen Anordnung besteht die Gefahr, daß die Koppelfischer sich nicht leicht darüber einigen, wie künftighin ihr F.-Recht ausgeübt werden soll. Um trotzdem in dieser Zeit eine Nutzung des Fischgewässers zu ermöglichen, soll der Bezirksausschuß nach seinem Ermessen bis zur Einigung die F.-Ausübung regeln.

[3]) In Hannover und im Regierungsbezirk Kassel regeln bisher die Auseinandersetzungsbehörden die Ausübung der Koppelfischereirechte. Die für die übrigen Landesteile im Abs. 2 dem Bezirksausschuß zugewiesene vorläufige Regelung der Befischung soll den Wünschen der dortigen Interessenten entsprechend dort bei jenen Behörden verbleiben. Insoweit sind die

§ 32. I Der Fischereiberechtigte darf Stauanlagen, die beim Inkrafttreten des Gesetzes an Abzweigungen von Wasserläufen bestehen,[1]) nicht in ihrem ordnungsmäßigen Betriebe hindern, wenn er dazu kein besonderes Recht hat.[2]) Die §§ 101, 116 werden hierdurch nicht berührt.

II Abzweigungen nach Abs. 1 sind nur solche, die sich mit dem Wasserlaufe wieder vereinigen.[1])

---

beiden im Abs. 3 erwähnten Sondergesetze, die sonst durch das FG. aufgehoben sind, bestehen geblieben (§ 133[12] u. [13]). Die danach aufrecht erhaltenen Vorschriften sind abgedruckt im Anhang unter 6 und 7. Für die Beschlußfassung darüber, ob die Beteiligten nur nach Abs. 1 ihr F.-Recht ausüben dürfen, bleibt auch in jenen Gegenden der Bezirksausschuß zuständig.

[1]) Hier sind Stauanlagen jeglicher Art gemeint ohne Rücksicht, welchen Zwecken sie dienen, ob landwirtschaftlichen, industriellen oder gewerblichen. Die Vorschrift betrifft aber nur solche Stauanlagen, welche in Ableitungen von Wasserläufen im Sinne des § 1 WG. liegen, d. h. deren Wasser sich mit dem Hauptwasserlauf wieder vereinigt (Abs. 2 u. Anm. 1 zu § 33), und unter solchen Stauanlagen nur diejenigen, welche beim Inkrafttreten des FG. schon bestanden.

[2]) Der § 32 bezweckt lediglich den Schutz bestehender Stauanlagen und verbietet deshalb die Behinderung eines Stauanlagenbetriebs der in Anm. 1 beschriebenen Art durch die F.-Ausübung. Er enthält gewissermaßen eine Ausnahme vom § 104, welcher die Fälle des Gegenüberstehens von F.-Rechten und Wasserrechten behandelt. Während danach grundsätzlich in solchen Fällen ein Ausgleichverfahren eintreten soll, soll bei derartigen bestehenden Stauanlagen, weil sie wirtschaftlich die Fischerei überragen, der Betrieb der Stauanlage unbedingt dem der Fischerei vorgehen. Kann der F.-Berechtigte aus einem besonderen Rechtsgrunde etwas andres verlangen, z. B. ein jedesmaliges Schließen des Wehrs, wenn er fischt, oder gar die Beseitigung der ganzen Anlage, so bleibt ihm dieses Recht trotz des § 32 erhalten. Für schon vorhandene Stauanlagen in andern Gewässern oder in Abzweigungen andrer Art (wie in Anm. 1) sowie für Turbinen in solchen Stauanlagen und für die Verpflichtung zur Anlegung von Fischwegen in ihnen gilt § 32 nicht, sondern für sie finden die §§ 104 oder 101 oder 116 Anwendung. Für Stauanlagen in Abzweigungen, die nach dem Inkrafttreten des FG. erst angelegt werden, trifft § 32 nicht zu.

§ **33.** [I]Fischereiberechtigte in Abzweigungen (§ 32 Abs. 2)[1]) müssen die Ausübung ihrer Fischereirechte den in den angrenzenden Strecken des Hauptwasserlaufs zur Fischerei Berechtigten auf Verlangen[2]) gegen eine Geldrente überlassen[3]), wenn sie nicht bereit sind, die zum

[1]) Auch hier kommen nur die in § 32 Abs. 2 erwähnten Ableitungen von Wasserläufen in Frage. Dazu gehören namentlich Mühlengräben, Schleusen- und Werkkanäle und ähnliche Wasserläufe zum Betriebe bestimmter Anlagen, deren Wasser sich nach geleisteter Arbeit sofort wieder in den Hauptlauf ergießt. Es rechnen dazu aber auch die natürlich oder künstlich neugebildeten Arme eines Wasserlaufs (§ 10), auch Be- und Entwässerungsgräben können hierzu gehören. Ob die Ableitung beim Inkrafttreten des FG. schon bestand oder nicht, ist hier (anders wie in § 32) ohne Einfluß. Auf alle solche Ableitungen findet § 33 keine Anwendung, sobald sie den Voraussetzungen des Abs. 7 entsprechen (Anm. 10).

[2]) Das F.-Ausübungsrecht auf der Ableitung geht, selbst wenn ihr F.-Berechtigter, der gewöhnlich der Eigentümer der Ableitung sein wird (§ 7), zu den geforderten fischereilichen Maßnahmen nicht bereit ist (Anm. 4), nicht ohne weiteres kraft Gesetzes auf den F.-Berechtigten des Hauptwasserlaufs über, sondern dieser erhält alsdann nur ein Recht dies zu verlangen. Der Übergang hängt also von dem Willen des letzteren ab. Will der F.-Berechtigte des Hauptwasserlaufs ihn, so muß jener ihm das Ausübungsrecht überlassen und kann dazu auf Grund des zu erwirkenden Beschlusses des Bezirksausschusses (Abs. 5) von der F.-Behörde zwangsweise angehalten werden (§ 130).

[3]) In den hier in Betracht kommenden Abzweigungen (Anm. 1) war es bisher oft zweifelhaft, wer fischereiberechtigt ist. Auch für sie findet jetzt der Grundsatz des § 7 Anwendung, daß der Eigentümer bzw. der Anlieger dazu berechtigt ist, soweit nicht auf besonderem Rechtstitel beruhende andre F.-Rechte bestehen. Um nun die Nachteile aus der Verschiedenheit der F.-Berechtigten im Hauptgewässer und in den Ableitungen, die die Fische mit Vorliebe aufzusuchen pflegen und die deshalb öfter als Fischfallen ausgenutzt sind, zu verhüten, ist im § 33 die Möglichkeit einer Zwangspacht gegeben. Außer in den Fällen des Abs. 7 und denen des Nachsatzes im Abs. 1 (Anm. 4) ist der in den hier in Betracht kommenden Ableitungen (Anm. 1) F.-Berechtigte verpflichtet, den im Hauptwasserlauf an der Abzweigungs- und an der Einmündungsstelle F.-Berechtigten auf ihr Verlangen sein F.-Ausübungsrecht gegen eine jährliche Geldrente zu überlassen. Dadurch wird bezweckt, eine einheitliche Fischwirtschaft im Hauptwasserlauf und in der Ableitung

Schutz und zur wirtschaftlichen Nutzung der Fischgewässer notwendigen Maßnahmen gemeinschaftlich mit ihnen zu treffen.[4])

II Der Anspruch nach Abs. 1 bestimmt sich hinsichtlich des Umfanges und der räumlichen Ausdehnung der

---

zu ermöglichen. Der F.-Behörde gegenüber gilt alsdann, trotzdem der Berechtigte der Abzweigung im eigentlichen Besitz des F.-Rechts bleibt, derjenige des Hauptwasserlaufs als F.-Berechtigter (§ 30). Wenngleich die Überlassung der Fischerei gezwungen geschieht, sind auf das dadurch zwischen den Beteiligten entstehende Rechtsverhältnis die Vorschriften über die Pacht zur Anwendung zu bringen (§§ 581 ff. BGB.). Die Höhe der Geldrente, welche aus dem Wert der F. in der Ableitung zu berechnen ist (Abs. 5), die Dauer dieser, die Höhe der Vergütung und andere erforderliche Festsetzungen sind in erster Linie zu vereinbaren. Kommt eine Vereinbarung nicht zustande, so setzt auf Antrag der Bezirksausschuß die Pachtbedingungen fest. Eine Schadloshaltung für die bisherigen Aufwendungen in der Ableitung kann ihr F.-Berechtigter nicht verlangen. Darüber, ob die Zwangsverpachtung von unbegrenzter Dauer nach ihrem Eintritt ist, spricht sich das FG. nicht aus. Man wird dem F.-Berechtigten der Nebenstrecke deren Aufhebung zubilligen müssen, wenn er nachträglich zur gemeinsamen Bewirtschaftung bereit ist. Auch hierüber muß nach Abs. 5 gegebenenfalls der Bezirksausschuß entscheiden. Für etwa inzwischen erfolgte und noch nicht ausgenutzte besondere Aufwendungen des F.-Berechtigten des Hauptwasserlaufs wird der der Nebenstrecke alsdann aus § 823 BGB. haftbar gemacht werden können.

[4]) Der in der Abzweigung F.-Berechtigte kann die ihm drohende Zwangsverpachtung dadurch abwenden, daß er sich an der ordnungsmäßigen gemeinsamen Bewirtschaftung der Fischerei im Hauptwasserlauf und in der Ableitung beteiligt. Gibt er auf eine Aufforderung dazu keine Erklärung ab oder erklärt er sich zu gemeinsamen Maßnahmen bereit, erfüllt sie aber nicht, so liegt ebenso wie bei ausdrücklicher Ablehnung der Maßnahmen eine Nichtbereitschaft im Sinne des Abs. 1 vor und die Zwangsverpachtung tritt ein. Besteht Koppel-F. in der Ableitung, so genügt im Hinblick auf Abs. 4 ein derartiges Verhalten auch nur eines Koppelfischers zur Zwangspacht für den F.-Berechtigten im Hauptwasserlauf. Die Zwangsverpachtung kann außerdem vom F.-Berechtigten der Ableitung von vornherein durch eine Fischsperre und alsdann durch die Erklärung der Nebenstrecke zu einem geschlossenen Gewässer nach § 3 abgewendet werden.

Fischerei in der Abzweigung nach den Fischereirechten im Hauptwasserlaufe.[5])

III Mehrere in derselben Strecke des Hauptwasserlaufs zur Fischerei Berechtigte können den Anspruch nur gemeinschaftlich geltend machen; sie haften für die Geldrente als Gesamtschuldner.[6])

IV Mehrere in derselben Strecke der Abzweigung zur Fischerei Berechtigte können nur gemeinschaftlich in Anspruch genommen werden und müssen sämtlich nach Abs. 1 bereit sein. Die Geldrente ist für jeden von ihnen besonders festzusetzen.[6])

V Über die Ansprüche und Verpflichtungen aus Abs. 1 bis 4 sowie die notwendigen gemeinschaftlichen Maß-

---

5) Der Abs. 2 sieht den Fall vor, daß an der Abzweigungs- und an der Einmündungsstelle verschiedene Personen im Hauptwasserlauf fischereiberechtigt sind. Alsdann sollen beide den Anspruch auf Verpachtung der Abzweigung in dem Umfang und der räumlichen Ausdehnung nach dem Verhältnis ihrer F.-Rechte an der Strecke zwischen Abzweigung und Einmündung haben. Ist der eine z. B. stromabwärts gerechnet auf $1/3$, der andre auf $2/3$ dieser Strecke des Hauptwasserlaufs berechtigt, so sind sie dies dementsprechend in der Abzweigung und zwar der an der Abzweigungsstelle Berechtigte auf $1/3$ der Abzweigung abwärts jener Stelle, der an der Einmündung Berechtigte $2/3$ aufwärts der Einmündungsstelle.

6) Falls Koppel-F. in dem Hauptwasserlauf oder in der Abzweigung besteht (Abs. 4), müssen sich im ersteren Falle die Koppelfischer miteinander verständigen, weil sie nur gemeinsam die Verpachtung verlangen können und alsdann jeder dem Verpächter für den ganzen Pachtzins haftet. Bieten sie nicht gemeinsam die Anpachtung an, so verbleibt dem in der Abzweigung Berechtigten die Fischerei. Im Falle der Koppel-F. in der Ableitung (Abs. 4) kann der im Hauptwasserlauf Berechtigte in gleicher Weise nicht von einem oder dem andern der in der Abzweigung berechtigten Koppelfischer die Pachtung verlangen, sondern nur von allen zusammen, so daß er alsdann allein in der Abzweigung die Fischerei auszuüben hat. Besteht in beiden Wasserläufen Koppel-F., so gilt entsprechend das gleiche. Alle Koppelfischer des Hauptwasserlaufs können nur von allen denen der Abzweigung die Fischerei pachten. Bei Koppelfischern in der Abzweigung ist der Pachtzins nicht gemeinsam, sondern für jeden besonders bestimmt festzusetzen.

nahmen beschließt bei Streit der Bezirksausschuß.[7]) Zu den gemeinschaftlichen Kosten müssen die Beteiligten nach dem Wert ihrer Fischereirechte beitragen. Die Höhe der Geldrente ist nach dem Werte der Fischereirechte in der Abzweigung zu bestimmen.[8])

VI Wird durch natürliche oder künstliche Veränderungen in den Wasserläufen die Fischerei betroffen, so können die Beteiligten eine andere Festsetzung der Geldrente und der sonstigen Überlassungsbedingungen nach Abs. 5 verlangen.[9])

---

[7]) Für alle unmittelbar auf § 33 Abs. 1 bis 4 sich stützenden Ansprüche und zu fordernden Maßnahmen ist, wenn keine gütige Einigung zustande kommt, unter Ausschluß des ordentlichen Rechtswegs der Bezirksausschuß und auf Beschwerde das Landeswasseramt zur Entscheidung zuständig. Vor der Entscheidung ist von letzterem ein F.-Sachverständiger zu hören (§ 121). Der Rechtsweg ist wegen der höheren Kosten und des immer von neuem bei einer Änderung anzustrengenden Prozesses ausgeschlossen worden. Die Maßnahmen, die der Bezirksausschuß anordnet, sind von der F.-Behörde zwangsweise durchzusetzen. Dagegen müssen Geldforderungen, welche sich auf Entscheidungen desselben stützen, z. B. die Geldrente bei Nichtzahlung, vor den ordentlichen Gerichten eingeklagt werden.

[8]) Der Bezirksausschuß bzw. das Landeswasseramt setzt ebenfalls unter Ausschluß des Rechtswegs die Höhe der nach Abs. 1 von dem F.-Berechtigten im Hauptlauf und von dem in der Ableitung zu zahlenden Anteilskosten für die gemeinsamen Maßnahmen sowie der bei eintretender Zwangspacht zu zahlenden Geldrenten fest. Dabei ist nach billigem Ermessen zu entscheiden, wobei der derzeitige Wert der jedesmal in Betracht kommenden F.-Rechte in der Nebenstrecke und nicht etwa der Mehrwert, der für die Fischerei der Hauptstrecke entsteht, die Unterlage geben sollen.

[9]) Das Anpachtungsrecht des F.-Berechtigten im Hauptwasserlauf bezieht sich nur auf den jeweilig vorhandenen Zustand der Abzweigung. Der Eigentümer der letzteren darf jederzeit und ohne Rücksicht auf den Zwangspächter Veränderungen an der Abzweigung vornehmen. Falls solche auf die Fischerei Einfluß haben, kann bei ihrer dadurch veranlaßten Hebung Erhöhung, bei erfolgter Schädigung Ermäßigung des Pachtzinses von den beteiligten F.-Berechtigten beantragt werden. Außer dieser Herabsetzung kann in solchem Falle der Zwangspächter keinerlei Entschädigung, z. B. für dadurch erforderlich gewordene Aufwendungen, verlangen, es sei denn, daß der

VII Für Abzweigungen, die geschlossene Gewässer bilden oder einer Wirtschaftsgenossenschaft oder einem Fischereibezirk (§§ 86, 89) angehören, gelten diese Vorschriften nicht.[10])

§ 34. I Steht ein Wasserlauf oder ein See in Verbindung mit einem nicht zu den Wasserläufen gehörenden, blind endigenden Gewässer,[1]) so kann der im Wasserlauf oder See an der Verbindungsstelle zur Fischerei berechtigte verlangen, daß es gegen den Wechsel von Fischen, die das vorgeschriebene Mindestmaß haben, abgesperrt wird. Solange das nicht geschieht, ist er ausschließlich berechtigt, die Fischerei in dem Gewässer auszuüben.[2])

Eigentümer der Ableitung nur in der Schädigungsabsicht die Änderung vorgenommen hat.

[10]) Der Grundgedanke des § 33 ist die Förderung der Fischwirtschaft. Zur Erreichung dieses Zwecks ist die Zusammenfassung der Fischerei im Hauptlauf und in der Ableitung dann nicht erforderlich, wenn in der letzteren eine ordnungsmäßige Fischwirtschaft gewährleistet ist. Solche ist zu vermuten, wenn die Ableitung die Eigenschaften eines geschlossenen Gewässers hat oder einem F.-Bezirk angehört oder ihr F.-Berechtigter Mitglied einer Wirtschaftsgenossenschaft ist. Die Geschlossenheit einer an sich offenen Ableitung kann dabei nach § 3 herbeigeführt werden, so daß sich der F.-Berechtigte der Ableitung dadurch gegen die Zwangspacht schützen kann. Auch der § 34 findet auf derartig bereits fischereilich bewirtschaftete Abzweigungen, wenn sie blind endigen, keine Anwendung (§ 34 Abs. 1, letzter Satz).

[1]) Blind endigt ein Gewässer, wenn es außer nach dem mit ihm in Verbindung stehenden Hauptgewässer keinerlei für einen Wechsel von Fischen geeigneten Zu- oder Abfluß besitzt, also aus ihm kein andrer Fischwechsel wie nach dem Hauptgewässer hin möglich ist. Dabei ist vorausgesetzt, daß das Gewässer im Verhältnis zu demjenigen, mit dem es die einzige Verbindung hat, von geringem Umfang ist. Es kommen deshalb hier hauptsächlich in Betracht Teiche, Ausschachtungslöcher, Gräben, die sich durch Rückstau füllen, Ent- und Bewässerungsgräben usw.; aber auch Stichkanäle, Häfen und Altarme gehören eigentlich dazu. Auf letztere Gruppe findet § 34 Abs. 1 aber gemäß Abs. 2 meist keine Anwendung (siehe Anm. 4). Das Nebengewässer darf ferner, wenn § 34 darauf angewendet werden soll, nicht die Merkmale eines Wasserlaufs nach § 1 WG. (im Anhang unter Nr. 1) haben.

[2]) Die hier in Betracht kommenden Teiche, Gräben, Löcher usw. sind oft sog. Fischfallen, in welchen dem F.-Berechtigten

In Bewässerungs- und Entwässerungsgräben kann statt dessen die Fischerei auch ruhen, wenn dies dem Fischereibetrieb im Wasserlauf oder See nicht nachteilig ist. Der § 33 Abs. 7 gilt entsprechend.[3])

---

des Hauptgewässers die Fische weggefangen werden. Dies soll durch § 34 verhindert werden. Ist das blind endigende Nebengewässer ein offenes, was infolge der Verbindung mit dem Hauptgewässer meist der Fall sein wird, so kann der Eigentümer, falls es groß genug sein sollte, daraus einen selbständigen F.-Bezirk bilden lassen (§ 89), andernfalls sich einer Genossenschaft anschließen (§ 26). Ist dies nicht möglich, so muß er auf Verlangen des F.-Berechtigten des Hauptgewässers in dessen Interesse sein Gewässer von jenem derart absperren, daß Fische über dem durch die örtlichen Polizeiverordnungen vorgeschriebenen Mindestmaß (§ 106 FG. und § 1 FO.) nicht aus- oder einwechseln können. Kommt er der Aufforderung nicht nach, so geht das F.-Ausübungsrecht von ihm auf den F.-Berechtigten des Hauptgewässers ohne weiteres über. Letzterer darf alsdann darin den Fischfang seit Ablauf der zweckmäßig in dem Aufforderungsschreiben gestellten angemessenen Frist zur Herstellung der Absperrung solange ausüben, bis eine Absperrung, welche wirklich den obigen Anforderungen genügt, vorgenommen wird. Bis dahin gehören die vom F.-Berechtigten des Hauptgewässers im Nebengewässer gefangenen Fische diesem. Der F.-Berechtigte des letzteren kann keine Entschädigung dafür verlangen und darf solange auch nicht neben jenem den Fischfang ausüben. Andernfalls macht er sich wegen unberechtigten Fischens auf seinem eigenen Fischrevier strafbar (§ 370 Nr. 4 StGB.). Dies folgt aus der Ausschließlichkeit der in Abs. 1 dem Berechtigten gewährten Fangbefugnis. Trotz der letzteren behält der Eigentümer des Nebengewässers an sich die F.-Berechtigung, nach § 30 gilt aber der F.-Behörde und Dritten gegenüber der andere als F.-Berechtigter (Anm. zu § 30).

[3]) Satz 3 und 4 sowie Abs. 2 enthalten die Ausnahmen von dem gesetzlichen Übergang des F.-Ausübungsrechts in einem blind endenden Nebengewässer auf den F.-Berechtigten des Hauptgewässers. Statt der Ausübung der F. in blinden Be- und Entwässerungsgräben soll ihrem Eigentümer, sobald der F.-Betrieb im Hauptgewässer dadurch nicht geschädigt wird, das Ruhen der F. gestattet sein. Dieses Recht ist ihm gegeben, weil durch das Betreten der Ränder dieser Gräben ein zum Wert der F. unverhältnismäßig großer Schaden entstehen kann. Das F.-Recht fällt dem F.-Berechtigten des Hauptgewässers ferner nicht zu, wenn das blinde Nebengewässer fischereilich bereits ordnungsmäßig bewirtschaftet wird. Das

II Für Häfen und Stichkanäle, die der Schiffahrt oder Flößerei dienen, und für Altarme von natürlichen Wasserläufen gelten diese Vorschriften nicht. Dagegen gilt § 23 mit der Maßgabe, daß der Eigentümer des Hafens oder Stichkanals anstatt der Überlassung der Fischereiausübung auch berechtigt ist, die Fischerei ruhen zu lassen, und daß der Eigentümer des Altarms dasselbe Recht hat, sofern das Ruhen dem Fischeibetrieb im Wasserlauf oder See nicht nachteilig ist.[4])

III Darüber, ob die Fischerei in Bewässerungs- oder Entwässerungsgräben oder in Altarmen von natürlichen Wasserläufen nach Abs. 1, 2 ruhen darf, beschließt bei Streit der Kreis- (Stadt-) Ausschuß.[5])

---

gilt für die im Abs. 7 des § 33 aufgezählten Gewässer mit vermutlich wirtschaftlichem F.-Betrieb. Vgl. Anm. 10 zu § 33.

[4]) Die Absperrung von blind endigenden Häfen und Stichkanälen, sofern sie wirklich der Schiffahrt oder Flößerei dienen, soll vom F.-Berechtigten des Hauptgewässers nicht beansprucht werden können, weil durch die Absperrungsvorrichtung ihre Brauchbarkeit beeinträchtigt werden würde. Er erhält auf ihnen nicht das F.-Ausübungsrecht, sondern es kommt, trotzdem sie blind endigen, also nicht zu den in § 33 behandelten Ableitungen gehören, die Vorschrift des letzteren zur Anwendung. Der F.-Berechtigte kann daher ihre Anpachtung unter den Voraussetzungen des § 33 verlangen, jedoch tritt bei ihnen noch das Vorrecht ihres Eigentümers hinzu, die F. auf ihnen ruhen zu lassen. Auf Altarme natürlicher Wasserläufe gilt das gleiche wie für jene Häfen und Stichkanäle. Der F.-Berechtigte auf ihnen hat aber nur ein Recht auf Ruhenlassen der F., sobald daraus für die F. im Hauptgewässer kein Nachteil entsteht. Andernfalls tritt die Verpachtungspflicht aus § 33 auch für diese Altarme ein. Unter Altarm wird ein früher benutztes Bett eines Flusses verstanden, welches jetzt mit ihm nicht mehr in dauernder Verbindung zu stehen pflegt.

[5]) Auch in allen diesen Fällen soll zunächst zwischen den Beteiligten eine gütliche Einigung versucht werden. Entsteht Streit darüber, ob die Voraussetzungen für ein Ruhen der F. vorliegen, so ist für die Entscheidung darüber der Kreis- (Stadt-) Ausschuß in erster, der Bezirksausschuß in zweiter und letzter Instanz zuständig. Der Kreis- (Stadt-) Ausschuß ist hier gewählt, weil er den Verhältnissen näher steht als der Bezirksausschuß. Über die Unterscheidung von Stadt- und Kreisausschuß vgl. Anm. 8 zu § 29. Vor der Entscheidung soll ein F.-Sachverständiger gehört werden (§ 121).

§ 35. I In einem offenen Gewässer[1]) dürfen unbeschadet der §§ 3, 34, keine Vorrichtungen getroffen werden, die den Zweck haben, den Wechsel der Fische zu verhindern. Der Regierungspräsident kann aus polizeilichen oder wirtschaftlichen Rücksichten, namentlich für den Fischfang, vorübergehend Ausnahmen gestatten. Ausnahmen zum Zwecke des Betriebes der Fischereiwirtschaft sind nur auf Grund von § 3 zulässig.[2])

II Durch ständige Fischereivorrichtungen darf ein offenes Gewässer zum Zwecke des Fischfangs nicht auf mehr als die halbe Breite der Wasserfläche, bei gewöhnlichem Wasserstande vom Ufer aus gemessen, für den Wechsel der Fische versperrt werden.[3]) Solche Vorrichtungen

---

1) Der § 35 gilt nicht für geschlossene Gewässer. Zum Unterschied zwischen beiden Arten siehe § 2.

2) Zum Zweck ihrer Ernährung und zum Laichen bedürfen die Fische eines freien Zuges im Gewässer. Durch die in Anlehnung an den bisher gültigen § 187 I 9 ALR. (abgedruckt unter I C) gegebene Vorschrift des Satz 1 soll deshalb die völlige Ausschaltung des Fischzugs verhindert werden. Aus Zweckmäßigkeitsgründen sind zwei Arten von Ausnahmen dieses Absperrungsverbots vorgesehen, welche beide nur von dem Regierungspräsidenten als der höheren Verwaltungsbehörde gestattet werden können. Er kann aus polizeilichen oder wirtschaftlichen Gründen, d. h. also aus allgemeinem Interesse, z. B. zur Abschwächung oder Ausrottung einer gewissen Fischart durch ihren Wegfang, gestatten, den Fischzug ganz abzusperren. In der Regel wird dies nach dem Sinne der Vorschrift nur auf kurze Zeit gewährt werden. Als ein besonderer Fall des wirtschaftlichen Interesses wird der Fischfang selbst im Gesetz ausdrücklich genannt. In diesem Fall darf die Erlaubnis zur Absperrung unter allen Umständen dem Berechtigten nur vorübergehend, also auf eine kurze und bestimmte Zeit, gegeben werden. Die zweite Ausnahmeart ist diejenige aus Rücksichten der allgemeinen F.-Wirtschaft. Soll die Sperrung im Interesse der privaten F.-Wirtschaft eines bestimmten F.-Berechtigten erfolgen, so ist dazu der Regierungspräsident nicht mehr wie bisher befugt. Sie bedeutet eigentlich dem Inhalt nach die Umwandelung in ein geschlossenes Gewässer und hat daher in dem Verfahren des § 3 zu erfolgen. Übertretungen des § 35 bedroht § 127 Ziff. 2 mit Strafe.

3) Während Abs. 1 die völlige Aufhaltung des Fischzugs in Betracht zieht, betrifft Abs. 2 dessen Beeinträch-

dürfen einander nicht so nahe sein, daß sie den Wechsel der Fische erheblich beeinträchtigen. Nähere Bestimmungen können durch Polizeiverordnung getroffen werden.[4])

III Abs. 2 gilt in Grenzgewässern nur so weit, als im Nachbarland ebenso verfahren wird; auch kann der

---

tigung. Er stimmt mit § 20 Abs. 1 des bisherigen FG. überein, doch sind zahlreiche Streitfragen durch die jetzt in Abs. 5 erfolgte Begriffsbestimmung der ständigen F.-Vorrichtungen geregelt. Die letzteren müssen unter allen Umständen (alleinige Ausnahme Abs. 4) die eine Hälfte des Gewässers dem Zuge der Fische völlig frei lassen, dürfen also nicht in der Mitte liegen und nicht nur auf ihren beiden Seiten Strecken in der Ausdehnung der halben Wasserbreite offen lassen (GA. 45, 380). Dabei ist die Breite des Gewässers nach demjenigen Wasserstande zu messen, welcher im Durchschnitt der Jahre an ebenso viel Tagen überschritten wie nicht erreicht wird (§ 8 Abs. 3 WG.) und zwar von der Uferlinie aus, d. h. von der Grenze des Graswuchses evtl. von dem tiefer gelegenen gewöhnlichen Wasserstande aus (§ 12 WG.). Maßgebend ist dabei das natürliche Ufer an der betreffenden Stelle. Buhnen, Wehre und sonstige künstliche Einbauten rechnen nicht als Ufer (OVG. 39, 275), sondern sind als Sperrung mit zu veranschlagen (Begründung S. 54); anders aber Sandbänke. Bei Inseln muß die eine Hälfte jedes Arms des Gewässers unversperrt bleiben. Das gleiche gilt für sonstige Abzweigungen wie Kanäle, Mühlgräben usw. Alle ständigen F.-Vorrichtungen in offenen Gewässern müssen während der Dauer der Schonzeiten, mit Ausnahme der Sonntagsschonzeit (§ 11 FO. unter II B), beseitigt oder doch abgestellt werden (§ 108). Am Ufer oder im Flußbett befestigte und verankerte Stellnetze, Aalhamen, Ankerkuilen, Sterkhamen und Reusen fallen unter § 35 Abs. 2 FG. (siehe § 21 FO.).

[4]) Der vorletzte Satz des Abs. 2 verbietet, daß an beiden Ufern von gegenüber liegenden Stellen aus seitens verschiedener F.-Berechtigten derartige Vorrichtungen aufgestellt werden. Denn dadurch würde eine völlige Verhinderung des Wechsels der Fische erreicht werden, die ja gerade vermieden werden soll. Diese müssen entweder in der Mitte oder auf- bzw. abwärts so weit voneinander entfernt bleiben, daß nach dem Gutachten eines Sachverständigen dadurch keine Beeinträchtigung des Fischwechsels in erheblichem Maße eintritt. Innerhalb der Vorschriften des Abs. 2 können weitere Bestimmungen im Interesse der Fischwirtschaft durch Polizeiverordnungen getroffen werden. Dies ist geschehen durch die §§ 20ff. FO. (unter II B).

Minister für Landwirtschaft, Domänen und Forsten ihn zeitweilig für solche Gewässer außer Kraft setzen, die nicht ausschließlich dem preußischeu Staatsgebiet angehören.[5])

IV Die schon bestehenden ständigen Fischereivorrichtungen unterliegen diesen Vorschriften nicht, wenn der Fischereiberechtigte ein Recht auf deren Benutzung hat.[6])

V Ständige Fischereivorrichtungen sind solche, die unter dauernder Befestigung am Ufer oder im Bett ins Gewässer eingebaut sind, namentlich feststehende Fischwehre, Fischzäune, Fischfallen. Die Eigenschaft der Vorrichtung als einer ständigen wird dadurch nicht ausgeschlossen, daß das angebrachte Fanggerät entfernt werden kann. Freistehende Pfähle gelten nicht als ständige Fischereivorrichtungen.[7])

---

[5]) Der Abs. 3, welcher inhaltlich dem Abs. 2 § 20 des früheren FG. entspricht, betrifft nur diejenigen Gewässer, welche eine Landesgrenze bilden, sei es zu einem außerdeutschen Lande oder sei es zu einem deutschen Bundesstaate hin.

[6]) Auch diese Bestimmung entspricht dem bisherigen FG. (§ 20 Abs. 3). Die etwa vorhandenen ständigen Versperrungen über die Mitte des Gewässers hinaus müssen grundsätzlich beseitigt werden. Nur diejenigen dürfen bestehen bleiben, welche auf Grund einer wirklichen Berechtigung dazu errichtet sind. Solche konnte bereits unter dem bisherigen FG. nicht mehr neu entstehen und in einzelnen Provinzen auch schon vorher nicht, z. B. in der Provinz Brandenburg nicht (Havenstein Anm. 8 zu § 20). Sie werden daher nur sehr selten berechtigt vorhanden sein. Die Vermutung des § 8 Abs. 2 für die Rechtmäßigkeit ihres Bestehens gilt hier nicht. Siehe ferner Anm. 7 letzter Satz.

[7]) Der Begriff der „ständigen F.-Vorrichtung" ist bisher sehr bestritten gewesen und es bestand bisher dafür keine irgendwelche gesetzliche Begriffsbestimmung. Auch der Abs. 5 erläutert den schwierigen Begriff nicht völlig. Man kann überhaupt nicht die vielen verschiedenen Fangvorrichtungen in ständige und nichtständige einteilen. Es kann vielmehr eine und dieselbe Vorrichtung ständig sein oder nicht, je nachdem sie für die Dauer oder nur für einen bestimmten Fang berechnet und dementsprechend eingerichtet ist. Die in Abs. 5 versuchte Begriffsbestimmung umfaßt nur die durch Erfahrungen gesammelten Merkmale. Danach gehört zur Ständigkeit einer F.-Vorrichtung ein fester aus Holz, Stein oder Metall hergestellter Bau, in dem der Fangapparat in dauernder

Vierter Abschnitt. Fischereigenossenschaften.*)

Erster Titel. Allgemeine Vorschriften.

§ 36. I Mehrere[1]) zur Fischerei in einem offenen Gewässer oder in zusammenhängenden offenen Gewässern[2])

Befestigung oder abnehmbar angebracht ist. Nicht alle feststehenden Netzvorrichtungen sind somit als ständige anzusehen, besonders nicht Reusen und Stellnetze, sondern es kommt auf die bauliche Einrichtung und die Absicht des Eigentümers bei ihrer Anwendung an. Feststehende Fischwehre, Fischzäune und Fischfallen führt das Gesetz deshalb ausdrücklich als ständige Vorrichtungen auf. Dagegen sollen Aalfänge, insbesondere Aalkörbe und -säcke, nicht darunter verstanden werden (Drucks. 725 A S. 223). Die mit einem Wehr verbundenen Fangvorrichtungen, wie z. B. bei einem Mühlenstau, sind im Sinne des Abs. 5 ständige. Dabei rechnet das Wehr oder die sonstige Anlage, weil sie tatsächlich dem Fischfang mitdient, als Fangvorrichtung bei der Berechnung für die halbe Breite mit (Begründung S. 53, 54). Sind Fangvorrichtung und Wehr getrennt, so ist dies nicht der Fall (Joh. 13, 357). Bei freistehenden Pfählen fehlt eine bauliche Einrichtung. Ihre Erwähnung im Abs. 5 soll ihre Nichtständigkeit zweifellos stellen. Über die zulässige Beschaffenheit der ständigen Vorrichtungen gibt die FO. in §§ 20ff. nähere Bestimmungen (siehe unter II B). Durch eine auf Grund des § 106 [3] ergehende Polizeiverordnung über Beschränkungen in der Art und der Beschaffenheit der Fanggeräte darf in die Rechte auf Benutzung ständiger F.-Vorrichtungen nicht eingegriffen werden (§ 106 Abs. 2). Wegen der Abstellung der ständigen F.-Vorrichtungen während der Schonzeiten siehe § 108 und Anm. 3 letzter Satz.

*) Das neue FG. hat die beiden Arten von F.-Genossenschaften des früheren FG. übernommen, die Wirtschaftsgenossenschaften inhaltlich aber gegen früher durch Hineinziehung auch der Fischverwertung erweitert. Im früheren FG. war für die inneren Verhältnisse der Genossenschaften ein landesherrlich zu genehmigendes Statut vorgesehen und es wurde dann dazu durch den Minister des Innern ein Normalstatut (MinBl. f. d. i. Verw. 1880 S. 36ff.) erlassen. Im Gegensatz hierzu bringt das neue FG. selbst die Bestimmungen über die Bildung, Verwaltung usw. der Genossenschaften. Darauf ist zu einem großen Teil das Wachsen seines äußeren Umfangs dem alten FG. gegenüber zurückzuführen. Das FG. will in erster Reihe die Gründung von Genossenschaften herbeigeführt sehen, die die Grundlage des F.-Wesens künftig bilden sollen. Erst in zweiter Linie soll die Bildung von F.-Bezirken

Berechtigte[3]) können[4]) zu einer Genossenschaft vereinigt werden:[5])

eintreten (§§ 86 ff.). Für Genossenschaften kommen nur die F.-Berechtigten offener Gewässer in Frage, jedoch können sich solche geschlossener Gewässer einer Genossenschaft freiwillig anschließen. Für die inneren Verhältnisse der F.-Genossenschaften sind die Vorschriften des WG. über die Wassergenossenschaften vorbildlich gewesen. Sie bestimmen sich nach ihren Satzungen, welche den vom FG. vorgeschriebenen Inhalt haben müssen (§§ 42 ff.). Ihrem rechtlichen Charakter nach sind die F.-Genossenschaften juristische Personen öffentlichen Rechts (§ 39 FG., § 89 BGB.).

1) Die Höchstzahl der Genossen ist im FG. nicht beschränkt, sie unterliegt im einzelnen Falle Erwägungen der Zweckmäßigkeit. Eine so große Anzahl von Berechtigten, daß sie die Gründung einer Genossenschaft unzweckmäßig erscheinen läßt, rechtfertigt die Bildung eines gemeinschaftlichen F.-Bezirks. Die Mindestzahl der Genossen, die für eine Gründung an sich genügen würde, ist zwei (vgl. § 84 Abs. 1 Ziff. 2 u. Drucks. 725 A S. 234). Auch juristische Personen können Mitglieder sein.

2) Die Berechtigten nur von offenen Gewässern können im Wege des Gesetzes zu einer Genossenschaft vereinigt werden. Geschlossene Gewässer können nur auf Antrag des Berechtigten ebenso wie in einem gemeinschaftlichen F.-Bezirk (§ 86 Anm. 1) so auch in einer Genossenschaft Ausnahme finden. Ein Zwang kann auf sie nicht ausgeübt werden. Küstengewässer sind einbeziehungsfähig, doch kommen nur solche, die in besonderem Eigentum stehen, in Frage, da auf den übrigen jedermann zum Fischfang befugt, aber keiner als wirklicher F.-Berechtigter anzusehen ist (§ 6 Anm. 4). Das einzubeziehende Gewässer kann ein einzelnes seinem ganzen Umfange nach sein, z. B. ein See, oder auch nur eine Gewässerstrecke, z. B. ein Stück eines Flusses oder aber auch mehrere, die untereinander Verbindung haben, z. B. eine Seenkette, oder schließlich auch ein ganzes Flußgebiet sein. Die betreffenden Gewässer müssen aber sämtlich in Zusammenhang stehen. Es muß also eins an das andre stoßen oder mindestens durch einen einen Fischwechsel gestattenden Wasserstreifen mit dem andern verbunden sein. Sie müssen fischwirtschaftlich zusammengehören. Zu den Berechtigten an einem Gewässer gehören auch diejenigen der Koppel-F. Die Berechtigten einer solchen können auch in sich zu einer eigenen Genossenschaft vereinigt werden.

3) Nur der wirklich F.-Berechtigte (Vorbemerkung vor § 4) kann Mitglied der Genossenschaft werden, der F.-Pächter nicht. Letztere werden nur mittelbar durch die Person des F.-Berechtigten mit der Genossenschaft verknüpft,

1. zu geregelter Aufsichtsführung und gemeinschaftlichen Maßnahmen zum Schutze des Fischbestandes (Schutzgenossenschaften);[6])

---

um Unsicherheit bei jeder Pachtänderung über die Person des ihr Verpflichteten und Berechtigten zu vermeiden. Ein Pächter erhält durch die Bildung einer Genossenschaft, in die sein Pachtgewässer mit hineingezogen wird, das Kündigungsrecht nach §§ 61 ff. Mitglieder der Genossenschaft werden ferner die Inhaber der F.-Berechtigungen nicht als natürliche Person, sondern in ihrer Eigenschaft als F.-Berechtigte und bleiben es auf Grund des bestehenden Realprinzips für die Dauer ihrer F.-Berechtigung. Ein Wechsel in der letzteren hat solchen in der Genossenschaft von selbst zur Folge. Genossen sind die jeweiligen F.-Berechtigten. Bei einer Veräußerung der F.-Berechtigung tritt der Rechtsnachfolger ohne weiteres in die Genossenschaft ein und der bisherige Inhaber scheidet aus. Diese Art Wechsel von Mitgliedern werden die Satzungen näher, z. B. hinsichtlich rückständiger Beträge, zu regeln haben.

[4]) Die Bildung der Genossenschaft wird nach dem Ermessen des Regierungspräsidenten (§ 69) von Amts wegen oder auf Antrag eines Beteiligten bzw. der F.-Behörde betrieben. Eine gesetzliche Pflicht zur Bildung von Genossenschaften, sobald bestimmte Umstände vorliegen, besteht nicht.

[5]) Wie das frühere (§ 9) unterscheidet das neue FG. die Schutz- (früher auch Aufsichts-Genossenschaft genannt) und die Wirtschafts-Genossenschaft. Während früher nur bei der ersteren, kann auch jetzt bei der zweiten Art ein Anschlußzwang eintreten, bei letzterer allerdings in milderer Form (§§ 65—68). In welcher Weise die Bildung einer Genossenschaft dieser Arten erfolgt, bestimmen die §§ 69 ff. Bei der freiwillig (unter etwaigem Beitrittszwang der Minderheit) zustandegekommenen wird sie durch die Genehmigung der beschlossenen Satzungen, bei der erzwungenen durch Erlaß von Satzungen seitens des Regierungspräsidenten ins Leben gerufen (§ 80). Auch die Verbindung beider Arten von Genossenschaften ist zulässig und ebenso die Umwandlung von einer Schutz- in eine Wirtschaftsgenossenschaft (§ 82 Abs. 2).

[6]) Der Zweck der Schutzgenossenschaft, die völlig zwangsweise gebildet werden kann (§ 65), ist Schutz und Hebung des Fischbestandes durch Beseitigung aller Hindernisse, welche einer ordnungsmäßigen F.-Wirtschaft entgegenstehen, also nächst der Einrichtung einer gemeinschaftlichen Aufsicht die Vertilgung des Raubzeugs, die Festsetzung von Schonmaßregeln, die Bestimmung des Einsatzmaterials usw. Der Beitritt zu dieser

2. zu gemeinschaftlicher Bewirtschaftung und Nutzung der Fischgewässer samt Fangverwertung (Wirtschaftsgenossenschaften).[7])

Die Genossenschaft gilt im Rahmen ihrer Aufgaben als Fischereiberechtigter.[8])

Art von Genossenschaft beschränkt den Genossen sonstwie nicht in der Ausübung seines F.-Rechts.

[7]) Bei der Wirtschaftsgenossenschaft fällt der ganze Betrieb der Fischerei in den Gewässern der Genossen an die Genossenschaft und erfolgt durch sie auf gemeinschaftliche Rechnung. In der Regel wird es sich um Verpachtung oder um Anstellung genossenschaftlicher Fischer, seltener um ein zeitweiliges Ruhen der Fischerei handeln. Die selbständige Ausnutzung seines einzelnen F.-Rechts wird dem F.-Berechtigten durch seinen Beitritt als Genosse genommen. Wenngleich der Inhaber der F.-Berechtigung an sich F.-Berechtigter bleibt, so geht doch ihre wesentlichste Befugnis, das Recht auf Ausübung der Fischerei, auf die Genossenschaft über. An die Stelle seines Ausübungsrechts tritt der Anspruch des Genossen auf den verhältnismäßigen Anteil an dem gemeinschaftlichen Reinertrage. Unter bestimmten Voraussetzungen kann für den Beitritt auch zur Wirtschaftsgenossenschaft ein Zwang erfolgen (§§ 66 Abs. 2, 67). Nach der jetzigen Fassung des § 36 kann der genossenschaftliche Wirtschaftsbetrieb auch auf den gemeinschaftlichen Verkauf oder die sonstige Verwertung der gefangenen Fische ausgedehnt werden. Schließen sich F.-Berechtigte aber lediglich zur Verwertung ihrer Fänge zusammen, so liegt keine Wirtschaftsgenossenschaft im Sinne des § 36 vor. Die Bildung einer solchen reinen Verwertungs-Vereinigung hat nach dem Reichsgenossenschaftsgesetz zu erfolgen.

[8]) Wie bei den in § 30 genannten Fällen des unfreiwilligen Übergangs des F.-Ausübungsrechts auf einen andern so gilt aus dem gleichen Grunde auch die Genossenschaft nach außen hin als F.-Berechtigte hinsichtlich der Gewässer ihrer Genossen, in welchen sie durch den Zusammenschluß das F.-Ausübungsrecht erhalten hat. Infolgedessen steht nicht den einzelnen Genossen, sondern der Genossenschaft zu: das Uferbetretungsrecht (§ 13), die Fischnacheile (§ 14) und die Haftung für dabei verursachte Schäden (§ 15), die Antragsbefugnis zur Einschränkung oder Aufhebung beschränkter F.-Rechte (§ 27 Abs. 2), das Recht der Verpachtung (§ 29) und der Erteilung von Erlaubnisscheinen (§ 98), das Tötungsrecht fischereischädlicher Tiere (§ 105) sowie die Rechte aus §§ 32 bis 34 usw. Dies trifft aber nur insoweit zu, als die Ausübung des F.-Rechts die F.-Berechtigung berührt. Die letztere selbst in rechtlicher

II Fischereibezirke (§§ 86, 89) können als solche in eine Genossenschaft einbezogen werden.[9])

§ **37.** Die Bildung einer Genossenschaft erfolgt:[1])

1. durch Genehmigung der Satzung auf Grund eines einstimmigen Beschlusses der Beteiligten;
2. durch Genehmigung der Satzung auf Grund eines Beschlusses der Mehrheit unter zwangsweiser Heranziehung der Minderheit;[2])
3. durch Erlaß der Satzung ohne Zustimmung der Mehrheit.[2])

§ **38.** Ist die Satzung genehmigt oder erlassen, so kann nicht mehr geltend gemacht werden, daß eine

---

Beziehung verbleibt dem Genossen. Über die F.-Berechtigung selbst kann deshalb die Genossenschaft nicht verfügen, sondern das Veräußerungsrecht daran behält der Genosse in vollem Umfange.

[9]) Nachdem gemäß § 86 und § 89 etwa in einzelnen Fällen F.-Bezirke gebildet sind, gelten diese nunmehr zur weiteren Durchführung eines zweckmäßigen allgemeinen F.-Betriebs als Berechtigte im Sinne des § 36 Abs. 1 und können wie jede andre fischereiberechtigte Person bei der Bildung von Genossenschaften also auch zwangsweise herangezogen werden. Dies trifft auch im besonderen für selbständige F.-Bezirke zu. Eine Einbeziehung der letzteren wird von dem Bezirksausschuß (§ 80) aber nur auszusprechen sein, wenn z. B. bei seiner Lage zwischen andern genossenschaftlichen Gewässern der Genossenschaftszweck nur durch seine Miteinbeziehung zu erreichen ist (§ 67). Bei einer Einbeziehung in eine Wirtschaftsgenossenschaft verliert der F.-Berechtigte des selbständigen F.-Bezirks wie jeder andre sein selbständiges F.-Ausübungsrecht. Die Vorschrift, daß bei mehr als 3 Inhabern eines solchen die F.-Ausübung nur durch Verpachtung oder Erlaubnisschein übertragen werden darf (§ 82), muß dann naturgemäß wegfallen. In solchen Fällen erhält der F.-Bezirk zunächst von der Genossenschaft seinen satzungsgemäßen Anteil aus den Erträgen, der dann im gemeinschaftlichen F.-Bezirk an seine einzelnen Berechtigten nach § 87 zu verteilen ist.

[1]) D. h. sie gilt mit den unter Ziff. 1—3 genannten Zeitpunkten als ins Leben gerufen. Ihre Bildung ist mit der Genehmigung oder dem Erlaß der Satzungen, welche das Verfahren zu ihrer Bildung (2. Titel) abschließt, tatsächlich erfolgt und von da ab beginnt ihre Tätigkeit und zwar endgültig (§ 38).

[2]) Siehe die §§ 65 bis 68 in Verbindung mit § 80.

Voraussetzung für ihre Genehmigung oder ihren Erlaß gefehlt habe.*)

§ 39. I Die Genossenschaft ist rechtsfähig.**)

II Sie muß ihren Sitz in Preußen haben.

§ 40. I Für den Beitritt von Körperschaften, Stiftungen und Anstalten des öffentlichen Rechtes ist nicht die Genehmigung des Staates erforderlich.

II Lehns- und Fideikommißbesitzer können der Genossenschaft ohne Zustimmung der Anwärter beitreten.

§ 41. I Die Genossenschaft muß einen Vorstand haben. Dieser kann aus einer Person bestehen oder aus mehreren, von denen eine den Vorsitz führt.

II Der Vorstand vertritt die Genossenschaft gerichtlich und außergerichtlich. Er hat die Stellung eines gesetzlichen Vertreters. Den Umfang seiner Vertretungsmacht kann die Satzung mit Wirkung nach außen beschränken. Er führt die Verwaltung der Genossenschaft, wenn nicht einzelne Geschäfte durch Gesetz oder Satzung dem Vorsitzenden des Vorstandes oder der Mitgliederversammlung überwiesen sind.***)

---

*) Durch das ordnungsmäßige Zustandekommen der Satzungen wird jeder etwa vorhanden gewesene materielle Mangel gehoben, so daß das Bestehen der Genossenschaft auch bei Vorhandensein eines solchen endgültig ist.

**) Jede der beiden Arten ist eine öffentlich-rechtliche Genossenschaft und als solche eine juristische Person des öffentlichen Rechts (§ 89 BGB.). Als solche kann sie klagen und verklagt werden, Grundstücke erwerben, Verträge abschließen usw. Ihr stehen auch die im FG. den F.-Berechtigten beigelegten Rechten und Pflichten für die zur Genossenschaft gehörigen Fischgewässer, soweit sie das auf sie übergegangene F.-Ausübungsrecht der einzelnen Genossen betreffen, zu (siehe Anm. 8 zu § 36). Die gesetzliche Vertretung der Genossenschaft ist in § 41 behandelt.

***) Vorstand und Mitgliederversammlung sind die ordnungsmäßigen Organe der Genossenschaft. An Stelle der Versammlung kann für eine Reihe von Geschäften ein gewählter Ausschuß treten (§ 43 Ziff. 8). Ferner kann der Vorsitzende im Vorstand mit besonderen Befugnissen ausgestattet werden (§ 43 Ziff. 7).

III Der Vorsitzende des Vorstandes, der sich als solcher ausweist, bedarf zur Vertretung des Vorstandes vor Prozeßgerichten und Verwaltungsgerichten keiner besonderen Vollmacht.

IV Abgesehen von den Fällen des § 82 Abs. 1, 2 und des § 84 Abs. 1 Nr. 1 kann die Satzung bestimmen, daß an die Stelle der Mitgliederversammlung ein von den Mitgliedern zu wählender Ausschuß tritt.

§ **42.** Soweit die Rechtsverhältnisse der Genossenschaft und der Mitglieder nicht in diesem Gesetze geregelt werden, richten sie sich nach der Satzung.*)

§ **43.** I Die Satzung muß**) Bestimmungen enthalten über:

1. den Namen, Sitz und Zweck der Genossenschaft;
2. das Fischereigebiet der Genossenschaft;
3. die Art der Verwaltung der Fischerei;
4. die Verpflichtungen der Mitglieder;
5. das Verhältnis der Teilnahme an den Nutzungen und Lasten sowie am Stimmrechte;
6. die Aufstellung des Haushaltsplans und die Feststellung und Entlastung der Rechnung;
7. die Zusammensetzung und Wahl des Vorstandes, die Befugnisse des Vorstandes und, wenn er aus mehreren Mitgliedern besteht, auch die seines Vorsitzenden, die Form für den Ausweis der Vorstandsmitglieder und die Beurkundung ihrer Beschlüsse;
8. die Voraussetzungen und die Form für die Zusammenberufung der Mitgliederversammlung oder

---

*) Während die §§ 39 bis 41 die Stellung der Genossenschaft nach außen hin regeln, behandeln die §§ 42 ff. ihre Rechtsstellung nach innen, insbesondere ihr Verhältnis gegenüber den einzelnen Genossen. Die Satzungen, welche nicht von den im FG. gegebenen zwingenden Vorschriften abweichen dürfen, sind rechtlich die Bestimmungen, unter welchen die Genossen sich untereinander vertragsmäßig verpflichtet haben. Sie haben öffentlich-rechtlichen Charakter (PrVerwBl. 32, 186).

**) Die im Abs. 1 aufgeführten Vorschriften sind zwingender Natur.

des an ihre Stelle tretenden Ausschusses und die Beurkundung ihrer Beschlüsse;

9. die Gegenstände, die der Beschlußfassung der Mitgliederversammlung oder des Ausschusses unterliegen sollen;
10. die Form für die Bekanntmachungen der Genossenschaft;
11. die öffentlichen Blätter, in welche die Bekanntmachungen aufzunehmen sind, soweit sie nach Gesetz, Satzung oder Beschlüssen der Genossenschaftsorgane durch öffentliche Blätter zu ergehen haben.

II Der Satzung ist ein Verzeichnis der Mitglieder der Genossenschaft beizufügen. Es ist auf dem laufenden zu erhalten.

§ **44.** Die Satzung kann Vorschriften über Bildung eines Schiedsgerichts treffen, das bei Streitigkeiten über genossenschaftliche Angelegenheiten auf Anrufen beider Parteien entscheidet.

§ **45.** I Die Genossenschaft steht unter Aufsicht des Staates. Die Aufsicht beschränkt sich auf die ordnungsmäßige Ausführung, Unterhaltung und Wiederherstellung der genossenschaftlichen Anlagen sowie darauf, daß die Angelegenheiten der Genossenschaft nach Gesetz und Satzung verwaltet werden.[1])

---

*) Für ein solches Schiedsgericht kommt das 10. Buch der Zivilprozeßordnung „schiedsrichterliches Verfahren" zur Anwendung. Bei schon bestehenden Genossenschaften sind abweichende Bestimmungen der Satzungen über die Zuständigkeit von Schiedsgerichten in Kraft geblieben (§ 85 Abs. 2). In Tätigkeit kann ein solches Schiedsgericht nur treten, wenn beide Parteien darüber einig sind.

[1]) Die Aufsicht hat hauptsächlich die Innehaltung der Satzungen und die ordnungsmäßige Ausführung der Beschlüsse der Genossenschaft zu überwachen. Materielle Eingriffe stehen ihr nicht zu (Drucks. 725 A S. 250). Wenn aber z. B. eine Genossenschaft die Ausführung einer beschlossenen Maßnahme verweigert und Strafandrohungen seitens der Aufsichtsbehörde fruchtlos geblieben sind, hat sie die Maßnahmen selbst ausführen zu lassen. Jedoch kann sie die Beschlußfassung über zweckmäßige Maßnahmen, die niecht in den Satzungen vorgesehen sind, nicht erzwingen. Die in Abs. 3 erwähnte Durchsetzung erfolgt nach den §§ 132 f. BGB.

II Die Aufsicht führen der Landrat als Vorsitzender des Kreisausschusses,[2]) in Stadtkreisen[3]) die Ortspolizeibehörde, als höhere und letzte Behörde der Regierungspräsident. Zuständig ist die Behörde, in deren Bezirke die Genossenschaft ihren Sitz hat.

III Die Aufsichtsbehörde ist berechtigt, ihre Anordnungen unmittelbar durchzusetzen.[4])

§ **46.** Kommt die Wahl des Vorstandes oder einzelner seiner Mitglieder trotz der Aufforderung der Aufsichtsbehörde nicht zustande, so kann diese für die fehlenden Mitglieder Vertreter bestellen, die bis zur ordnungsmäßigen Wahl deren Obliegenheiten wahrzunehmen haben. Die Aufsichtsbehörde kann für die Vertreter eine angemessene Entschädigung festsetzen.

§ **47.** I Unterläßt oder verweigert die Genossenschaft, die ihr gesetz- oder satzungsmäßig obliegenden, von der zuständigen Behörde festgestellten Leistungen und Ausgaben in den Haushaltsplan aufzunehmen oder außerordentlich zu genehmigen, so kann die Aufsichtsbehörde unter Anführung der Gründe die Aufnahme in den Haushaltsplan oder die Feststellung der außerordentlichen Ausgabe und die Einziehung der erforderlichen Beträge verfügen.*)

II Gegen die Verfügung steht der Genossenschaft binnen zwei Wochen die Klage im Verwaltungsstreitverfahren beim Bezirksausschuß zu.

§ **48.** I Zur Veräußerung von Grundstücken oder Aufnahme von Anleihen, außer solchen, die den Schuldenbestand nicht vermehren, bedarf die Genossenschaft der Genehmigung des Kreis- (Stadt-) Ausschusses.**)

[2]) Im Falle der Behinderung des Landrats tritt deshalb nach § 136 Abs. 2 Kreisordng. sein Stellvertreter und, ist dies der Kreissekretär, das dazu gewählte Kreisausschußmitglied ein.

[3]) Vgl. Anm. 8 zu § 29.

*) Diese Vorschrift ist der Zwangsetatisierung der Kommunalbehörden nachgebildet. Sie tritt nur ein beim Vorliegen eines öffentlichen Interesses, nicht aber bei zivilrechtlichen Streitpunkten (OVG. 16, 218ff.; 61, 277ff.).

**) Auch diese Bestimmung lehnt sich sinngemäß den für Kommunalbehörden bestehenden Aufsichtsvorschriften an. Ein

II Die Satzung kann eine Genehmigung auch für andere Fälle vorschreiben.

§ **49.** Die Aufsichtsbehörde kann die Akten der Genossenschaft einsehen und Abschrift des Haushaltsplans, des Rechnungsabschlusses sowie der Niederschriften der Verhandlungen des Vorstandes und der Mitgliederversammlung (des Ausschusses) verlangen. Sie kann außerordentliche Prüfungen der Genossenschaftskasse und der gesamten Genossenschaftsverwaltung veranlassen und an den Versammlungen des Vorstandes sowie an den Mitglieder- (Ausschuß-) Versammlungen persönlich oder durch Beauftragte teilnehmen.

§ **50.** I Die Genossenschaft ist berechtigt, in den Gewässern, die im Eigentume der Mitglieder stehen, und auf deren Ufergrundstücken die Anlagen herzustellen und zu erhalten, die zur Erfüllung des Genossenschaftszwecks nötig sind.*) Der § 13 Abs. 3, 4 gilt sinngemäß.

II Bei Streit beschließt die Aufsichtsbehörde, ob eine Anlage zur Erfüllung des Genossenschaftszwecks nötig ist. Gegen den Beschluß ist binnen zwei Wochen Beschwerde zulässig.

III Für den Nachteil, der ihnen aus den Anlagen erwächst, können die Mitglieder von der Genossenschaft Ersatz verlangen.

Verstoß gegen die Vorschrift macht das betreffende Rechtsgeschäft rechtsunwirksam.

*) In ausnahmslos allen den einzelnen Genossen gehörigen Gewässern, also auch in Mühlengräben und ähnlichen Abzweigungen, und auf ihren Ufern, mit Ausnahme der im § 13 aufführten Grundstücksarten oder -teilen, auf die sich das Uferbetretungsrecht nicht erstreckt, steht der Genossenschaft die Befugnis zu, gegen Ersatz etwaigen Schadens wirklich für die Errichtung des Genossenschaftszwecks nötige, nicht aber nur zweckdienliche Anlagen zu errichten, deren Unterhaltungspflicht ihr natürlich obliegt. Auch die zwangsweise einbezogenen Genossen müssen dies auf ihren Flächen dulden. Die Gewässer und die betreffenden Ufergrundstücke müssen aber im Eigentum des Genossen stehen, nur F.-Berechtigung auf ihnen genügt nicht für jene Befugnis. Es liegt hier für die Genossenschaft eine Erweiterung des Uferbetretungsrechts (§ 13) den

§ **51.** Im Einverständnis mit der Genossenschaft können Mitglieder eintreten und ausscheiden. Es bedarf jedoch dazu der Genehmigung der Aufsichtsbehörde; diese hat beim Ausscheiden von Mitgliedern auch auf die Gläubiger Rücksicht zu nehmen.*)

§ **52.** I Die Genossenschaft ist verpflichtet, Fischereiberechtigte, deren Fischgewässer an ihr Gebiet grenzen, auf Verlangen in die Genossenschaft aufzunehmen, wenn ihnen dadurch wesentliche Vorteile und der Genossenschaft keine erheblichen Nachteile erwachsen.[1])

II Die Genossenschaft ist berechtigt, von den beitretenden Fischereiberechtigten einen angemessenen Anteil

---

anliegenden Genossen gegenüber vor. Soweit dieses nach § 13 für Grundstücke nicht besteht (§ 13 Abs. 3 u. 4), fällt auch eine Befugnis aus § 50 zur Herstellung der Anlagen weg.

*) Einverständnis der Genossenschaft und Genehmigung der Aufsichtsbehörde ist für jeden Wechsel der Genossen erforderlich, weil der Gewässerbestand zur Erreichung des Genossenschaftszwecks durchaus wesentlich ist und deshalb unter Kontrolle bleiben soll. Die Aufsichtsbehörde soll unter anderm die Genehmigung zum Ausscheiden von Genossen versagen, wenn dadurch die Genossenschaft wirtschaftlich so geschwächt wird, daß die Gefahr ihrer Unfähigkeit zur Schuldentilgung droht. Über die Haftung ausscheidender Genossen siehe § 53 Abs. 2. Ein Wechsel von Mitgliedern im Sinne des § 51 liegt aber nur vor, wenn mit der Personenveränderung auch ein Fischgewässer ausscheiden oder hinzukommen soll. Nach dem die Genossenschaften des FG. beherrschenden Realprinzip werden die F.-Berechtigten in ihrer Eigenschaft als solche Genossen. Ein Personalwechsel in der F.-Berechtigung berührt deshalb die Genossenschaft nur insoweit, als statt des ursprünglichen Inhabers nunmehr der Rechtsnachfolger Mitglied ist. Deshalb bildet eine Rechtsnachfolge in der einzelnen F.-Berechtigung keine Änderung der Genossen im Sinne des § 51. (Siehe Anm. 3 zu § 36.)

[1]) Der nachträgliche Beitritt auf eigenen Antrag setzt einen Zusammenhang mit der bisherigen Gewässerfläche der Genossenschaft sowie ein Überwiegen des Vorteils des Angrenzers über einen etwaigen Nachteil der Genossenschaft voraus. Deswegen ist der Anspruch des Abs. 2 gewissermaßen auf ein Eintrittsgeld in Höhe eines verhältnismäßigen Nachschusses berechtigt. Andrerseits muß der später eintretende Genosse auch beim Tilgen etwa aus der früheren Zeit vorhandener Schulden mithelfen.

an ihren bisherigen Aufwendungen und die Entrichtung der besonderen Kosten zu verlangen, die ihr durch den Beitritt erwachsen.

III Bei Streitigkeiten aus Abs. 1, 2 beschließt der Kreis- (Stadt-) Ausschuß.[2])

§ **53.** I Für Verbindlichkeiten der Genossenschaft haftet ihr Vermögen. Soweit daraus Gläubiger der Genossenschaft nicht befriedigt werden können, muß der Schuldbetrag durch Beiträge aufgebracht werden, die vom Vorstande nach dem in der Satzung festgesetzten Teilnahmemaßstab umzulegen sind.*)

II Die ausgeschiedenen Mitglieder bleiben für die bis zu ihrem Austritt umgelegten Beiträge verhaftet.

§ **54.** I Die Teilnahme an den Nutzungen und Lasten wird nach dem Werte der Fischereirechte geregelt.[1])

II Das Stimmrecht der Mitglieder wird nach dem Verhältnis ihrer Teilnahme an den Genossenschaftslasten festgestellt. Jeder beitragspflichtige Genosse muß mindestens eine Stimme haben.[2])

---

[2]) Siehe Anm. 8 zu § 29.

*) Eine persönliche Haftung der Genossen mit ihrem Vermögen besteht den Gläubigern der Genossenschaft gegenüber nicht. Die Genossenschaft kann von ihnen aber eine zur Tilgung der Schulden erforderliche Umlage fordern und kann sie ohne vorherige Klage im Verwaltungszwangsverfahren beitreiben lassen (§ 58). Den etwa ausfallenden Beitrag eines unvermögenden Genossen müssen die übrigen Genossen aufbringen. Dagegen haftet den Gläubigern das gesamte bewegliche und unbewegliche Vermögen der Genossenschaft, z. B. auch ihre Fischgerätschaften.

[1]) Unter den Genossen werden Beiträge und sonstige erforderliche Zuschüsse nicht nach Köpfen und auch nicht nach der Größe des eingebrachten Fischgewässers, sondern nach dem Wert des F.-Rechts, der von der Ergiebigkeit abhängig ist, erhoben. Nach dem gleichen Maßstabe werden erzielte Gewinne verteilt. Die Festsetzung der Werte der einzelnen F.-Rechte erfolgt nach Maßgabe des in den Satzungen festgelegten Maßstabs (§ 43 Ziff. 5). Eine Abweichung ist nach Abs. 3 sowie bei Einstimmigkeit möglich.

[2]) In den Mitgliederversammlungen wird nicht nach Köpfen, sondern nach der Anzahl der dem einzelnen Genossen zu-

III Durch einstimmigen Beschluß der zur Abstimmung erschienenen Berechtigten kann ein anderer Maßstab bestimmt werden als der in Abs. 1 und Abs. 2 Satz 1.

§ 55. I Streitigkeiten über die Zugehörigkeit zur Genossenschaft werden im Verwaltungsstreitverfahren entschieden.[1])

II Gegen Heranziehung und Veranlagung zu den Genossenschaftslasten sowie gegen Verteilung der Nutzungen steht den Beteiligten binnen vier Wochen der Einspruch zu, über den der Vorstand beschließt. Gegen den Beschluß kann, sofern nicht die beiden Parteien das Schiedsgericht (§ 44) anrufen, binnen zwei Wochen die Klage im Verwaltungsstreitverfahren erhoben werden. Die Klage hält die Vollstreckung des Beschlusses nicht auf.[2])

III Zuständig ist der Kreisausschuß, in Stadtkreisen der Bezirksausschuß.[3])

---

stehenden Stimmen abgestimmt. Jeder Genosse hat als solcher mindestens eine Stimme. Je mehr Genossenschaftslasten er zu tragen hat, die sich wieder nach dem Wert des eingebrachten F.-Rechts richten (Abs. 1), desto mehr Stimmen hat er. Das Stimmrecht des einzelnen muß aus den Satzungen zu berechnen sein, wenn es nicht fest für den einzelnen Genossen ausgesprochen ist (§ 43 Ziff. 5). Eine Abweichung von den Satzungen kann in besonderen Fällen hinsichtlich der Verteilung der Stimmen erfolgen, wenn dies einstimmig von allen Erschienenen beschlossen wird (Abs. 3). Auch eine spätere diesbezügliche Änderung des Stimmverhältnisses ist möglich, muß aber ebenfalls einstimmig beschlossen werden (§ 82).

[1]) Es handelt sich hier um die etwaige Zugehörigkeit zu einer bereits bestehenden Genossenschaft, nicht um die Heranziehung bei deren Bildung (§ 80).

[2]) Dem Genossen steht also gegen den Verteilungsplan sowohl der Lasten als auch der Nutzungen der Einspruch an den Vorstand zu. Gegen dessen Entscheidung kann er nach seiner Wahl das etwa bestehende Schiedsgericht (§ 44) anrufen (hinsichtlich der bisherigen Genossenschaften siehe hierzu § 85 Abs. 2) oder im Verwaltungsstreitverfahren klagen. Im ersteren Fall muß der Gegner einverstanden sein. Die Klage ist gegen den Vorstand zu richten. Sie entbindet nicht von der vorläufigen Zahlung.

[3]) Siehe Anm. 8 zu § 29.

§ 56. I Der Vorstand und, wenn er aus mehreren Personen besteht, auch sein Vorsitzender können Anordnungen, die sie in Ausübung ihrer Befugnisse gegen einzelne Genossen richten, durch folgende Zwangsmittel durchsetzen:

1. Ist eine Handlung zu erzwingen, die auch ein anderer ausführen kann, so können sie die Ausführung veranlassen und den vorläufig zu bestimmenden Kostenbetrag zwangsweise vom Verpflichteten einziehen.
2. Steht fest, daß der Verpflichtete nicht imstande ist, die aus der Ausführung durch einen anderen entstehenden Kosten zu tragen, oder ist eine nicht durch einen anderen ausführbare Handlung oder eine Unterlassung zu erzwingen, so können sie Geldstrafen bis zu dreißig Mark festsetzen. Die Strafgelder fließen in die Genossenschaftskasse.

II Der Anwendung der Zwangsmittel muß eine schriftliche Androhung vorausgehen; in ihr ist, wenn eine Handlung erzwungen werden soll, eine Frist zu bestimmen, innerhalb deren sie auszuführen ist.*)

§ 57. I Gegen die Anordnungen des Vorstandes und seines Vorsitzenden und gegen die Androhung eines Zwangsmittels ist Beschwerde an die Aufsichtsbehörde,**) gegen deren Bescheid weitere Beschwerde an die höhere Aufsichtsbehörde und gegen deren Bescheid Klage beim

---

*) Da die F.-Genossenschaften öffentlich-rechtlichen Charakter haben und ihr Zweck allgemeinen Interessen dient, ist ihr Vorstand in manchen Beziehungen einer Verwaltungsbehörde gleichgestellt. Aus diesem Gesichtspunkte heraus sind ihm auch die mittelbaren Zwangsbefugnisse eingeräumt, wie § 132 LVG. sie den Verwaltungsbehörden in ganz ähnlicher Weise gegeben hat. Die Rechtsmittel dagegen gibt § 57 an. Eine nur mündliche vorherige Androhung macht die Anwendung des Zwangsmittels unzulässig (Abs. 2). Das Verfahren richtet sich nach den Vorschriften der Verordnung betr. das Zwangsverwaltungsverfahren vom 15. November 1899 (GS. S. 545).

**) Die Aufsichtsbehörden sind in § 45 Abs. 2 angeführt.

Oberverwaltungsgerichte zulässig. Die Klage kann nur darauf gestützt werden:

1. daß die angefochtene Anordnung dadurch, daß ein Gesetz oder eine rechtsgültige Verordnung nicht richtig angewendet worden sei, den Kläger in seinen Rechten verletze;
2. daß nicht die tatsächlichen Voraussetzungen zum Erlaß der Anordnung oder zur Androhung des Zwangsmittels vorgelegen hätten.

II Das Rechtsmittel, das sich gegen die Androhung eines Zwangsmittels richtet, erstreckt sich auch auf die Anordnung, um deren Ausführung es sich handelt, wenn nicht darüber ein besonderes Beschwerdeverfahren anhängig gewesen ist.

III Die Beschwerde gegen den Vorstand oder seinen Vorsitzenden ist bei diesem, die weitere Beschwerde bei der Behörde anzubringen, gegen deren Bescheid sie sich richtet.

IV Die Frist zur Einlegung der Beschwerde und der weiteren Beschwerde sowie zur Erhebung der Klage beträgt zwei Wochen.

V Die Frist gilt als gewahrt auch dann, wenn die Beschwerde oder weitere Beschwerde rechtzeitig bei der Behörde angebracht wird, die darüber zu beschließen hat.

§ **58.** Rückständige Beiträge sowie die Strafen und Kosten (§ 56) können im Verwaltungszwangsverfahren beigetrieben werden. Das Beitreibungsverfahren kann auch gegen Pächter und andere Nutzungsberechtigte der zur Genossenschaft gehörigen Fischereien gerichtet werden. Die Vollstreckungsbehörde wird durch die Aufsichtsbehörde bestimmt.*)

---

*) Um ihre Forderungen von ihren Mitgliedern einzubekommen, braucht die Genossenschaft diese nicht erst einzuklagen, sondern kann sogleich nach Fälligkeit die Behörde, welche im Aufsichtswege zur Vollstreckungsbehörde für die Angelegenheiten der Genossenschaft bestimmt ist, um Zwangsvollstreckung ersuchen. Diese beauftragt alsdann ihren Vollstreckungsbeamten, welcher darauf ohne weiteres die Forderung nach Maßgabe der Verordnung betr. das Zwangsverfahren vom

§ 59. I Der Vorstand hat die Mitgliederversammlung (den Ausschuß)[1]) einzuberufen, sobald es das Interesse der Genossenschaft erfordert oder ein Drittel der Mitglieder es unter Angabe des Zweckes schriftlich beantragt.[2])

II Wenn der Vorstand dem Antrage nicht binnen zwei Monaten stattgibt, erfolgt die Einberufung durch die Aufsichtsbehörde.

§ 60. Die Aufsichtsbehörde kann Mitglieder des Vorstandes, die sich einer groben Pflichtverletzung schuldig machen, ihres Amtes entsetzen. Die auf Amtsentsetzung lautende Verfügung kann binnen zwei Wochen durch Klage beim Oberverwaltungsgericht angefochten werden. Bis zur Entscheidung darüber bleibt das Vorstandsmitglied von den Amtsgeschäften enthoben.*)

§ 61. Ist bei Bildung einer Schutzgenossenschaft die Fischerei in einem zur Genossenschaft gehörigen Fischgewässer verpachtet,[1]) so hat der Pächter keine Entschä-

---

15. November 1899 (GS. S. 545) bei dem Genossen beizutreiben hat. Wie bei den Wassergenossenschaften können bei den F.-Genossenschaften die Forderungen gegen ein Mitglied auch von dessen Pächter, und zwar auch die vor Beginn der Pachtzeit fällig gewesenen, beigetrieben werden. Dieser kann sie alsdann von seinem Verpächter erstattet verlangen und sie auf das Pachtgeld verrechnen.

[1]) Hinsichtlich des etwaigen die Mitgliederversammlung vertretenden Ausschusses siehe § 43 Abs. 4.

[2]) Das Drittel der Mitglieder rechnet hier nach der Kopfzahl. Durch die Satzungen kann bestimmt werden, daß eine Mitgliederversammlung auch unter andern Bedingungen vom Vorstand berufen werden muß.

*) Die Aufsichtsbehörden sind in § 45 Abs. 2 aufgeführt. Ein neues Mitglied kann von ihr nicht ernannt, sondern muß von den Genossen gewählt werden (§ 43 [7]). Doch kann im Aufsichtswege vorübergehend ein Vertreter bestellt werden (§ 46).

[1]) Die §§ 61 bis 64 regeln das Verhältnis des Pächters eines in die Genossenschaft einbezogenen Fischgewässers zur Genossenschaft und zum Verpächter. Grundsätzlich wird danach ein schon bestehender Pachtvertrag durch die Mitgliedschaft des F.-Berechtigten und durch die Einbeziehung des Pachtgewässers in die Genossenschaft nicht berührt. Wenngleich er nicht selbst Genosse wird (Anm. 2 zu § 36), ist der Pächter doch hin-

digungsansprüche gegen die Genossenschaft wegen der Maßnahmen, die sie auf Grund von § 36 getroffen hat. Er kann jedoch innerhalb eines Jahres nach Bildung der Genossenschaft das Pachtverhältnis mit einer Frist von drei Monaten kündigen.[2])

§ **62.** Ist bei Bildung einer Wirtschaftsgenossenschaft die Fischerei in einem zur Genossenschaft gehörigen Fischgewässer verpachtet, so hat der Pächter an Stelle des Rechtes auf Ausübung der Fischerei Anspruch auf die nach der Satzung dem Verpächter zustehenden Nutzungen und ist diesem gegenüber verpflichtet, auch die Genossenschaftslasten zu tragen. Er kann jedoch das Pachtverhältnis jederzeit ohne Einhaltung einer Kündigungsfrist kündigen.*)

---

sichtlich des Pachtgewässers an die Satzungen und Anordnungen der Genossenschaft gebunden und ist sogar für die Beiträge, Kosten usw. des Verpächters gegenüber der Genossenschaft zahlungspflichtig (§ 58). Der Pächter soll deshalb vor Bildung der Genossenschaft gehört werden (§ 70 Abs. 3) und es steht ihm ein Kündigungsrecht des Pachtvertrags zu. Dieses ist nach der Art der Genossenschaft verschieden (Anm. 2 u. § 62).

[2]) Handelt es sich um eine Schutzgenossenschaft, so behält der Pächter das F.-Ausübungsrecht, ist aber bezüglich seiner den von ihr angeordneten Beschränkungen und sonstigen Maßnahmen unterworfen, ohne daß er — ausgenommen den Fall des § 63 — irgendwelche Entschädigungsansprüche daraus gegen die Genossenschaft oder gegen den Verpächter herleiten kann. Da ihm dadurch ein erheblicher Nachteil entstehen kann, ist ihm das Recht gegeben, ohne Rücksicht auf die Kündigungsabmachungen im Pachtvertrag das Pachtverhältnis zu kündigen. Diese Kündigungsbefugnis steht ihm bei Bildung einer Schutzgenossenschaft innerhalb eines Jahrs, seit dem Zeitpunkt ihrer Bildung (§ 37) gerechnet, mit mindestens dreimonatiger Frist zu einem Quartalsersten (§ 581 Abs. 2), § 565 BGB.) zu. Der danach sich ergebende Endtermin für das Pachtverhältnis kann außerhalb jenes Jahrs liegen. Innerhalb dessen muß nur die Kündigung ausgesprochen werden (anders bei Wirtschaftsgenossenschaften, § 62).

*) Wird das verpachtete Fischgewässer in eine Wirtschaftsgenossenschaft einbezogen, so verliert wie jeder Genosse auch der F.-Pächter das F.-Ausübungsrecht, welches auf die Genossenschaft übergeht. An dessen Stelle tritt ein Anspruch des Pächters auf Gewährung des sonst dem Verpächter zu-

§ **63.** Ist in den Fällen der §§ 61, 62 der Vertrag vor Inkrafttreten dieses Gesetzes geschlossen, so kann der Pächter, wenn er von dem Kündigungsrechte Gebrauch macht, von der Genossenschaft Ersatz des Schadens verlangen, der ihm durch die vorzeitige Auflösung entsteht.*)

§ **64.** Gegen den Verpächter kann der Pächter aus Bildung einer Genossenschaft keinen Schadenersatzanspruch erheben, wenn nichts anderes vereinbart ist.**)

---

fallenden Anteils an den Nutzungen. Damit übernimmt er aber zugleich die dem Verpächter der Genossenschaft gegenüber bestehenden Verpflichtungen. Er kann für die letzteren keine Erstattung vom Verpächter verlangen. Auch in diesem Falle, wie bei der Schutzgenossenschaft, ist dem Pächter ohne grundsätzlichen Anspruch auf Schadensersatz gegen den Verpächter (§ 64) und ebenso gegen die Genossenschaft (siehe aber § 63) ein Kündigungsrecht gegeben, aber abweichend von jenem ohne irgendwelche Fristenbindung. Der Pächter kann deshalb, weil er beim Pachtabschluß grade besonderen Wert z. B. als Sportfischer auf die eigene Ausübung der Fischerei gelegt haben kann, jederzeit, also auch z. B. noch nach einem Jahr, sofort von der Pacht abstehen.

*) Für die vorzeitige Auflösung des Pachtvertrags infolge der durch die Bildung einer Genossenschaft ohne Unterschied ihrer Art hervorgerufenen Kündigung ist grundsätzlich dem Pächter ein Entschädigungsanspruch versagt. Das Gesetz ist dabei davon ausgegangen, daß der Pächter sich bei Abschluß eines Pachtvertrags gegen etwaige Nachteile aus einer späteren Genossenschaftsbildung durch entsprechende Vertragsbestimmungen schützen kann. Ein solcher Schutz kommt aber nur für künftig abzuschließende Pachtverträge in Frage. Deshalb ist für den dem Pächter aus der vorzeitigen Lösung des Pachtverhältnisses entstehenden Schaden aus Pachtverträgen, welche vor dem Inkrafttreten des FG. geschlossen sind, ein Anspruch auf Ersatz vorgesehen. Er steht dem Pächter gegen die Genossenschaft zu. Der Verpächter hat weder Schadensersatzansprüche gegen die Genossenschaft noch letztere Ersatzansprüche für etwa an den Pächter gezahlte Schäden gegen den Verpächter. Gegen letzteren kann der Pächter aus der Bildung einer Genossenschaft keine Ansprüche erheben (§ 64).

**) Im § 64 ist der Grundsatz ausgesprochen, daß unter gewöhnlichen Umständen der Pächter vom Verpächter keine Entschädigung aus der infolge Bildung einer Genossenschaft erfolgten Auflösung des Pachtverhältnisses fordern kann. Dieser Grundsatz entspricht der Billigkeit, da den Verpächter kein

Zweiter Titel. Genossenschaften mit Zulässigkeit des Beitrittzwanges.

§ **65.** Eine Schutzgenossenschaft kann auch ohne Zustimmung der Fischereiberechtigten gebildet werden.*)

§ **66.**[1]) I Eine Wirtschaftsgenossenschaft kann mit Zustimmung der Mehrheit der Fischereiberechtigten

Verschulden an der Auflösung trifft. Doch kann dessen Haftung durch besondere Umstände eintreten. Den Fall, daß eine solche Haftung hier von vornherein im Pachtvertrage vorgesehen war, führt das Gesetz selbst an. Ferner würde z. B. der Verpächter haften müssen, wenn er die bevorstehende Bildung der Genossenschaft gewußt und daraufhin arglistig den Pächter zum Abschluß der Pacht bestimmt hat.

*) Wie überhaupt die Bildung von Genossenschaften, so hängt auch solche von Zwangsgenossenschaften von dem Ermessen des Regierungspräsidenten ab, welcher von Amts wegen oder auf Antrag, wo es ihm zweckmäßig erscheint, das Bildungsverfahren einleitet (§ 69). Wenn es sich um eine Schutzgenossenschaft handelt (§ 36 Anm. 6), welche im Verhältnis zur Wirtschaftsgenossenschaft weniger scharf in die einzelnen F.-Rechte ihrer Mitglieder eingreift, kann — in Übereinstimmung mit dem bisherigen FG. — jederzeit und unter allen Umständen für sämtliche in Betracht kommenden F.-Berechtigte ein Zwang zur Bildung der für erforderlich erachteten Schutzgenossenschaft eintreten, d. h. auch alle diejenigen, welche eine dahingehende Aufforderung zum Beitritt der zu gründenden Genossenschaft abgelehnt haben, können wider ihren Willen in diese mit ihren Fischgewässern einbezogen werden. Auch wenn kein Beteiligter für die Genossenschaft ist, kann sie gebildet werden. Eine solche Schutzgenossenschaft, deren Gründung nicht freiwillig zustande kommt, wird dadurch gebildet, daß der Regierungspräsident, nachdem über die Ablehnung der Mitgliedschaft und über die Widersprüche in dem Verfahren des § 80 entschieden worden ist, entsprechende Satzungen für sie erläßt (§ 36 Ziff. 3). Auch die widersprechenden F.-Berechtigten sind dann ohne weiteres ihre Mitglieder geworden. Zweckmäßig wird und soll stets erst die Bildung unter Zustimmung aller Beteiligten, also ohne Zwang, versucht werden. Über die Widersprüche der sich ablehnend verhaltenden F.-Berechtigten gegen die Bildung der Schutzgenossenschaft entscheidet der Bezirksausschuß in erster (§ 80) und das Landeswasseramt in zweiter Instanz (§ 122). Bei der Entscheidung ist von ihnen zu prüfen, ob die Voraussetzungen des § 36 Ziff. 1 vorliegen.

[1]) Für die Bildung von Wirtschaftsgenossenschaften unterscheidet das FG. hinsichtlich des Maßes an

(§ 71) gebildet werden,[2]) wenn der genossenschaftliche Zusammenschluß der Erhaltung und Vermehrung des Fischbestandes dient und einen höheren wirtschaftlichen Nutzen in Aussicht stellt, als der selbständige Fischereibetrieb der einzelnen Berechtigten.[3])

II Widersprechende Fischereiberechtigte können zwangsweise nur herangezogen werden, wenn ohne sie die Ge-

---

Zwang, mit welchem vorgegangen werden darf, zwei Arten, für welche die Verschiedenheit der vorliegenden, zur Genossenschaftsbildung drängenden F.-Verhältnisse bestimmend ist. Erscheint nach der fischereiwirtschaftlichen Lage ein Zusammenschluß einer Reihe von F.-Berechtigten für den Fischbestand und für die Fischwirtschaft in der Gesamtheit ihrer Gewässer förderlich (§ 66), so hat der anwendbare Beitrittszwang eine mildere Form (§ 66 Abs. 2), als wenn die Selbständigkeit der Einzelbetriebe die ordnungsmäßige fischereiliche Ausnutzung der Gesamtheit der beteiligten Gewässer verhindert (§ 67).

[2]) Beim Vorliegen der im § 66 aufgestellten fischereilichen Voraussetzungen (Anm. 3) kann eine Wirtschaftsgenossenschaft nicht lediglich durch eine Verfügung des Regierungspräsidenten, sondern nur durch einen Mehrheitsbeschluß der Berechtigten der beteiligten Fischgewässer gebildet werden. Findet sich diese Mehrheit nicht, so kann die Genossenschaft nicht zwangsweise zustande gebracht werden und die Bildung ist endgültig gescheitert. Jedoch sieht § 71 für diesen Fall eine zweifache Möglichkeit der Erreichung einer Mehrheit, nämlich nach Köpfen und nötigenfalls nach dem Wert der F.-Berechtigungen, vor. Ist eine Mehrheit erreicht, aber liegt keine Einstimmigkeit vor, so können grundsätzlich auch nicht einmal die F.-Berechtigten, welche gegen die Bildung der Genossenschaft gestimmt haben, zwangsweise einbezogen werden. Nur in den durch das allgemeine Interesse gebotenen Ausnahmefällen des Abs. 2 darf zwangsweise Heranziehung der Widersprechenden erfolgen. Die Wirtschaftsgenossenschaft aus § 66 ist ihrem Grundsatze nach mithin eine freiwillige.

[3]) Der Nachsatz mit „wenn" gibt die Voraussetzungen an, unter denen die freiwillige Bildung einer Wirtschaftsgenossenschaft mit ausnahmsweisem Zwang (Anm. 4) erfolgen kann. Sie liegen schon dann vor, wenn die Einzelbetriebe auf den in Betracht kommenden Fischgewässern fischereiwirtschaftlich zwar an sich gerechtfertigt erscheinen, aber durch den genossenschaftlichen Zusammenschluß eine allgemeine Förderung des Fischbestandes und die Erzielung größerer Erträge aus den einheitlich bewirtschafteten Gewässern als in

nossenschaft nicht wirtschaftlich zweckmäßig gebildet werden kann.[4])

§ 67. Eine Wirtschaftsgenossenschaft kann ohne Zustimmung der Mehrheit der Fischereiberechtigten gebildet werden,[1]) wenn der selbständige Fischereibetrieb der ein-

---

den Einzelbetrieben zusammen erreicht werden könnte. Es handelt sich also um eine Verbesserung wirtschaftlich sonst genügender F.-Wirtschaftsbetriebe durch ihre Vereinheitlichung. Deswegen ist von einem weitergehenden Beitrittszwang, als er wirtschaftlich geboten ist, Abstand genommen und die ganze Bildung der Genossenschaft in solchem Falle von der Zustimmung der Mehrheit der Beteiligten abhängig gemacht, ohne die unterlegene Minderheit grundsätzlich durch die Abstimmung in ihrem Beitrittswillen zu bestimmen (Abs. 2).

[4]) Den F.-Berechtigten, welche im Falle des § 66 Abs. 1 gegen die Bildung der Wirtschaftsgenossenschaft gestimmt haben, steht grundsätzlich der Beitritt oder Nichtbeitritt frei. Von dieser Freiheit ihrer Selbstbestimmung kann nur dann durch den Regierungspräsidenten eine Ausnahme gemacht werden, wenn die Genossenschaft zur Erreichung ihres Zwecks des Fischgewässers eines Widersprechenden dringend bedarf, also ohne dieses Gewässer der Genossenschaftszweck in Frage gestellt ist. Dies wird z. B. der Fall sein, wenn das Fischgewässer des Widersprechenden inmitten der sonstigen Genossenschaftsgewässer liegt. In solchem Falle kann der Regierungspräsident auf Grund eines nach § 80 Abs. 2 ergangenen rechtskräftigen Beschlusses des Bezirksausschusses die Zugehörigkeit des Widersprechenden zur Genossenschaft aussprechen. Dadurch wird dieser dann Mitglied mit allen Rechten und Pflichten eines solchen. Voraussetzung ist aber, daß die Mehrheit der F.-Berechtigten der Genossenschaftsbildung zugestimmt hat (Anm. 2).

[1]) Der § 67 sieht auch für Wirtschaftsgenossenschaften die Möglichkeit der Bildung einer reinen Zwangsgenossenschaft vor. Unter den angegebenen Voraussetzungen (Anm. 2) kann wie bei der Schutzgenossenschaft die Bildung durch den Regierungspräsidenten wie bei einer Schutzgenossenschaft (siehe Anm. zu § 65) verfügt werden, nachdem der Versuch einer freiwilligen Gründung durch das ablehnende Verhalten der Mehrheit vergeblich gewesen ist. Außer den wirtschaftlichen Verhältnissen der Allgemeinheit muß in diesem Falle noch die Bildung der Genossenschaft im Interesse auch mindestens eines beteiligten F.-Berechtigten liegen. Deshalb kann die zwangsweise Bildung einer Wirtschaftsgenossenschaft nicht unter allen Umständen wie bei der Schutzgenossenschaft von Amts wegen verfügt werden. Mindestens ein beteiligter F.-Berechtigter muß die Bildung der Genossenschaft wünschen.

zelnen Berechtigten mit einer wirtschaftlichen Fischereinutzung der Gewässer im ganzen unvereinbar ist,[2]) doch muß wenigstens ein Berechtigter mit der Bildung einverstanden sein.[3])

§ 68. Nachteile, die Fischereiberechtigten durch ihre Einbeziehung in die Wirtschaftsgenossenschaft entstehen, sind durch entsprechende Verteilung der Nutzungen und Lasten auszugleichen (§ 43 Abs. 1 Nr. 5).*)

Dritter Titel. Verfahren zur Bildung von Genossenschaften.

§ 69. [1] Das Verfahren zur Bildung einer Genossenschaft leitet der Regierungspräsident. Liegt das Fischereigebiet in mehreren Regierungsbezirken, so bestimmt den Regierungspräsidenten endgültig der Oberpräsident und, wenn mehrere Provinzen beteiligt sind, der zuständige Minister.**)

---

[2]) Voraussetzung der Bildung der Zwangswirtschaftsgenossenschaft ist die Unwirtschaftlichkeit der Einzelbetriebe der in Frage kommenden F.-Berechtigten gegenüber einem einheitlichen Gesamtbetrieb und die Möglichkeit ihrer allgemeinen Verbesserung nur durch den gemeinsamen Zusammenschluß. Die völlige fischereiwirtschaftliche Ausnutzung der in Betracht kommenden Gewässer muß durch die Einzelbetriebe gehindert sein. Es wird sich hier deshalb um F.-Berechtigungen handeln, die nach ihrer örtlichen Lage, ihrem geringen Umfange, der großen Anzahl der Berechtigten oder aus andern Gründen die allgemeine Vollausnutzung der gesamten Wasserfläche durch ihre Einzelbetriebe nicht ermöglichen lassen und durch deren Zusammenfassung allgemeiner fischwirtschaftlicher Vorteil erzielt wird.

*) Diese Vorschrift soll tunlichst verhindern, daß einzelne Genossen durch ihren freiwilligen oder erzwungenen Beitritt zu einer Wirtschaftsgenossenschaft auf Kosten andrer Genossen oder der Allgemeinheit benachteiligt werden. Der Ausgleich soll in den Satzungen durch eine etwaige Nachteile berücksichtigende Minderung der Lasten oder durch eine Erhöhung des Anteils an den Nutzungen für den Benachteiligten herbeigeführt werden. Für die Schutzgenossenschaften ist ein solcher Ausgleich nicht vorgesehen, weil durch ihre Natur eine erhebliche Benachteiligung einzelner Mitglieder gegenüber anderen selten vorkommen wird.

**) Die die Bildung einer Genossenschaft einleitende und betreibende Behörde ist der Regierungspräsident, der nach freiem

II Das Verfahren kann von Amts wegen oder auf Antrag eingeleitet werden.

§ 70. I Ist der Antrag auf Einleitung des Verfahrens offenbar unzulässig, undurchführbar oder unzweckmäßig, so kann er ohne weiteres durch einen Bescheid zurückgewiesen werden, der mit Gründen zu versehen ist.[1])

II Andernfalls ernennt der Regierungspräsident einen Kommissar zur Verhandlung mit den Beteiligten. Dasselbe geschieht, wenn das Verfahren von Amts wegen eingeleitet werden soll.[2])

III Der Kommissar entwirft die Satzung und beruft eine Versammlung der Berechtigten ein, in der über Bildung der Genossenschaft verhandelt wird. Die Ladung muß angeben, ob Beteiligte zwangsweise nach § 66 oder § 67 herangezogen werden sollen. Auch die Pächter der in die Genossenschaft einzubeziehenden Fischgewässer sollen zu der Versammlung geladen und über die Genossenschaftsbildung gehört werden.[2])

Ermessen vorgeht. Er kann von Amts wegen das Bildungsverfahren einleiten oder durch Anträge der F.-Behörde oder Beteiligter dazu veranlaßt werden. In seinem Zweckmäßigkeitsermessen liegt es auch, welche Art von Genossenschaft gebildet werden soll. Zuständig ist derjenige Regierungspräsident, in dessen Bezirk die betreffenden Fischgewässer liegen. Bei solchen in verschiedenen Regierungsbezirken oder Provinzen bestimmt der Oberpräsident oder der Landw. Minister den zuständigen Regierungspräsidenten. Mit dem Erlaß oder der Genehmigung der Satzungen ist seine Tätigkeit beendet (§ 80 Abs. 5).

[1]) Gegen die abweichende Entscheidung ist die Beschwerde im Aufsichtswege, also an den Oberpräsidenten gegeben.

[2]) Mit der Ernennung des Kommissars beginnt in jedem Falle das Verfahren zur Bildung der Genossenschaft. Als Beauftragter des Regierungspräsidenten betreibt er nunmehr das Verfahren. Dabei ist er an etwaige Weisungen des Regierungspräsidenten gebunden.

[3]) Die Ladungen zu der entscheidenden Versammlung sollen den oben angegebenen Inhalt haben, damit ein jeder Beteiligte, zu denen auch die F.-Pächter gerechnet werden, von vornherein über die Rechtslage klar ist. Wer trotz ordnungsmäßiger Ladung nicht erscheint oder nicht abstimmt, gilt als der Mehrheit der abgegebenen Stimmen zustimmend (§ 79 Abs. 3). Die

§ 71. I Wird gegen die Bildung einer Wirtschaftsgenossenschaft Widerspruch erhoben und liegt die Voraussetzung des § 66 Abs. 1 vor, so ist über die Bildung der Genossenschaft nach der Kopfzahl abzustimmen.*)

II Stimmt zwar die Mehrheit nach der Kopfzahl dagegen, haben aber die dafür stimmenden Berechtigten die Mehrheit nach dem Werte der Berechtigungen, so ist die Bildung der Genossenschaft beschlossen. Im Zweifel beschließt über den Wert der einzelnen Berechtigungen der Kreis- (Stadt-) Ausschuß.

§ 72. I Wird die Bildung der Genossenschaft beschlossen (§§ 70, 71), so läßt der Kommissar über die Satzung und alle anderen Punkte beschließen, bei denen er es für erforderlich hält. Dazu können die Berechtigten Bevollmächtigte wählen.[1])

F.-Pächter sollen mitgeladen werden, trotzdem sie nicht Mitglieder werden und daher auch nicht mitstimmen können, weil sie in bezug auf die Beurteilung der F.-Interessen meist sachverständiger als die F.-Berechtigten sind und deshalb gehört werden sollen. Mittelbar sind sie zudem durch das Zustandekommen der Genossenschaft berührt (§§ 61 bis 84).

*) Grundsätzlich erfolgen die Abstimmungen vor der vollzogenen Bildung der Genossenschaft nach dem Wert der F.-Berechtigungen der Erschienenen (§ 72 Abs. 3). Der § 71 setzt zur Erleichterung der Bildung der freiwilligen Wirtschaftsgenossenschaft (§ 66) eine Ausnahme fest. Es soll in diesem Falle zunächst die Gründung nach der Kopfmehrzahl versucht werden, wodurch die kleineren F.-Berechtigten mehr Einfluß haben. Erst wenn dies nicht gelingt, soll noch die Gründung nach dem Wert der einzubeziehenden Berechtigungen ermöglicht sein, damit die Hauptbeteiligten nicht durch eine im Wert ihrer F.-Berechtigungen erhebliche Minderheit von der Genossenschaftsbildung Abstand zu nehmen gezwungen werden können.

[1]) Für die Verhandlungen und Beschlüsse über die Satzungen kann die Versammlung, nicht die einzelnen Berechtigten, nachdem die Bildung der Genossenschaft selbst beschlossen ist, Personen wählen, welche für alle Berechtigten dabei abzustimmen haben. Es kann also, wenn die Satzungen nicht gleich in der ersten Versammlung beschlossen werden, für das weitere Bildungsverfahren ein Ausschuß eingesetzt werden, wie er für die zustande gekommene Genossenschaft an Stelle ihrer Mitgliederversammlung vorgesehen ist (§ 41[1] Abs. 4).

II Im Falle des § 71 können die Widersprechenden verlangen, daß die Zustimmenden und die Widersprechenden getrennt Bevollmächtigte wählen, deren Zahl annähernd dem Verhältnis der für und gegen die Genossenschaftsbildung abgegebenen Stimmen entsprechen muß.[2]) Die Zahl der Bevollmächtigten bestimmt der Kommissar.

III Zu allen diesen Beschlüssen, mit Ausnahme des Beschlusses nach § 54 Abs. 3, genügt die Mehrheit der im Verhandlungstermin erschienenen Berechtigten oder Bevollmächtigten nach dem Werte der Fischereiberechtigungen.[3])

§ **73.** Steht ein Fischereirecht mehreren Personen gemeinschaftlich zu, so gilt ihre Stimme in dem Sinn abgegeben, wie die Mehrheit der im Verhandlungstermin erschienenen Mitberechtigten, berechnet nach der Kopfzahl, im Falle des § 71 Abs. 2 nach dem Wert ihrer Anteile, gestimmt hat.*)

---

[2]) Bei der beschlossenen Bildung einer freiwilligen Wirtschaftsgenossenschaft soll durch die Bestimmung des Abs. 2 dafür gesorgt werden, daß in den Ausschuß einige Bevollmächtigte auch aus der Minderheit der Widersprechenden gelangen, um darin auch deren Ansichten zur Geltung kommen zu lassen.

[3]) Alle Abstimmungen vor der endgültigen Bildung der Genossenschaft erfolgen grundsätzlich nach dem Werte der F.-Berechtigung, welche die einzelnen Beteiligten vertreten. Ausnahmen hiervon müssen im Gesetz ausgesprochen sein, z. B. § 70. Maßgebend für die Entscheidung ist die absolute Mehrheit der durch Anwesende, und zwar auch durch Bevollmächtigte, vertretenen Berechtigungen. Nach der abgeschlossenen Gründung stimmen die Mitglieder nach dem Verhältnis ihrer Teilnahme an den Genossenschaftslasten, wie sie durch die Satzungen festgelegt sind (§ 54).

*) Beim Vorhandensein mehrerer Mitberechtigter an ein und demselben F.-Recht ist erst unter den von ihnen Erschienenen nach Köpfen abzustimmen und die Mehrheit dabei für die Abgabe der Stimmen in der Hauptabstimmung maßgebend. Wird bei der danach mißlungenen Bildung der Wirtschaftsgenossenschaft deren Zustandekommen nach dem Wert der F.-Berechtigungen versucht (Anm. zu § 71), so stimmen die Mitberechtigten untereinander vorher nach dem Wert ihrer Anteile an dem F.-Recht ab.

§ **74.** Ergeben sich Zweifel über Bestehen oder Umfang eines Fischereirechts, so beschließt auf Antrag eines Beteiligten oder des Kommissars der Kreis- (Stadt-) Ausschuß[1]) endgültig darüber, wer im Verfahren als Berechtigter zuzuziehen oder in welchem Umfange das Fischereirecht im Verfahren zu berücksichtigen ist.[2])

§ **75.** I Wird gegen die Bildung einer Schutzgenossenschaft Widerspruch erhoben, so hat der Kommissar die Berechtigten über die Satzung zu hören.*)

II Ebenso verfährt er, wenn gegen die Bildung einer Wirtschaftsgenossenschaft Widerspruch erhoben wird und die Voraussetzung des § 67 vorliegt.

§ **76.** Die nach §§ 70 bis 75 erforderlichen Verhandlungen können in einem Termine vereinigt werden.

§ **77.** I Der Kommissar leitet die Verhandlungen. Er kann gegen Beteiligte, Sachverständige oder andere Personen, die sich einer Ungebühr schuldig machen, vorbehaltlich strafgerichtlicher Verfolgung, eine Ordnungsstrafe bis zu zwanzig Mark festsetzen.

II Über Beschwerden gegen Ordnungsstrafen beschließt der Bezirksausschuß endgültig. Im übrigen beschließt der Regierungspräsident endgültig über Beschwerden, welche die Leitung des Verfahrens durch den Kommissar betreffen. Die Beschwerdefrist beträgt zwei Wochen.

§ **78.** Über die Verhandlungen mit den Beteiligten und ihren Bevollmächtigten ist eine Niederschrift aufzunehmen. In diese muß auch die Festsetzung der Ordnungsstrafe (§ 77) und die Veranlassung dazu aufge-

---

1) Siehe Anm. 8 zu § 29.

2) Die Entscheidung des Kreis- (Stadt-) Ausschusses ist nur eine vorläufige, die für das Bildungsverfahren bis zu dessen Abschluß maßgebend ist. Eine spätere anderweitige richterliche Entscheidung über den Inhaber oder über den Umfang des F.-Rechts ist für die Genossenschaft dann die künftig bindende. Ein Rechtsmittel gegen die Entscheidung ist ausgeschlossen.

*) Die obige Vorschrift soll die Ansicht auch der Widersprechenden bei der Aufstellung der Satzungen zur Geltung bringen.

nommen werden. Die Niederschrift ist vom Kommissar, dem etwa zugezogenen Schriftführer und, wenn Sachverständige vernommen sind, auch von diesen zu unterschreiben. Sind Bevollmächtigte gewählt, so sollen auch sie unterschreiben.

§ 79. I Zu den Verhandlungen sind die dabei Beteiligten spätestens eine Woche, in dringenden Fällen spätestens drei Tage vorher zu laden. In der Ladung sind die Verhandlungsgegenstände anzugeben.[1])

II Bei Beschlußfassung über die Satzung ist der Entwurf acht Tage vorher offenzulegen und in der Ladung Ort und Zeit der Offenlegung mitzuteilen.

III Die Ladung enthält die Androhung, daß, wer nicht erscheint oder nicht abstimmt, als dem zustimmend gilt, wofür die Mehrheit der Stimmen abgegeben wird.

IV Im übrigen gelten für das Verfahren entsprechend die §§ 264 bis 269 des Wassergesetzes.[2])

§ 80. I Ist gegen die Bildung einer Schutzgenossenschaft Widerspruch erhoben (§ 75), so beschließt nach Abschluß der Verhandlungen der Bezirksausschuß, soweit darüber Streit ist, ob die Voraussetzungen des § 36 Abs. 1 Nr. 1 gegeben sind.

II Hat die Mehrheit der Beteiligten die Bildung einer Wirtschaftsgenossenschaft beschlossen (§ 66 Abs. 1), so beschließt der Bezirksausschuß, ob die Voraussetzungen für den Beitrittszwang (§ 66 Abs. 2) vorliegen.

III Hat die Mehrheit der Beteiligten die Bildung einer Wirtschaftsgenossenschaft abgelehnt, so beschließt der Bezirksausschuß, soweit darüber Streit besteht, ob

---

[1]) Die vorherige Bekanntgebung dessen, worum es sich handelt, die Innehaltung bestimmter Ladungsfristen, die Androhung der Rechtsfolgen des Nichterscheinens usw. sollen die Beteiligten in den Stand setzen, sich über die folgenschweren Wirkungen der Ladung gründlich zu unterrichten und alsdann dazu Stellung zu nehmen. Ein Verstoß gegen die Vorschriften des § 79 muß vor der Genehmigung oder vor dem Erlaß der Satzungen gerügt werden (§ 38).

[2]) Abgedruckt im Anhang unter 1. Sie betreffen lediglich das Zustellungsverfahren der Ladungen.

die Voraussetzungen zur Bildung einer Zwangsgenossenschaft (§ 67) vorliegen.

IV Gegen den Beschluß des Bezirksausschusses in den Fällen der Abs. 1 bis 3 steht auch dem Regierungspräsidenten die Beschwerde zu (§ 122).[1])

V Die Satzung bedarf der Genehmigung des Regierungspräsidenten. In den Fällen der Abs. 1, 3 wird sie von ihm erlassen.[2])

VI Die Satzung ist auf Kosten der Genossenschaft in den Amtsblättern der beteiligten Regierungsbezirke bekannt zu machen. Die Veröffentlichung kann auf den Tag ihrer Vollziehung und die Festsetzungen nach § 43 Nr. 1, 2, 8, 9, 10, 11 beschränkt werden.

§ 81. I Alle Verhandlungen und Geschäfte im Verfahren, auch die vor Gerichten und anderen Behörden, namentlich auch die Anfertigung und Beglaubigung

---

[1]) Der § 80 trifft Vorsorge, daß niemand ohne Vorliegen der gesetzlichen Voraussetzungen zwangsweise in eine Genossenschaft einbezogen werden kann. Überall wo ein Beitritts zwang in Frage kommt, hat deshalb der Bezirksausschuß erforderlichenfalls, und zwar unter Zuziehung eines F.-Sachverständigen (§ 121), die rechtlichen und tatsächlichen Verhältnisse daraufhin zu prüfen, ob die im FG. aufgestellten Voraussetzungen für eine Zwangsgenossenschaft wirklich vorliegen. Ein dahingehender Beschluß hat bei der freiwilligen Wirtschaftsgenossenschaft zu erfolgen, sobald ein Zwangsbeitritt in Frage kommen kann (§ 66 Abs. 2) in den andern Fällen, sobald ein Streit eine Entscheidung erfordert. Gegen die Entscheidung ist jeder Partei, auch dem Regierungspräsidenten, die Beschwerde an das Landeswasseramt gegeben.

[2]) Außer der Feststellung durch den Bezirksausschuß und auf Beschwerde auch durch das Landeswasseramt über das Vorliegen der gesetzlichen Voraussetzungen (Anm. 1) ist zur Bildung der Genossenschaft noch die Genehmigung ihrer Satzungen durch den Regierungspräsidenten erforderlich. Mit dem Ausspruch dieser Genehmigung, bei Widerspruch gegen die Schutzgenossenschaft und bei Ablehnung der Wirtschaftsgenossenschaft seitens der Mehrheit mit dem Erlaß der Satzungen durch den Regierungspräsidenten wird das Bildungsverfahren abgeschlossen und die Genossenschaft tritt damit in das Leben (§ 37). Die im Abs. 6 angeordnete Veröffentlichung der Satzungen ist auf die Bildung der Genossenschaft rechtlich nicht mehr von Einfluß.

von Kataster- und Grundbuchauszügen sind gebühren- und stempelfrei.

II Bare Auslagen, die durch zurückgewiesene oder zurückgenommene Anträge oder Einwendungen entstehen, können dem Antragsteller oder dem, der die Einwendungen erhoben hat, auferlegt werden. Von den anderen baren Auslagen trägt die Staatskasse die Reisekosten, Reisezulagen und Tagegelder der im Verfahren mitwirkenden Staatsbeamten, die übrigen die Genossenschaft.

Vierter Titel. Änderung der Satzung.

§ **82.** I Eine Änderung der Satzung, durch die für für die Teilnahme an den Nutzungen oder Lasten oder für das Stimmverhältnis ein anderer Maßstab eingeführt werden soll, als im § 54 bestimmt ist, bedarf eines einstimmigen Beschlusses der Mitgliederversammlung.*)

II Dasselbe gilt von einer Satzungsänderung, durch die eine Schutzgenossenschaft in eine Wirtschaftsgenossenschaft umgewandelt werden soll, es sei denn, daß die Voraussetzung des § 67 oder des § 66 Abs. 1 und zu-

---

*) Zur Änderung der Satzungen genügt grundsätzlich die einfache Mehrheit der in der Versammlung Erschienenen bzw. des gewählten Ausschusses (§ 41 Abs. 4), wobei das durch die Satzungen festgelegte Stimmverhältnis maßgebend ist (§ 54 Abs. 2). Einstimmigkeit der Erschienenen ist ausnahmsweise erforderlich bei Abänderung der ursprünglichen Lasten- bzw. Nutzungenverteilung und des Stimmverhältnisses (Abs. 1) sowie beim Übergang von der Schutz- in eine Wirtschaftsgenossenschaft (Abs. 2). Wer trotz ordnungsmäßiger Ladung (§ 43 Ziff. 8) nicht erscheint, gilt als zustimmend, rechnet aber bei der Abstimmung nicht mit. Soll dabei ein Beitrittszwang erfolgen, so genügt, um dem Widerspruch der zu zwingenden Mitglieder überhaupt entgegentreten zu können, Stimmenmehrheit sowohl nach Kopfzahl als auch nach dem Wert der von den Erschienenen vertretenen F.-Berechtigungen. Jede Satzungsänderung muß vom Regierungspräsidenten genehmigt werden und tritt erst dadurch in Wirksamkeit (§ 83). Ein etwaiger Ausschuß kann in den Fällen des § 82 nicht wie sonst die Mitgliederversammlung ersetzen (§ 41 Abs. 4).

gleich hinsichtlich aller widersprechenden Genossen auch die des § 66 Abs. 2 vorliegt. In diesem Falle genügt ein Mehrheitsbeschluß der Mitgliederversammlung, berechnet nach der Zahl der Mitglieder und dem Wert ihrer Berechtigungen.

III Andere Satzungsänderungen kann, wenn die Satzung nichts anderes bestimmt, die Mitgliederversammlung (der Ausschuß) mit Stimmenmehrheit beschließen.

§ 83. I Änderungen der Satzungen bedürfen der Genehmigung des Regierungspräsidenten.

II Die genehmigten Änderungen sind nach § 80 Abs. 6 bekannt zu machen.

Fünfter Titel. Auflösung und Liquidation von Genossenschaften.

§ 84. I Der Regierungspräsident kann die Genossenschaft auflösen:[1])

1. wenn es die Mitgliederversammlung mit einer Mehrheit von zwei Dritteln der Stimmen beschließt;[2])

---

[1]) Beim Vorliegen der unter Ziff. 1 und 2 genannten Voraussetzungen ist der Regierungspräsident zur Auflösung der Genossenschaft berechtigt, aber nicht verpflichtet. Gegen die nach seinem Ermessen ergehende Entscheidung gibt es kein Rechtsmittel. Mit der Zustellung der Auflösungsverfügung an den Vorstand tritt die Auflösung in Kraft und ist zu veröffentlichen. Ihr folgt die Liquidation der Genossenschaft, d. h. von den dazu bestellten Personen sind die laufenden Geschäfte zu beendigen, die Forderungen einzuziehen, das Vermögen zu versilbern, die Gläubiger zu befriedigen und etwaige Überschüsse als letzte Nutzungen zu verteilen. Die Bücher usw. der Genossenschaft sind nach Beendigung des Liquidationsverfahrens der Aufsichtsbehörde in Verwahrung zu geben (Abs. 2).

[2]) Zur Beschlußfassung über die Auflösung sind $^2/_3$ der satzungsgemäßen Stimmen erforderlich. Doch rechnen nur die Stimmen der erschienenen oder durch Bevollmächtigte vertretenen Mitglieder, nicht die Gesamtheit der in der Genossenschaft vorhandenen Stimmen. Der etwa bestehende Ausschuß tritt hierbei nicht wie sonst an die Stelle der Mitgliederversammlung (§ 41 Abs. 4).

2. auf Antrag eines Mitgliedes, wenn die Genossenschaft nur noch aus zwei Mitgliedern besteht.[3])

II Im übrigen gelten für Auflösung und Liquidation entsprechend die §§ 279 bis 282 des Wassergesetzes.[4])

Sechster Titel. Genossenschaften, die vor dem Inkrafttreten dieses Gesetzes begründet sind.

§ 85. I Die Vorschriften dieses Gesetzes gelten auch für die Fischereigenossenschaften, die bei seinem Inkrafttreten bestehen.*)

II Doch bleiben abweichende Bestimmungen der bisherigen Satzungen über Zuständigkeit der Schiedsgerichte (§ 44, § 55 Abs. 2 Satz 2) in Kraft, ebenso sonstige abweichende Bestimmungen so weit, als die Vorschriften

---

3) Zur Bildung einer Genossenschaft genügen zwei Mitglieder (Drucks. 725 A S. 234). Zur Auflösung dieser von Anfang an nur aus zwei Mitgliedern bestehenden Genossenschaft kommt nur Ziff. 1 in Frage. Die Ziff. 2 setzt voraus, daß die aufzulösende Genossenschaft anfänglich aus mehr als zwei Mitgliedern bestand und nur soweit zurückgegangen ist. In diesem Fall genügt der Antrag des einen Mitglieds, selbst wenn es gegen das andre bedeutend weniger Stimmen hat (siehe § 54 Abs. 2). Jedoch kann ein solches Stimmverhältnis für den Regierungspräsidenten ein Grund sein, unter Ablehnung des Antrags die Auflösung nicht auszusprechen (Anm. 1).

4) Abgedruckt im Anhang unter 1.

*) Wie gewöhnlich alle Gesetze hat auch das FG. rückwirkende Kraft nur in denjenigen Bestimmungen, welchen ausdrücklich eine solche beigelegt ist wie z. B. im § 32. Solche legt sie durch § 85 den gesamten Vorschriften des vierten Abschnittes dadurch bei, daß sie alle diese auch auf die schon unter dem früheren FG. entstandenen F.-Genossenschaften für anwendbar erklärt. Unter anderm müssen deswegen auch die Satzungen jener früheren Genossenschaften vom Regierungspräsidenten genehmigt und mit den Bestimmungen des neuen FG. in Einklang gebracht werden. Dies braucht nicht zu geschehen hinsichtlich darin vorhandener Vorschriften über die Zuständigkeit von Schiedsgerichten. Ferner nicht mit denjenigen Satzungsbestimmungen, die nicht im Widerspruch mit zwingenden Vorschriften des FG. stehen. Derartige nicht mit dem neuen FG. übereinstimmenden Teile von Satzungen der alten F.-Genossenschaften sind also aufrecht erhalten (Abs. 2).

dieses Gesetzes durch die Satzung geändert werden können oder auf sie verweisen.

Fünfter Abschnitt. Fischereibezirke.*)

§ 86. Fischereirechte in offenen Gewässern[1]) können, wenn ihr geringer Umfang der Erhaltung oder Vermehrung des Fischbestandes oder einer vollen wirtschaftlichen Ausnutzung des Gewässers hinderlich ist und ein genossenschaftlicher Zusammenschluß unausführbar erscheint oder nicht den gleichen wirtschaftlichen Erfolg in

*) Dem bisherigen FG. waren F.-Bezirke fremd. Nur in Westfalen, Rheinprovinz, Hannover und im Regierungsbezirk Kassel bestanden solche bereits auf Grund der im § 133 unter Ziff. 10 bis 13 als aufgehoben angeführten Provinzialgesetze. Die dortigen bisherigen F.-Bezirke sind durch § 131 ausdrücklich aufrecht erhalten mit den dort und für die Rheinprovinz im § 87 Abs. 1 erwähnten Abweichungen vom neuen FG. Im Interesse der Fischerei sucht das FG. für kleinere Fischreviere eine gemeinsame Fischwirtschaft wenn irgend möglich zu erreichen. Zu diesem Zwecke strebt es in erster Linie die Bildung von Genossenschaften an (§§ 36 ff.). Für die Fälle, in welchen deren Bildung nicht ausführbar oder z. B. wegen zu groß oder zu gering erscheinender Anzahl der Beteiligten unzweckmäßig ist, sieht es unter Nachbildung der von der JO. für Preußen geschaffenen Jagdbezirke die Schaffung von F.-Bezirken vor. Ebenso wie bei der Jagd werden gemeinschaftliche (§ 86) und selbständige Bezirke (§ 89) unterschieden. Beide Arten von F.-Bezirken können ihrerseits wieder Mitglieder einer F.-Genossenschaft sein (§ 36 Abs. 2). Im gemeinschaftlichen F.-Bezirk wird die Fischerei auf allen dazu gehörigen Gewässern einheitlich durch den Vorsteher verwaltet, ohne daß wie bei der Genossenschaft eine juristische Person entsteht (§ 87). Die beteiligten F.-Berechtigten dürfen ihr F.-Recht nicht selbst ausüben. In den selbständigen F.-Bezirken, für die ein Mindestumfang vorgeschrieben ist (§ 89), übt der Berechtigte das F.-Recht weiter aus und erhält ein Anrecht auf Anpachtung angrenzender Fischgewässer (§ 91).

[1]) Sowohl die gemeinschaftlichen als auch die selbständigen F.-Bezirke sind nur für offene Gewässer vorgesehen, ein geschlossenes Gewässer kann zwangsweise mithin nicht in einen Bezirk einbegriffen werden. Jedoch steht dem freiwilligen Anschluß nichts entgegen.

Aussicht stellt,[2]) auf Antrag der Fischereibehörde oder eines Beteiligten durch Beschluß des Bezirksausschusses in der Weise vereinigt werden,[3]) daß aus zusammenhängenden Gewässerstrecken ein gemeinschaftlicher Fischereibezirk gebildet wird.[2]) Vorher ist den Beteiligten

[2]) Voraussetzung für die Bildung eines gemeinschaftlichen F.-Bezirks ist a) eine Mehrzahl von F.-Rechten, von denen jedes einzelne zu einer ordnungsmäßigen, nachhaltigen und voll ausnutzenden Fischbewirtschaftung wegen seines geringen Umfangs ungeeignet ist. Dabei ist es unwesentlich, ob diese Ungeeignetheit auf eine zu geringe Größe oder Ergiebigkeit des Gewässers oder auf einen zu geringen Inhalt des F.-Rechts oder sonstwie zurückzuführen ist. Deshalb kann auch aus einer Koppel-F., sobald sehr viele Berechtigte vorhanden sind, allein ein gemeinschaftlicher F.-Bezirk gebildet (Drucks. 725 A S. 278) und sie auch mit andern F.-Rechten zu einem solchen vereinigt werden. b) Die Bildung einer Genossenschaft aus den für den F.-Bezirk in Betracht kommenden F.-Berechtigten muß schlecht ausführbar oder unzweckmäßig sein. Daraus geht hervor, daß zunächst die Bildung einer Genossenschaft nach §§ 36 ff. unter den nach a in Betracht kommenden F.-Berechtigten ins Auge gefaßt und geprüft werden muß. Die Bildung von gemeinschaftlichen F.-Bezirken soll also nur als Aushilfe erfolgen. c) Die fraglichen Gewässer müssen zusammenhängen. Sie müssen also fischwirtschaftlich zu einem einheitlichen Ganzen gemacht werden können, wenn sie auch verschiedenen Wasserläufen angehören. Daß sie dazu in ein und derselben Gemeinde oder im gleichen Kreise usw. liegen, ist nicht erforderlich. Die F.-Berechtigungen einer Gemeinde sollen aber tunlichst sämtlich zu einem F.-Bezirk vereinigt werden. Liegen sie nicht zusammen, so können mehrere Bezirke und aus diesen wieder eine Genossenschaft (§ 36 Abs. 2) gebildet werden.

[3]) Abweichend von den Jagdbezirken entstehen die F.-Bezirke nicht ohne weiteres von Gesetzes wegen, sondern weil es sich bei der Fischerei um Vermögenswerte von größerer Wichtigkeit für den einzelnen als bei der Jagd handelt, erst durch den Ausspruch des Bezirksausschusses. Dieser beschließt nicht von Amts wegen, sondern nur auf Antrag. Zu letzterem ist die F.-Behörde (§ 119 Abs. 3), wenn sie die Bildung eines gemeinschaftlichen F.-Bezirks für zweckmäßig erachtet, und jeder beteiligte F.-Berechtigte sowie auch jeder Gewässereigentümer befugt. Der Bezirksausschuß hat die Bildung zu beschließen, sobald er die gesetzlichen Voraussetzungen dafür (Anm. 2) für gegeben erachtet. Mit der Rechtskraft des Beschlusses, gegen welchen jedem Beteiligten die Beschwerde an das Landeswasseramt binnen 2 Wochen zusteht (§ 122), gilt der Bezirk als gebildet

Gelegenheit zur Äußerung zu geben.[4]) Die §§ 62 bis 64 gelten entsprechend.[5])

§ 87. [1] Die Fischerei in einem gemeinschaftlichen Fischereibezirke verwaltet für Rechnung der Beteiligten der Gemeinde- (Guts-) Vorsteher. Die Kassengeschäfte führt die Gemeinde- (Guts-) Kasse.[1]) Erstreckt sich der

---

und das F.-Ausübungsrecht auf jedem im Beschluß genannten Gewässer geht von diesem Zeitpunkt ab auf den Vorsteher des F.-Bezirks über.

[4]) Zu den Beteiligten gehören alle an der Bildung des F.-Bezirks irgendwie interessierten Personen. Außer den F.-Berechtigten selbst auch die Gewässereigentümer und etwaige F.-Pächter sowie stets die F.-Behörde. Das Verfahren ist so gedacht, daß ein Termin zur Anhörung der Beteiligten angesetzt werden soll und daß derjenige, welcher in diesem nicht erscheint, als gehört gilt (Drucks. Nr. 725 A S. 281).

[5]) Der Schlußsatz berücksichtigt den Fall, daß ein verpachtetes Fischgewässer in einen gemeinschaftlichen F.-Bezirk einbezogen wird. Alsdann sollen die Bestimmungen, welche für den Fall der Einbeziehung eines Pachtgewässers in eine Wirtschaftsgenossenschaft gegeben sind, entsprechende Anwendung finden. Der Pächter soll alsdann die Pacht insoweit fortsetzen dürfen, als er unter Verlust des F.-Ausübungsrechts an Stelle des Verpächters an den Nutzungen und Lasten des gemeinschaftlichen F.-Bezirks teilnimmt, aber auch das Recht haben, das Pachtverhältnis jederzeit und sofort durch Kündigung aufzuheben. Ein Entschädigungsanspruch steht ihm in jedem Falle nur gegen einen gemeinschaftlichen F.-Bezirk und nur dann zu, wenn der Pachtvertrag vor Inkrafttreten des FG. geschlossen war (§§ 62 bis 64).

[1]) Mit der Bildung des gemeinschaftlichen F.-Bezirks geht das F.-Ausübungsrecht auf den Bezirk an sich über und wird in dessen Namen und für Rechnung der ihm angeschlossenen F.-Berechtigten, welche an sich ihre F.-Berechtigung behalten, durch den Vorsteher gehandhabt. Grundsätzlich ist dies der Vorsteher der Gemeinde, in dessen Bezirk die betreffenden Gewässer liegen, oder bei mehreren Gemeinden der aus den in Betracht kommenden Vorstehern im Aufsichtswege bestimmte. Der jeweilige Gemeindevorsteher ist also ohne weiteres auch Vorsteher des gemeinschaftlichen F.-Bezirks, solange nicht nach Abs. 2 die Wahl eines besonderen F.-Vorstehers erfolgt ist oder unter mehreren einer bestellt werden muß. (Siehe auch Anm. 3.) Er nutzt die Fischerei nach seinem Ermessen. Er kann sie verpachten, durch angestellte Fischer ausüben und auch Erlaubnisscheine ausstellen. Über etwaige

Fischereibezirk auf mehrere Gemeinde- (Guts-) Bezirke, so bestimmt die Gemeindeaufsichtsbehörde[2]) den Gemeinde- (Guts-) Vorsteher, dem die Verwaltung obliegt. In der Rheinprovinz kann die Gemeindeaufsichtsbehörde[2]) die Verwaltung des Fischereibezirks, wenn er mehrere Gemeindebezirke umfaßt, dem Bürgermeister übertragen; Satz 3 gilt sinngemäß.[3])

II Der Kreisausschuß, in Stadtkreisen[4]) der Bezirksausschuß, kann beschließen, daß an Stelle des Gemeinde- (Guts-) Vorstehers (Bürgermeisters) ein Fischereivorsteher tritt, den die Mehrheit der Beteiligten, berechnet nach dem Wert ihrer Fischereirechte, gewählt hat. Die näheren Bestimmungen trifft der Kreis- (Bezirks-) Ausschuß.[5])

Beschwerden gegen seine Amtsführung siehe Anm. 7. Der gemeinschaftliche F.-Bezirk kann ferner in eine F.-Genossenschaft wie jeder einzelne F.-Berechtigte einbezogen werden (§ 36 Abs. 3). Alsdann geht vom Vorsteher die Bezirksverwaltung auf den Genossenschaftsvorstand über. (Im übrigen siehe für diesen Fall Anm. 9 zu § 36.) Besteht eine besondere Gemeinde**kassen**führung, so sind deren Beamte zu den Kassengeschäften des F.-Bezirks ebenso verpflichtet wie der Gemeindevorsteher zur Übernahme des Vorstandspostens. Wegen des Anspruchs auf Vergütung siehe Anm. 8.

[2]) Nach den Vorschriften des LVG. ist in Landkreisen der Landrat, in Stadtkreisen (Anm. 4) der Regierungspräsident die sog. Kommunalaufsichtsbehörde. Ihre Anordnungen unterliegen der Beschwerde an den Regierungspräsidenten bzw. den Oberpräsidenten. Im Oberaufsichtswege entscheidet der Landwirtschaftminister.

[3]) Die Bestellung des Bürgermeisters an Stelle eines Gemeindevorstehers, wenn mehrere politische Bezirke der **Rheinprovinz** in Betracht kommen, will die bestehenden besonderen Verhältnisse dieser Provinz berücksichtigen. Auch in der Rheinprovinz kann an Stelle des Bürgermeisters ein nach Abs. 2 gewählter F.-Vorsteher treten.

[4]) Siehe Anm. 8 zu § 29.

[5]) Weil zu befürchten steht, daß mancher Gemeindevorsteher oder in der Rheinprovinz Bürgermeister der Verwaltung des gemeinschaftlichen F.-Bezirks nicht genügend Interesse und Sachkenntnis entgegenbringt, es sich aber oft im Gegensatz zu der Jagd für einzelne Berechtigte um sehr wesentliche Vermögensobjekte handelt, ist die Möglichkeit vorgesehen, daß in geeignet erscheinenden Fällen die beteiligten F.-Berechtigten

III In der Verwaltung nach Abs. 1 vertritt der Gemeinde- (Guts-) Vorsteher (Bürgermeister, Fischereivorsteher) den Fischereibezirk gerichtlich und außergerichtlich.[6])

IV Die Aufsicht über die Verwaltung der Fischerei in dem gemeinschaftlichen Fischereibezirke führt die Gemeindeaufsichtsbehörde.[7])

V Für die Verwaltung ist auf Verlangen eine angemessene Vergütung zu gewähren, die der Kreisausschuß, in Stadtkreisen der Bezirksausschuß festsetzt.[8])

VI Nach dem Verhältnis des Wertes der einzelnen Fischereirechte werden alljährlich die Reinerträge ver-

---

sich selbst einen F.-Vorsteher wählen, der alsdann an die Stelle des gesetzlich oder durch die Aufsichtsbehörde berufenen Gemeindevorstehers (oder Bürgermeisters) tritt. Über die Zulassung einer solchen Besetzung des Postens hat auf den Antrag eines Beteiligten der Kreis- bzw. Bezirksausschuß nach seinem Ermessen zu entscheiden und bejahendenfalls die sonstwie dafür erforderlichen Anordnungen zu erlassen. Auf Grund dieser nehmen alsdann die Beteiligten selbst die Wahl vor.

6) Der F.-Bezirk besitzt keine Rechtsfähigkeit und rechnet nicht als juristische Person, damit der Vorsteher in wichtigen Angelegenheiten nicht ohne Genehmigung der Beteiligten, z. B. bei Grundstückskäufen, handeln kann. Da dies zur Folge hat, daß z. B. bei Entschädigung aus dem Uferbetretungsrecht nach § 15 alle Beteiligten verklagt werden müßten, ist dem Vorsteher die Sonderstellung eingeräumt, daß er in allen reinen Verwaltungsangelegenheiten unbeschränkt den Bezirk vertritt. Er ist also rechtlich befugt, namens des F.-Bezirks einen Pachtvertrag abzuschließen, Fischer anzustellen, die erforderlichen Geräte anzuschaffen, das Pachtgeld einzuklagen und wegen Forderungen an den F.-Bezirk als dessen Vertreter verklagt zu werden usw.

7) Bemängelungen der Verwaltungsgeschäfte des Vorstehers können von den Beteiligten im Wege der Beschwerde im Kommunalaufsichtswege erhoben werden. Siehe Anm. 2.

8) Im Gegensatz zu den gemeinschaftlichen Jagdbezirken wird für die Verwaltung der F.-Bezirke allen dabei beteiligten Beamten, wenn sie solche beantragen, ein Anspruch auf eine angemessene Vergütung zugebilligt. Dies ist geschehen, um leichter geeignete Leute zur Übernahme des Gemeindevorsteheramts zu erhalten. Die Höhe der Vergütung wird nach dem Umfang der aufzuwendenden Tätigkeit unter Berücksichtigung des Werts der vereinigten F.-Rechte und unter Würdigung der sonstigen Verhältnisse festzusetzen sein.

teilt und die Zuschüsse umgelegt. Der Plan dafür mit Berechnung der Einnahmen und Ausgaben ist zur Einsicht der Beteiligten zwei Wochen lang auszulegen. Ort und Zeit der Auslegung sind vorher ortsüblich bekannt zu machen. Über Beschwerden gegen den Plan, die binnen zwei Wochen nach Beendigung der Auslegung erhoben werden können, beschließt der Gemeinde- (Guts-) Vorsteher (Bürgermeister, Fischereivorsteher). Gegen seinen Bescheid ist binnen zwei Wochen die Klage im Verwaltungsstreitverfahren beim Kreisausschuß, in Stadtkreisen beim Bezirksausschuß zulässig.[9])

VII Die Zuschüsse können im Verwaltungszwangsverfahren beigetrieben werden. Die Vollstreckungsbehörde wird durch die Gemeindeaufsichtsbehörde bestimmt.[10])

---

[9]) Der Vorsteher hat jährlich den Beteiligten Rechnung zu legen. Zu diesem Zweck hat er die Einnahmen und Ausgaben zusammenzustellen und danach einen Plan über die Verteilung des Überschusses oder des Fehlbetrags aufzustellen. Dieser Plan mit der Übersicht der Einnahmen und Ausgaben ist unter Beifügung der Belege nach ortsüblicher Bekanntmachung des Orts und der Zeit der Einsicht für die Beteiligten 2 Wochen lang auszulegen und, falls keine Beschwerden erhoben werden, alsdann auszuführen. Die etwa von Beteiligten erhobenen Bemängelungen kann der Vorsteher sogleich abstellen. Hält er sie für unbegründet, so hat er sie durch schriftlichen Bescheid zurückzuweisen, worauf dem Beschwerdeführer die Klage im Verwaltungsstreitverfahren zusteht. Ist die zweiwöchige Beschwerdefrist nach Zustellung des Bescheides ohne Klagerhebung verlaufen, so ist der Plan rechtskräftig und auszuführen. Als richtiger Maßstab für die Verteilung der Über- oder Zuschüsse ist der Wert der einzelnen F.-Rechte und nicht die Uferlänge zugrunde gelegt

[10]) Für den Fall, daß die Verwaltungsrechnung mit einem Fehlbetrag abschließt, kann vom Vorsteher der von dem einzelnen Beteiligten nach dem rechtskräftigen Plan zu leistende Zuschuß wie öffentliche Gefälle beigetrieben werden. Er braucht deshalb gegen diesen nicht erst ein Urteil zu erwirken, sondern es genügt sein Auftrag an den Vollziehungsbeamten, den Zuschuß zwangsweise nach Maßgabe der Verordnung betr. das Verwaltungszwangsverfahren vom 15. November 1899 (GS. S. 545) von dem Beteiligten beizutreiben.

§ 88. Beschlüsse nach den §§ 86, 87 können bei einer Veränderung der Verhältnisse in der dort vorgesehenen Weise abgeändert oder aufgehoben werden.*)

§ 89. [1] Erstreckt sich ein Fischereirecht in offenen Gewässern[1]) ununterbrochen auf mindestens zwei Kilometer Uferlänge in der ganzen Breite der Gewässer oder auf einen ganzen See, so kann der Fischereiberechtigte verlangen, daß aus diesen Gewässern ein selbständiger Fischereibezirk gebildet wird.[2])

---

*) Damit ist zum Ausdruck gebracht, daß die auf Grund der §§ 86 und 87 getroffenen Entscheidungen nicht wie sonst unter allen Umständen bindend sind. Eine Veränderung der Verhältnisse gibt für die auf Grund der §§ 86 und 87 ergangenen Beschlüsse jedem Beteiligten vielmehr das Recht, eine nochmalige Beschlußfassung herbeizuführen. Bei dieser ist alsdann keine der Behörden an ihre frühere Entscheidung gebunden. Solange aber keine Abänderung ausgesprochen ist, ist jener Beschluß maßgebend und vollstreckbar.

[1]) Siehe Anm. 1 zu § 86.

[2]) Den gemeinschaftlichen F.-Bezirken des § 86 sind im § 89 die selbständigen gegenübergestellt. Deren Gewässer sind von dem Anschluß an den gemeinschaftlichen F.-Bezirk befreit und ihre Inhaber behalten ihr F.-Ausübungsrecht. Sie können aber zu Genossenschaften herangezogen werden (§ 36 Abs. 2). Sie haben ferner das Zwangspachtrecht auf geringwertige angrenzende F.-Rechte (§ 91) und es können auch gewisse Gewässerstrecken ihnen angeschlossen werden (Abs. 2 Ziff. 1). Die Bildung des selbständigen F.-Bezirks ist nicht von der eines gemeinschaftlichen abhängig. Sie erfolgt auf Antrag des F.-Berechtigten nach dem gleichen Verfahren wie bei § 86 durch den Bezirksausschuß. Voraussetzung ist lediglich, daß ein F.-Recht ein Gewässer in seiner ganzen Breite und in einer Mindestlänge von 2 km oder einen ganzen See ohne Rücksicht auf seine Größe umfaßt. Von diesem grundsätzlichen Umfang sind Ausnahmen zugelassen (Abs. 2 Ziff. 2, Anm. 4). Beim Vorhandensein der Voraussetzungen des Abs. 1 muß der Bezirksausschuß auf Antrag des F.-Berechtigten die Bildung des selbständigen Bezirks aussprechen. Mangels eines solchen Antrags kann das betreffende Gewässer trotz jener Voraussetzungen einem gemeinschaftlichen F.-Bezirk zugeteilt werden. Der Inhaber des selbständigen Bezirks kann die Fischerei selbst ausüben, sie durch Angestellte ausüben oder sie ruhen lassen, sie auch verpachten und Erlaubnisscheine ausstellen, deren Anzahl der Regierungspräsident, weil es sich stets um ein offenes Gewässer handelt (Anm. 1), festsetzen kann (§ 98 Abs. 7).

II Wenn keine fischereiwirtschaftlichen Rücksichten entgegenstehen, kann der Bezirksausschuß auf Antrag des Fischereiberechtigten genehmigen:

1. daß dem selbständigen Fischereibezirk auch solche Gewässerstrecken angeschlossen werden, auf denen der Fischereiberechtigte nicht in der ganzen Breite fischereiberechtigt ist;[3])
2. daß auch aus kürzeren Strecken und auch, wenn das Fischereirecht nicht die ganze Breite des Gewässers oder die ganze Fläche des Sees umfaßt, ein selbständiger Fischereibezirk gebildet wird.[4])

III Für das Verfahren gelten die §§ 86, 88.[5])

Sind mehr als drei F.-Berechtigte vorhanden, so dürfen sie das F.-Recht nicht selbst ausüben (§ 90). In den westlichen Provinzen sind die dort von früher bestehenden F.-Bezirke, auch wenn für sie die Voraussetzungen des § 89 nicht vorliegen, bestehen geblieben (§ 131).

[3]) Ist ein selbständiger F.-Bezirk nach Abs. 1 oder nach Abs. 2 Ziff. 2 gebildet, so kann ihm eine Gewässerstrecke, wenn auf ihr der Inhaber des Bezirks ebenfalls fischereiberechtigt und wenn sie mit jenem in unmittelbarem Zusammenhang steht, angeschlossen werden. Die Voraussetzung des Abs. 1, daß die F.-Berechtigung die ganze Breite umfassen muß, fällt für die anzuschließende Strecke weg. Er muß aber auf dem Nebengewässer wirklich die F.-Berechtigung besitzen, eine Pachtnutzung genügt nicht. Diese Strecke gilt dann in allen Beziehungen als ein Teil des selbständigen Bezirks. Ein bestimmter Umfang ist nicht Voraussetzung dafür, wohl aber kein Entgegenstehen von fischereiwirtschaftlichen Rücksichten. Der Anschluß ist auf Antrag des F.-Berechtigten durch den Bezirksausschuß auszusprechen. Durch den Anschluß wird die betreffende Strecke von dem etwa zu bildenden gemeinschaftlichen F.-Bezirk frei. Durch die Vorschrift soll dem Inhaber eines selbständigen F.-Bezirks die Vereinheitlichung des Betriebs auf allen seinen zusammenhängenden Fischgewässern ermöglicht werden.

[4]) Ziff. 2 stellt eine allgemeine Ausnahme vom Abs. 1 auf. Danach kann nach dem Ermessen des Bezirksausschusses auf Antrag des F.-Berechtigten jede Gewässerstrecke auch ohne Rücksicht auf ihren Umfang und auf ihre Länge und Breite zu einem selbständigen F.-Bezirk gemacht werden mit den gleichen Wirkungen wie in Abs. 1, nur dürfen fischereiwirtschaftliche Schäden daraus nicht entstehen. Für den Bezirksausschuß ist bei Zulassung solcher kleineren als grundsätzlich

§ 90. I Steht das Fischereirecht in einem selbständigen Fischereibezirke mehr als drei Personen zu, so dürfen es diese nur nach § 28 nutzen.[1])

II Die Art der Ausübung ist der Fischereibehörde anzuzeigen. Bis zu dieser Anzeige ruht die Fischerei.[2])

---

vorgesehenen selbständigen F.-Bezirke das fischereiwirtschaftliche Interesse entscheidend. Er wird daher den Antrag des F.-Berechtigten ablehnen, sobald ihm der Bezirk unwirtschaftlich erscheint. Hierdurch soll den örtlichen Verhältnissen Rechnung getragen werden können. Im besonderen sollen dadurch die wohl erworbenen Rechte mancher Anlieger, die seit Jahrhunderten oft bestehen, erhalten werden können (Drucks. 164 S. 12). In allen Fällen werden z. B. Grenzflüsse, die nur in halber Breite zu Preußen gehören, zu selbständigen F.-Bezirken danach erklärt werden können. Auch die selbständigen Bezirke können in eine Genossenschaft einbezogen werden (§ 36 Abs. 2).

[5]) Es ist auch vor Bildung selbständiger F.-Bezirke jeder Beteiligte zu hören (§ 86 Anm. 4) und bei Veränderung der Verhältnisse kann auch hier eine Änderung der Beschlüsse des Bezirksausschusses eintreten (Anm. zu § 88).

[1]) Die Vorschrift des § 90 soll der Überfischung eines selbständigen F.-Bezirks vorbeugen. Sobald mehr als drei Miterben oder aus sonstiger Ursache eine größere Anzahl von F.-Berechtigten als drei in einem selbständigen F.-Bezirk vorhanden ist, dürfen sie nicht alle selbst die Fischerei ausüben, sondern sie nur verpachten oder Erlaubnisscheine erteilen oder aber gegebenenfalls eine Einzelperson, nämlich einen von ihnen selbst oder einen Dritten, zur Ausübung ihres F.-Rechts ermächtigen (siehe Anm. 4 zu § 28). Da für F.-Bezirke nur offene Gewässer in Betracht kommen, kann nach § 29 Abs. 2 und § 98 Abs. 7 sowohl die Anzahl der Pächter als auch der Erlaubnisscheine festgesetzt werden. Dadurch kann auch verhindert werden, daß ein selbständiger F.-Bezirk in einzelnen Teilen verpachtet wird. Natürlich kann die Verpachtung, für welche die Anzahl der Pächter vorgeschrieben werden kann (§ 29 Abs. 2), auch an einzelne der F.-Berechtigten selbst erfolgen. Wird der selbständige F.-Bezirk in eine Wirtschaftsgenossenschaft einbezogen, so fällt von selbst § 90 weg.

[2]) Damit die F.-Behörde über die Person und die Art der F.-Ausübung unterrichtet ist, ist die Anzeige darüber vorgeschrieben. Um sie bald zu erreichen, soll eine F.-Ausübung nicht vor dieser Anzeige stattfinden dürfen. Die F.-Behörde kann außerdem die Anzeige nach § 132 Nr. 2 LVG. erzwingen (§ 130). Fischt einer der F.-Berechtigten in dem selbständigen F.-Bezirk vor der vorgeschriebenen Anzeige, so ist er wegen

§ **91.** Fischereiberechtigte eines Gewässers, das an einen selbständigen Fischereibezirk angrenzt, sind verpflichtet, die Ausübung ihrer Fischereirechte dem Inhaber dieses Bezirkes gegen eine Geldrente zu überlassen,[1]) wenn sie durch eigene Ausübung ihrer Fischereirechte den wirtschaftlichen Betrieb desselben schädigen und der Wert des Fischereirechts in dem selbständigen Bezirke den ihrer Fischereirechte übersteigt.[2]) Sie können statt dessen die Fischerei ruhen lassen, wenn das Ruhen dem selbständigen Fischereibezirke nicht nachteilig ist. Die Verpflichtung fällt weg, wenn eine ihrer Voraus-

---

unbefugten Fischens nach § 370[4] StGB. strafbar, da das durch § 90 vorgeschriebene Ruhen von selbst jede F.-Ausübung verbietet.

[1]) Der § 91 gewährt ähnlich wie §§ 33 und 34 dem Inhaber eines selbständigen F.-Bezirks unter bestimmten Voraussetzungen ein Zwangspachtrecht für ein unmittelbar angrenzendes Gewässer. Liegen die gesetzlichen Voraussetzungen (Anm. 2) vor, so kann der Bezirksinhaber die Übertragung der F.-Ausübung vom F.-Berechtigten des angrenzenden Gewässers gegen Entgelt verlangen. Einigen beide sich nicht gütlich, so trifft wie bei § 33 der Bezirksausschuß unter Ausschluß des Rechtswegs auf Antrag die erforderlichen Entscheidungen. Ist das angrenzende Gewässer ebenfalls zum selbständigen F.-Bezirk erklärt, so besteht das Zwangspachtrecht nicht. Dieses soll überhaupt erst in Kraft treten, wenn die Vereinigung jenes Gewässers mit einem gemeinschaftlichen F.-Bezirk oder der Anschluß an eine Genossenschaft trotz Zustimmung der Beteiligten nicht ausführbar ist (Drucks. 725 A S. 296). Die Zwangsverpachtung kann unter Umständen durch Ruhenlassen der Fischerei abgewendet werden (Satz 2). Nach außen hin gilt im Falle der Übertragung der Inhaber des selbständigen F.-Bezirks als F.-Berechtigter des Nebengewässers (§ 30).

[2]) Das Zwangspachtrecht hat außer der unmittelbaren Angrenzung eine doppelte Voraussetzung. Es muß erstens der fischwirtschaftliche Betrieb des selbständigen Bezirks durch die abgesonderte Fischerei auf dem angrenzenden Nebengewässer in irgend einer Weise wirtschaftlich geschädigt werden. Ferner muß die Fischerei auf letzterem minderwertiger als auf dem Bezirk sein. Meist wird es sich deshalb um ein kleineres Gewässer handeln. Fehlt auch nur e i n e dieser Voraussetzungen, so besteht ein Zwangspachtrecht nicht und es hört auf, wenn auch nur e i n e solche w ä h r e n d der Zwangspachtzeit durch irgendwelche Umstände wegfällt. Der Inhaber des selbständigen

setzungen wegfällt. Der § 33 Abs. 3, 5 bis 7 und der § 34 Abs. 2 gelten entsprechend. Verpflichtungen nach § 33 Abs. 1 werden hierdurch nicht berührt.[3])

Sechster Abschnitt. Fischereischeine und Erlaubnisscheine.*)

§ 92. [1] Wer den Fischfang ausübt,[1]) muß einen auf seinen Namen lautenden Fischereischein[2]) bei sich führen.[3])

F.-Bezirks kann die Zwangspachtung auch verlangen, wenn an sich die Heranziehung des Nebengewässers zu einer Genossenschaft oder zu einem gemeinschaftlichen F.-Bezirk erfolgen könnte. Beim Zusammentreffen eines Antrags aus § 91 mit einem etwaigen Beitritt des Nebengewässers zu einer Genossenschaft (§ 52) entscheidet das zuerst eingeleitete Verfahren.

[3]) Ist das angrenzende Gewässer eine Abzweigung nach § 32 Abs. 2, so bleibt das Anpachtungsrecht des F.-Berechtigten des Hauptwasserlaufs aus § 33 bestehen, d. h. es bedarf alsdann nicht der im § 91 aufgestellten besonderen Voraussetzungen zur Zwangspacht. Desgleichen gelten die Vorschriften des § 34 Abs. 2, wenn das angrenzende Gewässer ein Hafen oder Stichkanal ist (Anm. 4 zu § 34). Im übrigen kommen für das Verfahren und für die erforderlichen Entscheidungen sowie für den Fall, daß Koppel-F. auf dem selbständigen F.-Bezirk besteht, und für die Festsetzung der Geldrente usw. die entsprechenden Vorschriften des § 34 zur Anwendung.

*) Der F.-Schein ist vom jetzigen FG. neu eingeführt. Nur in Neuvorpommern und Rügen bestanden die ihm ähnlichen „Willzettel". Er ist dem Jagdschein nachgebildet und streng von dem F.-Erlaubnisschein (§ 98) zu unterscheiden. Ersterer hat mit der privatrechtlichen F.-Befugnis, welche der letztere gewährt, nichts zu tun. Er ist ein von der F.-Behörde ausgestelltes öffentliches, für ganz Preußen gültiges, auf einen bestimmten Namen ausgestelltes Ausweispapier dahingehend, daß von Polizei wegen allgemein gegen eine F.-Ausübung des Inhabers nichts einzuwenden ist. Durch ihn soll die Kontrolle der Fischerei erleichtert und bewirkt werden, daß Personen, von denen eine Gefährdung fischereilicher Interessen zu erwarten ist, vom F.-Betriebe ferngehalten werden. Vom Besitz des F.-Scheins ist ferner das Recht des F.-Berechtigten zur Tötung von Ottern und Reihern abhängig. Für die Erteilung des F.-Scheins kann die Glaubhaftmachung einer F.-Befugnis zur Voraussetzung gemacht werden (§ 96 Ziff. 1). Der Erlaubnisschein dagegen ist ein privatrechtliches Legitimationspapier, welches nur der

Unterschrift nach behördlich erforderlichenfalls **beglaubigt** wird (§ 98 Abs. 8). Es wird nicht von der F.-Behörde, sondern **von dem F.-Berechtigten** oder mit dessen Ermächtigung von dessen F.-Pächter einem Dritten für ein bestimmtes Gewässer ausgestellt. Er weist diesen der F.-Behörde und allen sonst zur F.-Kontrolle berechtigten Personen gegenüber als dort zur Ausübung der Fischerei befugt aus. Er ist die äußere Form dafür, daß dem Inhaber von dem Berechtigten auf Grund eines Rechtsgeschäfts eine teilweise Ausübung des F.-Rechts übertragen ist (§§ 28, 98). Der F.-Schein ist stempelfrei (§ 95), der Erlaubnisschein unterliegt dagegen dem gewöhnlichen Urkundenstempel von 1,50 Mk., wenn sein Wert 150 Mk. übersteigt, was selten der Fall sein wird. Der **Beglaubigungsvermerk** für die Unterschrift des privaten Erlaubnisscheins ist gebühren- und stempelfrei (§ 98 Abs. 8).

[1]) Unter „Fischfang ausüben" ist jede Tätigkeit an oder auf einem Fischgewässer zu verstehen, welche auf die **Aneignung** von Wassertieren der im § 4 genannten Arten unmittelbar abzielt. Vom Begriff des „Fischens" unterscheidet sich das Fischfangausüben dadurch, daß nicht auch die **Hegetätigkeit** darunter fällt. Denn nach der gesetzlichen Definition im § 4 Abs. 3 umfaßt „fischen" **jegliche** Handlung des § 4 Abs. 1, also z. B. auch das Füttern der Fische, das Kaupenmähen, das Krauten u. dgl. Zu derartigen Handlungen soll kein F.-Schein erforderlich sein. Deshalb ist hier nicht der Ausdruck fischen gebraucht. Für das Erfordernis des F.-Scheins macht es keinen Unterschied, ob das Gewässer, in dem die Aneignungshandlung vorgenommen wird, ein offenes oder geschlossenes ist, ob es zu einer Genossenschaft oder zu einem F.-Bezirk gehört oder nicht, ob es im Privateigentum oder in dem des Fiskus, der Gemeinden oder dgl. steht. Über den Begriff des Fischens siehe im übrigen Anm. 3 zu § 370[4] StGB. (unter III).

[2]) **Jedermann**, welcher eine Tätigkeit des Fischfangs ausübt (Anm. 1), muß grundsätzlich einen F.-Schein bei sich haben, deshalb z. B. auch der Angler. Auch für den F.-Berechtigten und für den F.-Pächter gilt dies. Nur in den Abs. 2 Ziff. 1 bis 3 aufgeführten Fällen findet davon eine Ausnahme statt. Jeder Ausüber des Fischfangs, der sonst keinen F.-Schein bei sich hat, ist nach § 125 und, wenn ein solcher für ihn gar nicht ausgestellt ist, nach § 126 strafbar. Der Schein muß auf den Namen des Ausübenden lauten, ist also nicht auf einen andern übertragbar und er muß für die Zeit, in welcher der Fischfang ausgeübt wird, ausgestellt sein (§ 93). Andernfalls gilt er als überhaupt nicht vorhanden. Über den Rechtscharakter des F.-Scheins und seinen Unterschied vom **Erlaubnisschein** siehe Vorbemerkung vor § 92.

II Ein Fischereischein ist nicht erforderlich:[4])

1. für Gehilfen, die mit dem Fischereiberechtigten, Fischereipächter oder Inhaber eines Erlaubnisscheins zusammen den Fischfang ausüben;[5])

---

[3]) Das „Beisichführen" bedeutet nicht, daß der Fischer den Schein unter allen Umständen am Körper haben muß. Er kann auch in der am Ufer liegenden Tasche, im Kahn, beim Begleiter oder sonstwo sein, nur muß er jederzeit zum Vorzeigen erreichbar sein. In der Verpflichtung des Beisichführens liegt zugleich die Pflicht, ihn den Kontrollberechtigten jederzeit auf Verlangen vorzuzeigen und zwar derartig, daß dieser ihn wirklich lesen kann. Der auf dem Fischgewässer befindliche Fischer ist deshalb verpflichtet, auf Anruf des am Ufer befindlichen Kontrollberechtigten mit dem Kahn heranzukommen. Andernfalls muß angenommen werden, daß er den Schein nicht bei sich hat. Kontrollberechtigt ist jeder staatliche F.-Beamte, die städtischen Polizeibeamten, wenn deren Polizeiverwaltung die F.-Behörde (§ 119 Abs. 3) ist, sowie die Beamten des Amtsvorstehers und schließlich auch die amtlich verpflichteten F.-Aufseher sowie der F.-Berechtigte und Pächter selbst, aber jeder nur in seinem Bezirk. Das gleiche gilt für den Gendarm. Aber nur bei wirklicher Ausübung des Fischfangs braucht er vorgezeigt zu werden, nicht auch auf dem Hin- oder Rückwege dazu (Joh. 24 C 85).

[4]) Der Abs. 2 nennt die Ausnahmen des Abs. 1. An sich wäre nach Abs. 1 auch für die im Abs. 2 genannten Fischer ein F.-Schein erforderlich. Aus Verkehrs- und Zweckmäßigkeitsgründen soll aber unter den in Ziff. 1 bis 3 angegebenen Voraussetzungen dieses Erfordernis wegfallen. Dabei folgt die Ausnahme in Ziff. 1 aus *persönlichen* Verhältnissen, bei Ziff. 2 und 3 aus der *Art der befischten Gewässer*.

[5]) Befreit vom F.-Schein ist *jedermann* ohne Unterschied, ob er berufsmäßiger Fischer oder ein Familienangehöriger oder ein beliebiger Angestellter des zur F. Befugten ist oder ob er zu diesem in gar keiner Beziehung steht, z. B. sein Gast ist, solange er dem F.-Befugten, der natürlich, sobald er Fischfang ausübt, selbst einen F.-Schein haben muß, dabei behilflich ist. Dessen Schein deckt die Tätigkeit des Gehilfen mit. Daß der F.-Befugte wirklich mit beim Fischen Hand anlegt, ist nicht erforderlich, es genügt, wenn er die Tätigkeit der Gehilfen leitet. Jedenfalls muß er mit beim Fischfang tätig sein (im Gegensatz zu § 98 Abs. 3 Ziff. 1). Daß er dauernd dabei wirklich gegenwärtig ist, wird nicht verlangt werden können; eine *kurze* Abwesenheit wird zulässig sein, sobald dadurch der Begriff der Gemeinsamkeit des Fischens bestehen bleibt. Es soll sogar schon genügen, wenn

2. zum freien Fischfang in der Nord- und Ostsee, einschließlich der offenen Meeresbuchten, soweit sie nicht im Eigentume stehen;[6])
3. zum Fischfang in Gewässern, die dem Fischereiberechtigten gehören und vollständig von Grundstücken desselben begrenzt sind, sowie in künstlichen Fischteichen, die mit einem Wasserlaufe nur dadurch in Verbindung stehen, daß sie mittels künstlicher Vorrichtungen aus ihm gefüllt oder in ihn abgelassen werden.[7])

---

der F.-Berechtigte ab und zu dort ist, wo seine Angehörigen oder Gehilfen fischen (Drucks. Nr. 164 S. 13). Hat der F.-Befugte keinen F.-Schein, so ist der Gehilfe aus § 116 nicht strafbar, wenn er davon keine Kenntnis hatte. Der Gehilfe muß selbst einen F.-Schein haben, wenn der F.-Befugte nicht mitfischt. Fischt der Gehilfe für sich selbst in Abwesenheit des F.-Befugten, so muß er außerdem auch einen Erlaubnisschein haben. Füttert der Gehilfe selbständig nur die Fische oder dgl., so braucht er keinen der beiden Scheine (Anm. 1). Unter den Begriff eines Gehilfen fällt jede beim Fischfang helfende Person.

[6]) Nicht der freie Fischfang auf den Küstengewässern überhaupt (§ 1), sondern nur derjenige in der Nord- und Ostsee einschließlich ihrer offenen Meeresbuchten darf ohne F.-Schein ausgeübt werden. Der obige Zusatz, soweit sie nicht im Eigentum stehen, war nicht erforderlich, da nur auf den nicht im Eigentum stehenden Küstengewässern der Fischfang frei ist (§ 7). Auf allen Küstengewässern ohne freien Fischfang muß der Fischer also mit einem F.-Schein versehen sein und ebenso auf den in der Beilage zum FG. aufgeführten Küstengewässern, da diese keine Teile der Nord- und Ostsee sind.

[7]) Von Binnengewässern dürfen zwei Arten ohne F.-Schein befischt werden und zwar allgemein von jedermann, also sowohl vom F.-Befugten als auch von jedem andern, dem er die Erlaubnis dazu gegeben hat. In diesen Fällen bedarf es auch keines Erlaubnisscheins (§ 98 Abs. 3 Ziff. 2). Die erste Art bilden solche Gewässer, welche in vollem Umfange dem darin F.-Berechtigten gehören und ringsherum von seinem Grundbesitz umgeben sind. Es sind darunter die geschlossenen Privatgewässer der früheren §§ 176, 177 I 9 ALR. und jetzt des § 960 BGB. (siehe Anm. 12 zu diesem unter I B) zu verstehen (Drucks. Nr. 725 A S. 301). In ihnen handelt es sich rechtlich überhaupt nicht um einen Fischfang, da die darin befindlichen Fische bereits dem Gewässereigentümer gehören. Die zweite Art sind die ablaßbaren künstlichen Fischteiche.

§ **93.** Zuständig für die Erteilung des Fischereischeins ist die Fischereibehörde, in deren Bezirke der Antragsteller den Fischfang ausüben will.[1]) Der Fischereischein wird für das Kalenderjahr ausgestellt und gilt für das ganze Staatsgebiet.[2])

§ **94.** Wird der Inhaber eines nach § 93 ausgestellten Fischereischeins plötzlich behindert, so kann der für den Ort der Fischereiausübung zuständige Gemeinde- (Guts-) Vorsteher einen auf höchstens zwei Wochen lautenden Fischereischein für den Vertreter ausstellen. Die Ausstellung des Vertretungsscheins hat er sogleich der Fischereibehörde anzuzeigen. Diese kann den Schein zurückziehen.*)

---

[1]) Die Gesuche um Erteilung eines F.-Scheins sind an diejenige F.-Behörde (§ 119 Abs. 3) zu richten, in deren Bezirk gefischt werden soll. Liegt das Gewässer oder die zu befischende Strecke desselben in mehreren Bezirken, so ist jede in Betracht kommende F.-Behörde zur Ausstellung befugt. Die F.-Behörde, in welchem der Gesuchsteller wohnt, ist nur zuständig, wenn das zu befischende Gewässer in ihrem Bezirk liegt. Diese von der JO. für Erteilung des Jagdscheins abweichende Zuständigkeit ist festgesetzt, um die Prüfung der F.-Befugnis des Gesuchstellers zu erleichtern (§ 96 Ziff. 1). Der von einer örtlich unzuständigen F.-Behörde ausgestellte Schein ist gültig, kann aber von ihr wieder eingezogen werden. Über die vorläufige Ausstellung eines Scheins für einen Vertreter siehe § 94, über die Gebührenfreiheit § 95.

[2]) Der F.-Schein wird stets bis zum 31. Dezember des Ausstellungsjahrs einschließlich ausgestellt und nicht wie der Jagdschein auf die Dauer eines Jahrs vom Ausstellungstage ab gerechnet. Auch gibt es keinen Tages-F.-Schein. Der in Aussicht genommene Monatsschein ist vom Herrenhaus abgelehnt. Der von einer F.-Behörde ausgestellte Schein gilt nicht nur für deren Bezirk, sondern für ganz Preußen. Nicht aber auch für andre deutsche Bundesstaaten.

*) Der § 94 sieht namentlich für den Berufsfischer den Fall der plötzlichen Behinderung in der Ausübung seines Gewerbes durch Krankheit oder dgl. vor. Da ein angenommener Vertreter einen F.-Schein haben muß, ist zur Beschleunigung eines solchen für derartige Ausnahmefälle dem für das Fischrevier örtlich zuständigen Gemeinde- oder Gutsvorsteher an Stelle der F.-Behörde die vorläufige Ausstellung eines Vertreterscheins, der höchstens 2 Wochen Gültigkeit hat, über-

§ 95. Fischereischeine sind gebühren- und stempelfrei.*)

§ 96. [1] Der Fischereischein kann versagt werden:[1])

1. Personen, die nicht glaubhaft machen können, daß sie als Fischereiberechtigte, Fischereipächter oder

---

tragen. Er hat zu prüfen, ob ein Fall plötzlicher Behinderung im Sinne des § 94 vorliegt und ob dem Vertreter im Hinblick auf § 96 die F.-Ausübung anvertraut werden kann. Verneinendenfalls muß er die Ausstellung ablehnen. Im Ausstellungsfalle hat er der F.-Behörde Anzeige zu machen unter Angabe des Sachverhalts. Diese kann nach Prüfung des letzteren den Vertreterschein zurückziehen, z. B. auch wenn sie die Plötzlichkeit der Behinderung nicht für vorliegend erachtet oder ihrerseits dem Vertreter aus § 96 den Schein versagt haben würde. Mit dem Aufhören des Vertretungsgrundes und auch z. B. beim Tode des Vertretenen verliert der Vertreterschein seine Gültigkeit.

*) Seitens der Regierung war den Wünschen vieler F.-Interessenten entsprechend ein Stempel von 3 Mk. vorgesehen. Von der Kommission des Abgeordnetenhauses war völlige Stempel- und Gebührenfreiheit ausgesprochen, weil durch die jährlich wiederkehrende Abgabe die kleineren Berufsfischer zu sehr belastet würden. Die Kommission des Herrenhauses hatte den Grundsatz der Stempelfreiheit beibehalten, aber für gewisse Inhaber eines Erlaubnisscheins lediglich zum Angeln den Grundsatz der Gebührenfreiheit verlassen (Abs. 2). Schließlich ist völlige Gebühren- und Stempelfreiheit endgültig festgesetzt. Es sind also auch die F.-Scheine für Sportangler frei von jeglichen Abgaben. Auch Schreibgebühren dürfen nicht genommen werden.

[1]) Die zuständige F.-Behörde (§ 93) stellt auf ein Gesuch um Erteilung des F.-Scheins entweder ohne weiteres diesen aus oder sie lehnt die Ausstellung ab. Dies kann wegen Unzuständigkeit oder aus den sachlichen Gründen der Ziff. 1 bis 3 erfolgen. Die Versagung braucht nicht schriftlich ausgesprochen zu werden. Doch sind die Gründe der Versagung dem Antragsteller bekannt zu geben. Auch wenn der Tatbestand der Ziff. 1 bis 3 gegeben ist, liegt die Gewährung des F.-Scheins im Ermessen der Behörde. Verpflichtet zur Versagung ist sie nicht. Hinsichtlich der Rechtsmittel gegen die Versagung siehe Anm. 2 zu § 119. Liegen die Voraussetzungen der Ziff. 1 bis 3 nicht vor, so muß die F.-Behörde den Schein ausstellen, sobald nicht allgemeine Hinderungsgründe in der Person des Antragstellers, z. B. Geisteskrankheit, bestehen.

Inhaber eines Erlaubnisscheins zur Ausübung der Fischerei im Bezirke der Fischereibehörde befugt sind; für Fischereiberechtigte, deren Fischereirecht im Wasserbuch eingetragen ist (§ 11), gilt diese Vorschrift nicht; [2])

2. Personen, die nicht Fischereiberechtigte sind,[3]) wenn sie in den letzten drei Jahren rechtskräftig verurteilt sind[4])

---

[2]) Zur Steuerung der Wildfischerei sollen Personen, welche keine F.-Befugnis haben, einen F.-Schein nicht ausgestellt erhalten. Zur Erreichung dieses Ziels ist die Glaubhaftmachung einer solchen vorgesehen und zwar muß diese Befugnis für den Bezirk der F.-Behörde bestehen, um zugleich deren Zuständigkeit festzustellen und um die Nachprüfung zu erleichtern. Zur Glaubhaftmachung genügt, daß der Behörde die F.-Befugnis wahrscheinlich gemacht wird, z. B. durch Vorlegung des Erlaubnisscheins. Die Eintragung einer F.-Berechtigung am fremden Gewässer im Grundbuch oder im Wasserbuch ersetzt die Glaubhaftmachung ohne weiteres.

[3]) Gegen die Versagung des F.-Scheins sind sämtliche F.-Berechtigte (Vorm. vor § 4) geschützt. Nur den Nichtfischereiberechtigten kann er versagt werden. Diese Bestimmung ist im Interesse der kleinen F.-Berechtigten erlassen. Die Versagung des F.-Scheins würde vielfach für diese die Unmöglichkeit bedeuten, ihr F.-Recht alsdann überhaupt auszuüben. Denn eine Verpachtung ist, da es sich oft um beschränkte F.-Rechte handelt, meist unmöglich (§ 28), so daß die Versagung des F.-Scheins einer Entziehung des F.-Rechts gleichkommt. Diese Härte soll namentlich für Berufsfischer vermieden werden. Dem F.-Pächter gegenüber ist die Versagung und Entziehung zulässig, da er kein F.-Berechtigter im Sinne des FG. ist, ebenso dem berufsmäßig angestellten Fischer gegenüber.

[4]) Es genügt die Verurteilung wegen eines der oben aufgezählten Vergehen. Daß die Strafe bereits vollstreckt ist, ist nicht erforderlich. Deshalb rechnet auch jede Verurteilung mit, wegen deren etwa Begnadigung eingetreten ist. Die Frist von 3 Jahren rechnet von dem Tage des Gesuchs um den F.-Schein zurück. Da das Gesetz keine rückwirkende Kraft haben soll, kommen nur die nach dem Inkrafttreten des FG. begangenen Straftaten in Betracht (Abs. 2), nicht also auch eine Verurteilung nach dem Inkrafttreten, wenn die Straftat vor diesem Zeitpunkt begangen ist. In allen Fällen genügt eine einmalige Verurteilung.

a) wegen Diebstahls, Unterschlagung, Hehlerei, Jagd- oder Fischereivergehens oder Widerstandes gegen einen Fischereibeamten oder amtlich verpflichteten Aufseher (§ 119 Abs. 7) aus § 113 des Reichsstrafgesetzbuchs oder aus den §§ 117 bis 119 daselbst,[5])
b) wegen einer Straftat, die zugleich mit Polizeiaufsicht, Ehrverlust oder Überweisung an die Landespolizeibehörde (§ 362 StGB.) bedroht ist;[6])

3. Personen, die keinen Wohnsitz im Deutschen Reiche haben.[7])

II Nach Abs. 1 Nr. 2 kann der Fischereischein nur wegen solcher Straftaten versagt werden, die nach Inkrafttreten dieses Gesetzes begangen sind.[4])

III Wenn Tatsachen, welche die Versagung rechtfertigen, erst nach Erteilung des Fischereischeins eintreten oder zur Kenntnis der Behörde kommen, so kann der Fischereischein dem Empfänger entzogen und wieder abgenommen werden.[8])

---

[5]) Es kommen in Frage die §§ 242, 246, 258 f., 292 und 296 StGB., nicht aber auch § 370 Ziff. 4 StGB. (unter III C), da unberechtigtes Fischen oder Krebsen kein Vergehen, sondern nur eine Übertretung ist. Die oben angeführten §§ 113, 117 bis 119 StGB. sind abgedruckt unter III C (S. 224).

[6]) Die Straftat braucht mit diesen Nebenstrafen an sich durch das StGB. nur bedroht zu sein. Die Verhängung der Nebenstrafe ist nicht erforderlich. Infolgedessen genügt ohne weiteres zur Versagung des F.-Scheins die Verurteilung wegen Landstreichens und die mehrmalige Verurteilung wegen Bettelns in den letzten drei Jahren, weil bei ihnen alsdann die Überweisung an die Landespolizei möglich ist. Die §§ 362 und 361 StGB. sind unter III C abgedruckt (S. 228, 230).

[7]) Unter Ziff. 3 fallen nur diejenigen Deutschen, die im Deutschen Reich keinen Wohnsitz haben. Über die Ausländer trifft § 97 besondere Bestimmung.

[8]) Diejenigen Tatsachen, welche von vornherein zur Versagung des F.-Scheins führen können, rechtfertigen auch die Wiederentziehung des bereits ausgehändigten Scheins ohne Rücksicht, ob sie vor oder nach der Erteilung eingetreten sind. Im ersteren Falle aber nur, wenn sie die Behörde bei der Ausstellung des Scheins nicht gekannt hat. Durch die

IV Vor Ablauf von zwölf Monaten seit der rechtskräftigen Versagung, Entziehung oder Anordnung der Wiederabnahme des Scheines kann ein Antrag auf Neuerteilung nicht gestellt werden, es sei denn, daß schon vorher der gesetzliche Grund für die frühere Entscheidung weggefallen ist.[9])

§ 97. Personen, die nicht die Reichsangehörigkeit besitzen, kann nur der Regierungspräsident einen Fischereischein ausstellen. Er kann den Schein auch unter der Bedingung erteilen, daß eine Person, welche die preußische Staatsangehörigkeit besitzt und in Preußen ihren Wohnsitz hat, selbstschuldnerisch bürgt. Der Bürge haftet für den Schaden, den der Inhaber nach § 15 zu ersetzen, sowie für Unkosten und Geldstrafen, die er nach diesem Gesetz oder fischereipolizeilichen Vorschriften verwirkt hat.[1]) Gegen die Entscheidung des Regierungspräsi-

---

Versagung oder Entziehung des F.-Scheins wird das F.-Recht inhaltlich nicht berührt, nur durch die Person des Betreffenden darf es nicht mehr ausgeübt werden, wohl aber durch seine Beauftragten, angestellten Fischer, Fischgäste usw. Die Abnahme des entzogenen F.-Scheins erfolgt auf Grund der Entziehungsverfügung im Verwaltungszwangsverfahren. Wegen der Rechtsmittel siehe Anm. 2 zu § 119.

[9]) Damit nicht unausgesetzt die Anträge auf Erteilung des F.-Scheins erneuert werden können, ist vorgeschrieben, daß der Antrag auf Neuerteilung erst nach einem Jahre zulässigerweise gestellt werden kann. Durch diese Bestimmung soll zugleich der Behörde nahegelegt werden, nicht mit unbeschränkter Dauer solche Anträge abzulehnen, sondern nach 12 Monaten bei einem erneuten Antrag wieder in eine materielle Prüfung einzutreten (Drucks. 725 A S. 319). Der Nachsatz des Abs. 4 betrifft die Fälle der erfolgten Ablehnung wegen Fehlens einer gesetzlichen Voraussetzung, z. B. der Antragsteller konnte kein F.-Recht im Bezirk glaubhaft machen und hat nunmehr ein solches erworben (Abs. 1 Ziff. 1).

[1]) Der § 97 behandelt die Reichsausländer, also die Nichtdeutschen. Die Angehörigen deutscher Bundesstaaten mit Wohnsitz im Deutschen Reich (siehe dazu § 96 Abs. 1 Ziff. 3) stehen den Preußen gleich. Für Reichsausländer ist an Stelle der F.-Behörde ihr übergeordneter Regierungspräsident zuständig. Er kann den Antrag des Ausländers auch aus andern Gründen wie den des § 96 ablehnen, ohne diese Gründe angeben zu müssen, z. B. aus Spionageverdacht. Der Ausländer

denten ist nur die Beschwerde an die Aufsichtsbehörde zulässig.[2])

§ 98. [I] Wer in einem Gewässer, in dem er nicht Fischereiberechtigter oder Fischereipächter ist,[1]) den Fischfang ausübt,[2]) muß einen Erlaubnisschein des Berechtigten oder Pächters[3]) bei sich führen.[4])

---

hat deshalb keinen Anspruch auf Ausstellung eines F.-Scheins. Zur Verstärkung der Garantien bei Erteilung eines F.-Scheins an einen Ausländer kann der Regierungspräsident selbstschuldnerische Bürgschaft eines Preußen für etwaige Schäden aus dem Uferbetretungsrecht und für etwaige Geldstrafen des Ausländers fordern. Schäden und Geldstrafen können alsdann unmittelbar von dem Bürgen gefordert werden, wenn die Bürgschaft schriftlich ausgesprochen ist (§ 766 BGB.). Der Ausländer muß natürlich außerdem seine F.-Befugnis nach § 95 Ziff. 1 glaubhaft machen.

[2]) Abweichend von §§ 127 ff. LVG. ist außer der Beschwerde hier das Verwaltungsstreitverfahren nicht für zulässig erklärt, weil der Ausländer darin keine klagbaren Rechte geltend machen kann (Drucks. 725 A S. 328).

[1]) Jedermann, der nicht aus seiner *eigenen* F.-Berechtigung heraus oder aus einem durch einen Pachtvertrag ordnungsmäßig in vollem Umfange erworbenen F.-Ausübungsrecht heraus den Fischfang ausübt (Anm. 1 zu § 92), muß seine Befugnis dazu durch einen Erlaubnisschein nachweisen. Außer dem F.-Berechtigten selbst oder dem Pächter brauchen solchen nur nicht die ihnen nach § 30 gleichstehenden Zwangspächter zu haben. Auf den *Küstengewässern* ist der Erlaubnisschein insoweit erforderlich, als es F.-Berechtigte auf ihnen überhaupt gibt, also auf den im § 7, nicht aber auch auf den im § 6 angegebenen. Von Binnengewässern sind für das Erfordernis des Erlaubnisscheins nur allein die in Abs. 3 Ziff. 2 genannten Arten ausgenommen.

[2]) Siehe Anm. 1 zu § 92.

[3]) Über den Rechtscharakter des bereits im früheren FG. vorgeschriebenen *Erlaubnisscheins* und seinen Unterschied vom F.-Schein siehe Vorbemerkung vor § 92. Der Zweck des *Erlaubnisscheins* ist die Durchführung des Rechtsgrundsatzes, daß nur derjenige fischen darf, *welcher privatrechtlich dazu befugt ist.* Wer selbst kein F.-Recht hat, muß die F.-Ausübungsbefugnis durch Rechtsgeschäft von dem Befugten erwerben, was in verschiedener Weise erfolgen kann (siehe § 28 Anm. 2) und darüber von ihm den Erlaubnisschein ausgestellt erhalten. Meist pflegt die F.-Erlaubnis unentgeltlich und auf Widerruf in solchen Fällen erteilt zu werden. Das

II Der Fischereipächter darf Erlaubnisscheine außer an seine Gehilfen und angestellten Fischer nur mit Ermächtigung des Fischereiberechtigten ausstellen. Der Fischereiberechtigte, der die Ermächtigung an den Pächter erteilt, ist selbst nicht mehr zur Ausstellung solcher Scheine befugt. Fischereiberechtigte und Pächter können die Ausstellung an ihrer Statt einem Bevollmächtigten übertragen.[5])

Rechtsgeschäft, auf Grund dessen die F.-Befugnis erteilt wird, braucht darin nicht angeführt zu werden. Die Übertragung der F.-Befugnis, die zur Erteilung des Erlaubnisscheins führt, muß in beschränktem Umfange erfolgen, sei es daß sie zeitlich, z. B. nur für Sonntage, oder in der Fangart, z. B. der Angelschein, oder sonstwie eingeschränkt ist. In jedem Fall darf der Inhaber dadurch nicht das volle Ausübungsrecht erhalten, sondern dieses muß beim Aussteller verbleiben. Andernfalls würde ein richtiges Pachtverhältnis vorliegen und es müßte zur Gültigkeit ein förmlicher Vertrag geschlossen werden (§ 29). Ein von einem dazu nicht Befugten (Abs. 2, 4 bis 7) ausgestellter Erlaubnisschein ist ungültig. Der unbefugte Aussteller ist nach § 125 Ziff. 2 strafbar. Inhaltlich muß der Erlaubnisschein den Vorschriften des Abs. 6, äußerlich denen des Abs. 8 genügen. Andernfalls gilt er als nicht vorhanden. Eine nur mündliche Erteilung der F.-Erlaubnis schützt den Fischenden nicht vor der Bestrafung aus § 370[4] StGB. wegen unberechtigten Fischens, weil nach ausdrücklicher Vorschrift des § 28 die Erlaubnis erst durch die Ausstellung des Scheins wirksam wird.

[4]) Hinsichtlich des Begriffs des „Beisichführens" siehe Anm. 3 zu § 92. Alles was dort vom F.-Schein gesagt ist, gilt auch vom Erlaubnisschein.

[5]) Zur Ausstellung eines Erlaubnisscheins rechtlich befugt ist in erster Linie nur der wirklich F.-Berechtigte (Anm. vor § 4). Diese Befugnis geht mit der Verpachtung des F.-Rechts nicht ohne weiteres auf den Pächter über. Er erhält durch den Pachtvertrag an sich nur das Ausstellungsrecht für seine aufgestellten Fischer und seine Gehilfen. Aber im Pachtvertrage kann ausdrücklich bedungen werden, daß der Pächter auch die Ausstellungsbefugnis haben soll. Mit dieser Vereinbarung geht die Befugnis ausschließlich auf den Pächter über, so daß der F.-Berechtigte sie verliert. Hiernach ist stets nur der F.-Berechtigte oder nur der Pächter, also immer nur der eine Teil, ausstellungsbefugt. Dieser Befugte kann die Ausstellung der Scheine wieder einem Bevollmächtigten, z. B. der Großgrundbesitzer seinem F.-Verwalter, übertragen.

III Ein Erlaubnisschein ist nicht erforderlich:[6])

1. zum Fischfang in Gegenwart des nach Abs. 2 zur Ausstellung befugten Fischereiberechtigten oder Fischereipächters;[7])
2. zum Fischfang in Gewässern, für die es keines Fischereischeins nach § 92 Abs. 2 Nr. 3 bedarf.[8])

IV Wer nur berechtigt ist, zum häuslichen Gebrauche zu fischen, darf nur mit Genehmigung der Fischereibehörde Erlaubnisscheine zur Ausübung dieses Rechtes ausstellen. Stellt er einen Schein aus, so darf er während dessen Geltung nicht selbst Fische fangen.[9])

Alsdann müssen alle Scheine von diesem an Stelle des Vollmachtgebers unterschrieben werden (Abs. 1) und letzterer darf dann selbst keine Scheine mehr ausstellen.

[6]) Der Abs. 3 enthält die einzigen Ausnahmen von dem Erfordernis des in Abs. 1 vorgeschriebenen Erlaubnisscheins auf Binnengewässern. Hinsichtlich derjenigen auf Küstengewässern siehe Anm. 1. Die Ausnahmen sind aus Billigkeits- und Zweckmäßigkeitsgründen vom Gesetz zugelassen. In diesen Fällen braucht der Fischende keinen Schein zu haben, es muß ihm aber mündlich das Fischen erlaubt sein. Andernfalls fischt er unberechtigt und ist nach § 370⁴ StGB. strafbar.

[7]) Die Anwesenheit des F.-Berechtigten oder des Pächters, welcher die Befugnis zur Ausstellung von Erlaubnisscheinen behalten oder erhalten hat (Abs. 2), befreit den den Fischfang in dessen Gewässer ausübenden Dritten von dem Erfordernis des Erlaubnisscheins. Im Gegensatz zu § 92 Abs. 2 Ziff. 1 ist hier keine Mittäterschaft des Befugten beim Fischen erforderlich, sondern es genügt lediglich die Gegenwart des zusehenden Befugten. Sein F.-Recht soll den unter seinen Augen Fischenden ohne weiteres decken.

[8]) Hinsichtlich der Art dieser Gewässer siehe Anm. 7 zu § 92.

[9]) Der beschränkt F.-Berechtigte aus § 5 ist ebenfalls an sich zur Ausstellung von Erlaubnisscheinen befugt. Aber er muß dazu die Genehmigung der F.-Behörde (§ 119 Abs. 3) nachsuchen und er selbst darf alsdann, solange der Erlaubnisschein in Geltung ist, nicht fischen. Der Schein darf nur dahin erteilt werden, daß sein Inhaber nur soviel Fische, wie zum Gebrauche des Ausstellers notwendig sind, fangen darf und daß er sie an ihn abzuliefern hat. Innerhalb dieser Grenzen darf er auch mehrere Erlaubnisscheine ausstellen, doch dürfen auf ihnen zusammen nicht mehr und zu andern Zwecken Fische gefangen werden, als er allein fangen darf. Seitens der

V Erlaubnisscheine für Personen, die nicht die Reichsangehörigkeit besitzen, dürfen nur mit Genehmigung des Regierungspräsidenten ausgestellt werden.[10])

VI Der Erlaubnisschein muß auf die Person, auf ein oder mehrere bestimmt zu bezeichnende Gewässer und auf eine nicht länger als drei Jahre bemessene bestimmte Zeit lauten sowie genaue Angaben über die Fanggeräte und Fahrzeuge enthalten.[11])

VII Für offene Gewässer kann der Regierungspräsident die Zahl der Erlaubnisscheine festsetzen, auch zur Erhaltung des Fischbestandes die Ausstellung zeitweise verbieten oder auf bestimmte Fischarten oder Fangmittel beschränken. Für Gehilfen und angestellte Fischer des Fischereiberechtigten und Pächters gilt dies nicht.[12])

F.-Behörde wird die nachgesuchte Genehmigung zu erteilen sein, wenn der Berechtigte aus irgendwelchem Grunde, z. B. Krankheit, Abwesenheit usw., zur F.-Ausübung tatsächlich nicht in der Lage ist (Begr. S. 61). Der Berechtigte darf auch innerhalb der Grenzen seines Rechts den Fischfang gemeinsam mit andern ausüben, ohne daß diese einen F.-Schein gemäß § 92 Abs. 1 Ziff. 1 zu lösen brauchen (Drucks. Nr. 164 S. 15).

[10]) Vgl. Anm. 5 zu § 29. Wird die Einholung der Genehmigung verabsäumt, so erfolgt Bestrafung aus § 125 Ziff. 2.

[11]) Der Abs. 6 enthält die Angaben, welche der Erlaubnisschein zu seiner Gültigkeit inhaltlich haben muß. Der Inhalt entspricht den bisherigen Anforderungen (§ 12 Abs. 3) und soll jeden Zweifel über den Umfang und die Dauer der F.-Befugnis des Inhabers ausschließen. Ein unter Verstoß gegen Abs. 6 ausgestellter Schein gilt als nicht vorhanden. Die Höchstdauer von 3 Jahren rechnet vom Tage der Ausstellung ab. Zu den notwendigen Erfordernissen des Erlaubnisscheins gehört ferner die Unterschrift des oder der F.-Berechtigten.

[12]) Die Ausstellung von Erlaubnisscheinen ist ihrer Anzahl nach grundsätzlich unbeschränkt, auch für Gemeinden und sonstige juristische Personen. Für offene, also nicht auch für geschlossene Gewässer ist dem Regierungspräsidenten wie bisher dem Oberfischmeister die Befugnis gegeben, eine bestimmte Höchstzahl von Scheinen festzusetzen und gegebenenfalls sogar die Ausstellung für bestimmte Gewässer ganz zu verbieten oder inhaltlich zu beschränken. Maßgebend dafür werden allgemein-fischereiliche Zweckmäßigkeitsgründe sein. Gegen seine Entscheidung findet binnen 2 Wochen Beschwerde an den Oberpräsidenten und gegen dessen Bescheid in gleicher

VIII Erlaubnisscheine, die nicht von einer öffentlichen Behörde oder einem öffentlichen Beamten innerhalb seiner Amtsbefugnisse oder von dem Vorstand einer Wirtschaftsgenossenschaft ausgestellt sind, müssen von dem Gemeinde- (Guts-) Vorsteher einer der Gemeinden (Gutsbezirke), in deren Bezirke die Fischerei ausgeübt werden soll, beglaubigt werden. Dies geschieht gebühren- und stempelfrei.[13])

Siebenter Abschnitt. Bezeichnung der zum Fischfange dienenden Fischerzeuge*).

*§ 99. Soweit nicht die gesetzlichen Vorschriften zur Verhütung des Zusammenstoßens der Schiffe auf See gelten,[1]) kann durch Polizeiverordnung bestimmt wer-

Frist Klage bei dem Oberverwaltungsgericht statt (§ 130 LVG.). Die Ausstellung von Scheinen für angestellte Fischer und für Gehilfen ist stets in Anzahl und Inhalt unbeschränkt, weil diese nicht für sich fischen. Dadurch soll der Verlust der Erwerbsstellen für diese verhütet werden.

[13]) Ebenso wie das bisherige fordert das neue FG. Beglaubigung der Unterschriften unter dem Erlaubnisschein, sobald diese nicht von öffentlichen Beamten, Behörden oder Genossenschaften ausgestellt sind. Die Beglaubigung hat von einem der örtlich für das Fischgewässer zuständigen Gemeindevorsteher zu erfolgen, welcher sie, wenn die Unterschrift echt ist, nicht verweigern darf, auch wenn nach seiner Ansicht der Betreffende zur Ausstellung des Erlaubnisscheins rechtlich nicht befugt ist oder sein Inhalt gegen Abs. 6 verstößt (OVG. 7, 285). Doch wird der Gemeindevorsteher alsdann zweckmäßig der F.-Behörde Anzeige machen. Unbeglaubigte Scheine privater Personen sind nichtig. Für die Beglaubigung darf vom Gemeindevorsteher keine Gebühr irgendwelcher Art erhoben werden.

*) Das bisherige FG. forderte ebenfalls Kennzeichnung der zum Fang ausliegenden Fischerzeuge aber nur für den Fall, daß der Fischer nicht bei ihnen war (§ 19). Das jetzige FG. bestimmt, daß durch Polizeiverordnung unter allen Umständen die Kennzeichnung vorgeschrieben werden kann. Der Zweck der Kennzeichnung ist die Ermittelung des Fischers, welcher das betr. Fischerzeug ausgelegt hat. Strafandrohung: § 125 Ziff. 3.

[1]) In Betracht kommt die Seestraßen-Ordnung vom 5. Febr. 1906 (RGBl. S. 120). In dem Art. 8 ist im besonderen dort

den, daß und wie die in offenen Gewässern ausliegenden Fahrzeuge, Fanggeräte und Fischbehälter als solche kenntlich zu machen sind.[2])

Achter Abschnitt. Schutz der Fischerei.*)

Erster Titel. Allgemeine Vorschriften.

§ **100.** Beim Fischfang[1]) ist die Anwendung schädlicher oder explodierender Stoffe (giftiger Köder, Mittel

---

vorgeschrieben, welche Lichter Fischerfahrzeuge und -boote während der verschiedenen Fangausübungen auf See und auf den von Seeschiffen befahrenen Gewässern, also z. B. dem Stettiner Haff, führen müssen.

[2]) Der § 99 gilt nur für offene Gewässer. Die Kennzeichnung kann für Fischerzeuge jeder Art, also für Fahrzeuge, Segel, Netze, Reusen, Fischkästen usw. vorgeschrieben werden und wird zweckmäßig wie meist bisher durch ein behördliches Unterscheidungszeichen in Ölfarbe geschehen. In Polizeiverordnungen und nicht im FG. sollen die Bestimmungen darüber angeordnet werden, wegen der leichteren Handhabung und der Möglichkeit internationaler Verträge über diesen Punkt. In der FO. §§ 41 bis 43 (unter II B) sind auf Grund dieser Bestimmung eingehende Vorschriften für die Fahrzeuge und Fanggeräte der Fischer sowohl auf Binnengewässern als auch auf Küstengewässern ergangen.

*) Das bisherige FG. hatte keine sich ausdrücklich als F.-Schutz bezeichnende Vorschriften. Aus den im jetzigen Gesetze unter dieser Überschrift zusammengestellten Schutzvorschriften führte es aber untereinander getrennt das „Verbot schädlicher Fangmittel" (früher § 21), das Verbot der „Verunreinigung der Fischgewässer" (§ 43) einschließlich des Rötungsverbots von Flachs und Hanf (§ 44) und schließlich die „Berechtigung zum Töten und Fangen schädlicher Tiere" (§ 45) auf. Die Verbote der Verunreinigung der Fischgewässer brauchten im neuen FG. nicht wiederholt zu werden, weil bereits das WG. diesbezügliche Vorsorge (§§ 20, 24) ebenso wie in andrer Schutzbeziehung (z. B. §§ 1 Abs. 2, 19 Abs. 2, 379 Ziff. 6, im Anhang unter 1) getroffen hat. Durch sie ist namentlich die ungehinderte Benutzung der Gewässer zum Zweck der Fischzucht und -haltung sicher gestellt und ein Schutz gegen Beeinträchtigung der F.-Berechtigungen geschaffen. Die §§ 94 bis 97 sollen die Vorschriften des WG., die im wesentlichen gegenüberstehende Interessen von Industrie und Fischerei regeln, darin ergänzen. Gegenüber dem § 43 des bisherigen FG. bringen sie vor allem als wichtigste Neuerung, daß nicht

zur Betäubung oder Vernichtung der Fische, Sprengpatronen oder andere Sprengmittel usw.)[2]) verboten. Für geschlossene Gewässer kann der Regierungspräsident Ausnahmen zulassen.[3])

§ **101.** Den Eigentümern von Turbinen kann die Herstellung und Unterhaltung von Vorrichtungen, die das Eindringen der Fische in die Turbinen verhindern, auf ihre Kosten auferlegt werden, soweit solche Vorrichtungen mit dem Unternehmen vereinbar und wirtschaftlich gerechtfertigt sind.[1]) Für Turbinen, die Bestandteile

---

mehr der F.-Berechtigte, sondern der Eigentümer der gewerblichen Anlage die Kosten der erforderlichen Schutzmaßnahmen zu tragen hat. Der achte ist der einzige Abschnitt (außer dem dritten über Genossenschaften), der in Titel zerfällt.

[1]) Darunter ist jede auf Fang eines der im § 4 genannten Tiere abzielende Tätigkeit zu verstehen. Die Nachstellung andrer Wassertiere ist kein Fischfang. Siehe auch Anm. 1 zu § 92.

[2]) Z. B. ungelöschten Kalk. Ferner Handgranaten (ein beliebtes Fangmittel an der Kriegsfront). Siehe auch zu § 296 StGB. unter III C.

[3]) Der § 100 entspricht wörtlich dem § 21 des bisherigen FG. Nur der Satz 2 ist hinzugesetzt und dafür die frühere Vorschrift in § 25, daß jener § 21 nur für offene Gewässer gelte, gefallen. Das in § 100 ausgesprochene Verbot schädlicher Fangmittel gilt jetzt für offene und geschlossene Gewässer und zwar für erstere ausnahmslos, für letztere mit der vom Regierungspräsidenten zu genehmigenden Ausnahme für den einzelnen Fall. Der § 100, dessen Zuwiderhandlung sich nach § 127[3] FG. nur als Übertretung darstellt, unterscheidet sich von dem F.-Vergehen des § 296 StGB. (unter III C) dadurch, daß im letzteren Fall ein unberechtigtes Fischen mit den aufgeführten schädlichen Mitteln stattfindet. Der mit ihnen fischende F.-Berechtigte ist nur nach § 127[3] strafbar. Das Fangen von Fischen mit der Schußwaffe, z. B. das Hechtschießen, ist an sich nicht verboten. Doch darf dies nur derjenige F.-Berechtigte tun, der auf dem betr. Gewässer zugleich jagdberechtigt ist (siehe Anm. 4 zu § 13 JO. unter III A). Durch Polizeiverordnung kann für offene Gewässer (§ 106 Abs. 4) auch dem Jagdberechtigten das Fischschießen verboten werden.

[1]) Der § 101 behandelt die der Fischerei oft sehr schädlichen Turbinen, wie sie bei vielen industriellen Anlagen vorkommen und in denen die hineingelangenden Fische zugrunde gehen. Um dies zu verhindern, ist vorgesehen, daß den Eigentümern

einer nach § 16 der Gewerbeordnung genehmigungspflichtigen Stauanlage sind, trifft die Genehmigungsbehörde bei Erteilung der Genehmigung, für andere der Regierungspräsident die Anordnungen.[2])

---

derartiger Turbinen die Herstellung von Vorrichtungen gegen das Eindringen von Fischen in die Anlage aufgegeben werden kann. Diese Vorrichtungen sind alsdann auf Kosten des Eigentümers der Turbinen — nicht wie nach § 43 des bisherigen FG. auf Kosten des F.-Berechtigten — herzustellen und zu unterhalten. Hinsichtlich der darüber entscheidenden Behörde siehe Anm. 2. Dabei ist die Art der Schutzvorrichtung, die meist aus einem Rechen bestehen wird, der Behörde überlassen. Sie ist aber befugt, den Turbineneigentümer von solchen Vorrichtungen frei zu lassen, wenn diese mit dem Betrieb der Anlage nicht vereinbar sind und gleichzeitig dem industriellen Betriebe wirtschaftliche Nachteile bringen würden, die die Vorteile für die Fischerei aufwiegen oder gar übersteigen.

[2]) Turbinen sind fast stets mit Stauanlagen verbunden. Hinsichtlich der Zuständigkeit der über die Auferlegung der im § 101 erwähnten Schutzvorrichtungen entscheidenden Behörden ist zu unterscheiden, ob die Turbinenanlagen Bestandteile von nach § 16 Gewerbe-Ordng. konzessionspflichtigen Anlagen sind oder nicht. Im Gegensatz zu früher hat das Ob. Verwaltungsgericht in den letzten Jahren angenommen, daß die Turbine ein Bestandteil der Stauanlage im Sinne des § 16 GewO. ist. In diesen Fällen ist nach § 109 Zuständigkeits-G. der Kreis- (Stadt-) Ausschuß und in den einem Landkreise angehörigen Städten von mehr als 10000 Einwohnern der Magistrat für die Genehmigung der Anlage und damit nach der obigen Bestimmung für die etwaige Anordnung jener Fischschutzvorrichtung zuständig. Die Beschwerde geht alsdann an den Minister für Handel und Gewerbe und, wenn bei den Stauanlagen Landeskulturinteressen in Betracht kommen, an den Minister für Landwirtschaft und zwar ohne an eine Frist gebunden zu sein (§ 113 ZustG.). Gehören die Turbinen nicht zu konzessionspflichtigen Betrieben, so hat der Regierungspräsident die etwaige Schutzanordnung zu treffen. Gegen seine Entscheidung ist ebenfalls die fristlose Beschwerde im Aufsichtswege an den Minister gegeben und zwar an denjenigen, der der Sache nach zuständig ist. Vor dem Inkrafttreten des FG. gewerbepolizeilich genehmigte Anlagen unterliegen der Vorschrift des § 101 nicht, es sei denn, daß die Anlage abgeändert wird und durch einen Vorbehalt bei der früheren Genehmigung ihre nachträgliche Unterwerfung unter § 101 ermöglicht wäre (Drucks. 725 A S. 335).

§ **102.** [1] Werden auf Grund eines nach den §§ 379, 380 des Wassergesetzes aufrechterhaltenen Rechtes[1]) in ein Gewässer flüssige Stoffe eingeleitet, welche die Fischerei wesentlich beeinträchtigen, so können die Fischereiberechtigten verlangen, daß der Unternehmer der Anlage Einrichtungen trifft, die geeignet sind, die nachteiligen Wirkungen zu beseitigen oder zu verringern,[2]) soweit solche Einrichtungen wirtschaftlich gerechtfertigt sind und

---

[1]) Schon das frühere FG. (§ 43) hatte das Einlassen von festen oder flüssigen Stoffen aus Betrieben, die nach dem Ergehen des bisherigen FG. errichtet wurden, in Gewässer verboten, wenn dadurch die F.-Rechte geschädigt würden. Für die bei seinem Erlaß schon bestehenden Betriebe bestimmt es, daß bei erheblicher Schädigung der Fischerei dem Betriebsunternehmer auf Kosten des F.-Berechtigten Vorkehrungen zur Hebung oder Verminderung des Schadens auferlegt werden konnten. Die erstere Vorschrift ist bereits inzwischen durch die Bestimmungen des WG. (§§ 19, 21) ersetzt, welche die Fischerei vor zukünftiger Verunreinigung der Wasserläufe wirksam schützen. Jene letztere Bestimmung des früheren FG. soll der § 102 ersetzen. Er betrifft also diejenigen Betriebe, welche schon von früher her das nach §§ 379, 380 WG. in Kraft gebliebene, aber durch sie auf das gemeinübliche Maß zurückgeschraubte Recht, verunreinigende Flüssigkeiten ins Wasser einzuleiten, besitzen.

[2]) Das in Anm. 1 beschriebene Recht älterer Betriebe auf Verunreinigung des Wassers, als welche im besonderen Zuckerfabriken in Betracht kommen, wird an sich entsprechend dem § 379 WG. durch das FG. aufrecht erhalten. Wie nach dem bisherigen FG. (§ 45 Abs. 3 bis 6) sollen auch weiter diese Betriebe unter bestimmten Voraussetzungen auf Verlangen des F.-Berechtigten (nicht auch des Pächters) zur Herstellung von Vorkehrungen verpflichtet sein, durch welche der der Fischerei aus der Wasserverunreinigung entstehende Schaden ganz oder doch teilweise beseitigt wird. Das jetzige FG. hat gegen früher die Voraussetzungen dieser Verpflichtung geändert (Anm. 3) und außerdem die Kosten der Maßnahmen dem F.-Berechtigten abgenommen und sie dem Betriebe als dem wirtschaftlich stärkeren Teil auferlegt. Denn das jetzige FG. hat die Vorschrift des früheren, daß der Betriebsinhaber die Kosten der vom F.-Berechtigten geforderten Vorkehrungen von diesem erstattet verlangen könne, absichtlich weggelassen. Über das Verfahren siehe Anm. 4. Der Betriebseigentümer hat auf seine Kosten die ihm auferlegten Schutzanlagen nicht nur herzustellen, sondern auch zu unterhalten.

den Betrieb des Unternehmens nicht wesentlich beeinträchtigen.[3]) Über solche Einrichtungen beschließt der Bezirksausschuß.[4])

II Abs. 1 gilt nicht für die Einleitung von flüssigen Stoffen, die in einem Genehmigungsverfahren nach den §§ 16 ff. der Gewerbeordnung gestattet worden ist. In Zukunft trifft die Genehmigungsbehörde die Anordnungen, wenn sie die Genehmigung erteilt.[5])

---

[3]) Um die sich gegenüberstehenden Interessen der industriellen Betriebe und der Fischerei etwas auszugleichen, hat das FG. die Betriebe durch Berücksichtigung der in Betracht kommenden wirtschaftlichen Verhältnisse bei der Auferlegung der Schutzvorkehrungen vor unbilligen Auflagen möglichst schützen wollen. Um solche anzuordnen, muß daher die Verunreinigung über das gewöhnlich zu duldende Maß hinaus gehen und die Erheblichkeit der Schädigung der Fischerei hinzukommen. Ihr Vorhandensein ist nach freiem Ermessen der Behörde unter Berücksichtigung des vorstehenden Grundsatzes zu beurteilen. Das Verlangen nach solchen Vorkehrungen soll ferner nur dann begründet sein, wenn es wirtschaftlich unter Abwägung der Interessen des fraglichen Betriebs und der in Betracht kommenden Fischerei wirtschaftlich gerechtfertigt erscheint und schließlich der Betrieb darunter nicht ernstlich leiden würde. Im besonderen beabsichtigt § 102 nicht, bisher schon ganz verunreinigte Wässer in völlig reine Fischgewässer umzuändern (Drucks. 725 A S. 344; Herrenhaus Drucks. 27 A S. 64).

[4]) Das Verfahren zur Herbeiführung jener Vorkehrungen spielt sich so ab, daß zunächst der F.-Berechtigte deren Herstellung bei dem Betriebe auf gütlichem Wege versucht. Ist dies ergebnislos, so hat er bei dem örtlich für den fraglichen Gewässerteil zuständigen Bezirksausschuß einen entsprechenden Antrag auf Auferlegung der ihm erforderlich erscheinenden Vorkehrungen zu stellen. Dieser hat einen F.-Sachverständigen heranzuziehen (§ 121) und alsdann durch Beschluß zu entscheiden. Gegen den Beschluß ist beiden Teilen binnen 2 Wochen die Beschwerde an das Landeswasseramt (§ 122) gegeben. Der rechtskräftige Beschluß ist im Verwaltungszwangsverfahren vollstreckbar.

[5]) Ebenso wie im § 101 der Satz 2 (vgl. Anm. 2 dazu) soll hier der Abs. 2 jeden Zweifel darüber beseitigen, daß der § 102 auf die bei Inkrafttreten des FG. bereits bestehenden und gewerbepolizeilich genehmigten Anlagen keine Anwendung finden soll. Für künftige konzessionspflichtige Betriebsanlagen soll die konzessionierende Behörde

III Abs. 1 gilt sinngemäß auch für Fischereiberechtigte in Gewässern, auf die das Wassergesetz keine Anwendung findet. Für Küstengewässer, in denen keine Fischereirechte bestehen, können durch Polizeiverordnung Bestimmungen getroffen werden.[6])

§ **103.** Durch Polizeiverordnung kann bestimmt werden, daß Fischgewässer nur zu einer bestimmten Zeit oder bis zu einem bestimmten Maß abgeleitet werden dürfen und daß der zur Ableitung Berechtigte dem Fischereiberechtigten den Beginn und die voraussichtliche Dauer einer beabsichtigten Ableitung bestimmte Zeit vorher anzuzeigen hat. Besondere Rechte werden hierdurch nicht berührt.*)

---

die Interessen auch der Fischerei nach Maßgabe des Abs. 1 wahrnehmen. Solange bei Erweiterung eines alten Betriebs keine Verunreinigung des Wassers über das bisherige Maß hinaus (§§ 379, 380 WG.) stattfindet, greift § 102 nicht Platz. Sobald aber die Erweiterung über die Grenzen des aufrecht erhaltenen Verunreinigungsrechts hinaus geht, muß das Verleihungsverfahren nach § 46 WG. erfolgen. Die Frage des etwaigen Schadensersatzes an den F.-Berechtigten wegen der Verunreinigung des Gewässers regelt sich lediglich wie bisher nach § 823 BGB. im ordentlichen Rechtswege.

[6]) Die §§ 379, 380 WG. gelten nur für Wasserläufe, wie § 1 WG. sie begrifflich festgelegt hat (abgedruckt im Anhang unter 1). Der Abs. 3 dehnt die Vorschrift des Abs. 1 auf Gewässer jeglicher Art aus, im besonderen auch auf Küstengewässer, z. B. die Haffe (siehe Beilage zum FG.). Hinsichtlich derjenigen Küstengewässer, auf welchen nach § 6 freier Fischfang herrscht, gibt es keinen wirklich F.-Berechtigten (vgl. Anm. 4 zu § 6), der den Antrag aus Abs. 1 auf Schutzvorkehrungen stellen kann. Um auch diese Art Gewässer vor übermäßigen Einleitungen schützen zu können, ist der Erlaß entsprechender polizeilicher Bestimmungen für sie vorgesehen.

*) Durch § 379 in Verbindung mit § 46 WG. sind die bestehenden Rechte zum Ablassen von Fischwasser z. B. für Mühlengräben, Berieselungsanlagen usw. uneingeschränkt bestehen gelassen. Soweit diese auf besonderem Rechtstitel beruhende Privatrechte sind, werden sie durch § 103 nicht berührt (Satz 2). Er bezieht sich nur auf andre zukünftige, sich nicht auf ein besonderes Recht stützende Ableitungsfälle, z. B. behufs Räumung des Bettes, zu Wasserbauten, zur Mühlenreparatur usw., aber auch zum Zwecke des Fischfangs beim

§ **104.** Wenn Fischereirechte und Rechte zur Benutzung des Fischgewässers nach § 46 Abs. 1 des Wassergesetzes einander beeinträchtigen oder ausschließen, so kann der Fischereiberechtigte sowie jeder zur Benutzung des Wassers Berechtigte verlangen, daß Maß, Zeit und Art der Ausübung der Rechte im Ausgleichungsverfahren geregelt werden. Für Stauanlagen in Abzweigungen bleibt es bei § 32. Sonst gelten entsprechend der § 87 Abs. 1 Satz 2, Abs. 2, 3 und die §§ 88 bis 90 des Wassergesetzes.*)

§ **105.** [1]) I Der Fischereiberechtigte oder Fischereipächter darf, wenn er einen Fischereischein besitzt,[2]) in

---

Oberlieger. Sein Zweck ist eine Schädigung des Fischbestandes des F.-Berechtigten in solchen Fällen durch die Wasserentziehung zu verhüten. Von der in § 103 gegebenen Befugnis hat die FO. (siehe unter II B) Gebrauch gemacht. In ihrem § 31 hat sie den Berechtigten zur Anzeige einer beabsichtigten Wasserableitung an die davon betroffenen F.-Berechtigten verpflichtet und die Frist dafür auf 3 Tage vorher festgesetzt. Notfälle können eine frühere Ableitung durch die F.-Behörde genehmigen lassen. Offene Gewässer sollen während der Schonzeiten, geschlossene (ausgenommen künstliche Fischteiche) in der Zeit vom 1. April bis 15. Mai nur mit Genehmigung des Regierungspräsidenten abgelassen werden dürfen.

*) Das WG. hat bei konkurrierenden oder widerstreitenden Benutzungsrechten am Wasser, die nicht sämtlich voll ausgeübt werden können, in den §§ 87 ff. (abgedruckt im Anhang unter 1) ein besonderes Ausgleichsverfahren vorgesehen, in welchem die Regelung in einer den Interessen aller Beteiligten nach billigem Ermessen entsprechenden Weise durch den Bezirksausschuß vorzunehmen ist. Dieses Verfahren soll nach § 103 auch Anwendung finden, wenn sich Wasserbenutzungs- u. F.-Rechte widerstreitend gegenüberstehen. Dabei soll aber stets der im § 32 ausgesprochene Grundsatz, daß der F.-Berechtigte von früher her bestehende Stauanlagen nicht im ordnungsmäßigen Betrieb hindern darf, daß also das Interesse der Industrie bei solchen Stauanlagen stets dem der Fischerei vorgehen soll, aufrecht erhalten bleiben.

[1]) Das Tötungsrecht des F.-Berechtigten an fischfeindlichen Tieren ist durch § 105 der Bestimmung des früheren FG. (§ 45) gegenüber eingeschränkt.

[2]) Nur der F.-Berechtigte oder F.-Pächter unter gegenseitigem Ausschluß hat das Tötungsrecht an den im § 105

seinem Fischgewässer Fischottern[3]) und Reiher[4]) mit den zur Jagd erlaubten Mitteln, ausgenommen Schuß-

---

aufgeführten Tieren und nur **er in Person** darf es ausüben. Er kann es nicht auf einen Bevollmächtigten übertragen und weder dem angestellten Fischer noch dem Inhaber des Erlaubnisscheins steht es zu. Dem F.-Berechtigten und dem F.-Pächter auch nur, wenn sie einen F.-Schein haben. Deshalb muß z. B. der **Fischzüchter**, welcher auf einem künstlichen Ablaßteich fischereiberechtigt ist, aber nach § 92 Abs. 2 Ziff. 3 keines F.-Scheins bedarf, zur Ausübung des Tötungsrechts sich solchen ausstellen lassen. Das Beisichführen des F.-Scheins bei der Ausübung des Tötungsrechts ist nicht besonders vorgeschrieben und sein Fehlen auch nicht unter Strafe gestellt. Der F.-Berechtigte, der einen F.-Schein überhaupt nicht besitzt, macht sich, weil er alsdann dazu nicht berechtigt ist und es sich um jagdbare Tiere handelt, des Jagdvergehens (§ 292 StGB.) schuldig.

[3]) Der Fischotter gehört nach § 1 JO. (unter III A) zu den jagdbaren Tieren. Da für jagdbare Tiere durch § 41 JO. (unter III A) das Aufstellen von Schlingen verboten ist, darf der F.-Berechtigte dem Fischotter nicht mit solchen nachstellen. Er darf ihn auch nicht schießen, ihn aber sonst mit allen Mitteln verfolgen, z. B. mit Fangeisen, Fallen und auch, wenn es nicht polizeilich verboten ist, durch Gift und zwar ohne Jagdschein. Wenn er ihn bekommt, darf er ihn behalten und braucht ihn nicht an den Jagdberechtigten abzuliefern, wie es im Falle des § 67 JO. geschehen muß (Anm. 4). Die Verfolgung darf aber nur im Fischgewässer, also nur im Bereich des Wassers (bezüglich der Reiher auch im Luftraum über der Wasserfläche) erfolgen. Die Fangeisen dürfen deshalb nicht auf dem Ufer, sondern nur im seichten Wasser des Randes aufgestellt werden. Andern **jagdbaren** F.-Schädlingen darf nicht nachgestellt werden. Im übrigen siehe Anm. 3 zu § 8 VogelschutzG. unter III B.

[4]) Nicht nur die **Fischreiher**, sondern alle Arten Reiher, im besonderen auch die Nachtreiher (Rohrdommel) fallen hierunter. Sie sind außer dem Fischreiher (grauen Reiher), welcher außerhalb des Jagd- und auch des Vogelschutzes (§ 8c VogelschutzG. unter III B) steht, als Wasservögel **jagdbar** (§ 1 JO. unter III A). Entgegen dem früheren FG. (§ 45) darf der F.-Berechtigte dem Fischaar nicht mehr und dem Eisvogel auf Grund des VogelschutzG. nur noch vom 1. Oktober bis Ende Februar nachstellen. Taucher, Kormorane, Säger und Bleßhühner gehören zu den ungeschützten Vögeln. Ihnen kann jedermann, also jeder Fischende, zu jeder Zeit nachstellen. Alle sonstigen Sumpf- und Wasservögel sind nach § 1 JO. jagdbar und dadurch der Nachstellung des F.-Berechtigten,

waffen, töten oder fangen und für sich behalten. Eines Jagdscheins bedarf er nicht.[1])

II Soweit durch Gesetze den Fischereiberechtigten oder Fischereipächtern der Fang jagdbarer, der Fischerei schädlicher Tiere in weiterem Umfange gestattet ist, bleibt es dabei.[5])

§ **106.** I Vorbehaltlich der §§ 100, 107 bis 114 können durch Polizeiverordnungen[1]) Bestimmungen über folgende Gegenstände getroffen werden:[2])

---

wenn er nicht zugleich auf dem Fischgewässer jagdberechtigt ist, entzogen. Ausgenommen ist der Storch, der zu den geschützten Vögeln gehört. Im übrigen siehe § 67 FO. unter III A.

[5]) Hierdurch ist § 67 FO. in Wirkung geblieben, wonach auf nicht zu einem eigenen Jagdbezirk gehörenden Fischseen und Teichen der F.-Berechtigte und -Pächter und auf Antrag auch deren Beauftragte von der Jagdpolizeibehörde zum unbeschränkten Nachstellen aller fischereischädlichen Tiere ermächtigt werden können. Auch die Schußwaffe darf ihnen dort gestattet werden. Die erlegten jagdbaren Tiere sind den Jagdberechtigten auf sein Verlangen gegen Schußgeld aber herauszugeben. Siehe zu § 67 FO. unter III A.

[1]) Das frühere FG. hatte die für den F.-Betrieb selbst bestimmten Einzelanordnungen aus dem Gesetz ausgeschaltet und im § 22 landesherrlichen Verordnungen überlassen, die dann für einzelne Provinzen ergangen sind. Sie sind sämtlich außer Kraft getreten (§ 54 FO. unter II B). Diese Trennung ist im neuen FG. aufrecht erhalten, an Stelle der landesherrlichen sind aber zweckmäßig polizeiliche Verordnungen getreten. Für ihren Erlaß ist zuständig der Landwirtschaftsminister und zur Förderung der mehr lokalen F.-Interessen der Oberpräsident und der Regierungspräsident (§ 124). Hinsichtlich des F.-Betriebs bildet der Inhalt des § 106 den Rahmen, innerhalb dessen sich diese Polizeiverordnungen, vor deren Erlaß die Beteiligten gehört werden sollen (Abs. 5), halten müssen. Andernfalls sind sie rechtsungültig. Mit Ausnahme der Fälle in Abs. 4 können sie auch für geschlossene Gewässer ergehen. Auch die Küstengewässer unterstehen ihnen. Strafandrohung: § 128. Die auf Grund des § 106 für erforderlich erachteten ministeriellen Anordnungen sind in der FO. ergangen (siehe darüber Anm. 2).

[2]) Von der in Anm. 1 erwähnten Befugnis des § 106 hat der LandwMinister in einer „Fischerei-Ordnung vom 29. März

1. das Mindestmaß der Fische;[3])
4. die Schonzeiten der Fische, die Verbote und Beschränkungen des Fischens während der Schonzeiten und die Behandlung der während der Schonzeiten gefangenen Fische;[4])

1917" (abgedruckt unter II B) weitgehenden Gebrauch gemacht. In ihr sind Bestimmungen für die meisten der unter Ziff. 1—12 aufgeführten Materien ergangen. In einigen Punkten sind diese durch besondere Verordnungen der Regierungspräsidenten für die einzelnen Regierungsbezirke ergänzt worden. Näheres siehe in Anm. 3 bis 12. Bei Zuwiderhandlungen gegen die auf Grund des § 106 ergangenen Polizeiverordnungen, also auch bei einem solchen Verstoß gegen die FO., kann auf Einziehung der mitgeführten Fanggeräte erkannt werden (§ 128 Abs. 2).

[3]) In den §§ 1—9 FO. (unter II B) sind für eine ganze Anzahl von Fischarten die Mindestmaße, von der Kopfspitze bis zum Ende des längsten Teils der Schwanzflosse gemessen, in Zentimetern festgesetzt, von deren Vorhandensein die zulässige Fangbarkeit dieser Fischarten abhängig gemacht ist. Für die darin nicht aufgeführten Arten bestehen keine Mindestmaße. Diese Maße gelten für den Fischfang in offenen und in geschlossenen Gewässern (Abs. 4) und auch für Angler; dagegen nicht für Fischbrut und wirkliche Besatzfische (Abs. 4 Satz 2). Auch dürfen untermaßige Köderfische bestimmter Arten gefangen werden (§ 9 FO.). Die Festsetzung auch eines Mindergewichts von Fischen (wie es § 26 des früheren FG. vorsah) ist im neuen FG. als unzweckmäßig weggelassen. Siehe ferner Anm. 15.

[4]) Durch die §§ 11—18 FO. (unter II B) sind allgemein Sonntagsschonzeiten (9 Uhr vormittags bis 6 Uhr nachmittags) für ganz Preußen mit Ausnahme für die sog. stille Fischerei festgesetzt. Ferner ist eine Winterschonzeit von acht Wochen für die Gewässer mit vorzugsweise Winterlaichern, in den übrigen Binnengewässern eine Sommerschonzeit von sechs Wochen eingeführt. Die Regierungspräsidenten haben im einzelnen die Gewässer für die letzteren beiden Schonzeiten und die betreffenden Wochen bei ersterer im Oktober bis Januar, bei letzterer im März bis Juni zu bestimmen. Für Angler gilt die Sonntagsschonzeit nicht (§ 11 FO. letzter Satz). Auch bestimmte Artenschonzeiten und verschiedene Ausnahmen dürfen sie festsetzen. Alles dies ist in besonderen Polizeiverordnungen, die sie für ihre Regierungsbezirke erlassen haben, erfolgt. Diese sind in den betreffenden Regierungsblättern (meistens vom April und Mai 1917) veröffentlicht. Alle diese Schonzeitvorschriften gelten nur für offene Gewässer.

3. weitergehende Verbote und Beschränkungen hinsichtlich der Aussetzung, des Fanges und der Versendung von Fischen sowie hinsichtlich der Art und Beschaffenheit der Fanggeräte;[5])
4. die aus Rücksichten auf den öffentlichen Verkehr und die Schiffahrt sowie zur Vermeidung gegenseitiger Störung der Fischer und zur Erleichterung der Aufsichtsführung beim Fischfange zu beobachtende Ordnung;[6])
5. die Abfischung von Gewässern;[7])
6. die Bekämpfung von Fischkrankheiten;[7])
7. das Aussetzen ausländischer Fische;[8])
8. die Art und Zeit der Werbung von Wasserpflanzen (Rohr, Schilf, Binsen usw.);[9])

---

[5]) Für die offenen Gewässer hat hierzu die FO. (unter II B) eine Reihe von Vorschriften über die Fanggeräte gegeben (§§ 19 bis 29). Danach ist die Aalharke nunmehr völlig verboten, Speere und andere Stecheisen dürfen nur für den Aalfang und zwar nur mit besonderer Genehmigung des Regierungspräsidenten gebraucht werden. Ferner sind dort besondere Bestimmungen über den Gebrauch von Stellnetzen, Reusen, Steck-, Treib- und Zugnetzen sowie Grundschleppnetzen einschließlich ihrer zulässigen Maschenweiten ergangen. Darf der F.-Berechtigte nur mit einem bestimmten Fanggerät auf Grund seines F.-Rechts fischen, so ist durch die Polizeiverordnung in dieses Recht nicht eingegriffen (§ 106 Abs. 2).

[6]) Hierzu hat die FO. (unter II B) Ordnungsbestimmungen beim Fischfang in offenen Gewässern erlassen (§§ 44 bis 50). Sie betreffen im besonderen die Nichtbehinderung des Schiffsverkehrs durch den Fischfang, den Schutz der Kabel, die Sicherung des Verkehrs auf dem Eise bei der Winterfischerei, das Verhalten mehrerer dicht beieinander fischenden Fischer und das Verhalten der Fischer gegenüber den Kontrollbeamten.

[7]) Hierzu sind Bestimmungen in der FO. nicht ergangen. Es ist aber dadurch die Möglichkeit gegeben, unter Umständen geeignete Vorschriften über diese Materien zu erlassen, z. B. für Abfischung von Gewässern wegen Fischkrankheiten usw.

[8]) In § 35 FO. (unter II B) sind Fisch-, Krebs- und Austernarten einzeln aufgezählt, welche nur mit Genehmigung des Regierungspräsidenten in offenen Gewässern ausgesetzt werden dürfen. Für geschlossene Gewässer besteht eine Aussetzungsbeschränkung nicht.

[9]) Der § 36 FO. (unter II B) verbietet die Werbung aller Art Wasserpflanzen mit Ausnahme des angetriebenen

9. den Schutz der Fischfuttertiere;[7])
10. den Schutz des Fischlaichs;[10])
11. das Einlassen von Enten in Fischgewässer;[11])
12. den Schutz von Fischteichen und Fischzuchtanstalten mit zugehörigen Anlagen.[12])

Seegrases und -tangs und die Entnahme von Schlamm, Kies usw. während der Frühjahrsschonzeit, wenn nicht der F.-Berechtigte dazu seine Erlaubnis gegeben hat. Ausnahme ist durch den Regierungspräsidenten zulässig. Siehe auch § 40 FO. See- und Korallenmoose gehören nicht zu den Wasserpflanzen, sondern zu den Fischen (§ 4 Anm. 7).

[10]) Daraufhin ist das Entnehmen oder Beschädigen von Fischlaich seitens Dritter ohne Erlaubnis des F.-Berechtigten durch § 37 FO. (unter II B) verboten. Ausnahme ist durch den Regierungspräsidenten zulässig. Der F.-Pächter ist an dieses Verbot nicht gebunden (§ 40 FO.).

[11]) Nach §§ 188, 189 I 9 ALR. (unter I C) durfte bisher im Gebiete des Allgemeinen Landrechts der F.-Berechtigte fremde Enten, die auf seinem Fischgewässer betroffen wurden, pfänden und sogar töten. Diese Vorschriften sind durch das jetzige FG. (§ 124 ²) aufgehoben und dadurch für jenes Gebiet grundsätzlich der gleiche Rechtszustand wie für die Landesteile des früheren gemeinen und französischen Rechts geschaffen, wo das Einlassen von Enten nicht beschränkt war. Das FG. selbst hat jetzt für alle Gebiete einheitlich in § 112 das Einlassen von Enten in Laichschonbezirke während der Laichzeit ausnahmslos verboten. Auf Grund des § 106 ¹¹ hat ferner die ergangene FO. (unter II B) durch § 38 die Frage des Einlassens von Enten in Fischgewässer für ganz Preußen einheitlich geregelt. Danach dürfen Enten ohne Erlaubnis des F.-Berechtigten nicht in Fischgewässer eingelassen werden. Andernfalls steht diesem das Recht der Selbstverteidigung aus § 228 BGB. zu, wonach er sie vom Wasser mit allen Mitteln und ohne Rücksicht auf etwaige Verletzungen verjagen und nötigenfalls töten darf. Auch trifft den Entenbesitzer Geldstrafe aus § 53 FO. Durch besondere Erlaubnis des Regierungspräsidenten kann im einzelnen Fall der Enteneinlaß anderweit geordnet werden. Siehe ferner § 40 FO. Für das Einlassen andrer Tiere, z. B. von Gänsen und Schwänen (mit Ausnahme von Hunden in künstliche Fischteiche, Anm. 12), bestehen Vorschriften nicht und es können darüber auch Polizeiverordnungen nicht ergehen.

[12]) Der § 39 FO. (unter II B) verbietet auf Grund dieser Bestimmung die Beschädigung der zu künstlichen Fischteichen gehörigen Anlagen, das Betreten ihrer Ufer und Dämme sowie das Einlassen von Hunden in die Teiche. Für den F.-Pächter usw. gilt diese Vorschrift nicht (§ 40 FO.).

II Nicht berührt werden durch Abs. 1 Nr. 3 Rechte auf die Benutzung ständiger Fischereivorrichtungen sowie auf den Gebrauch eines anderen bestimmten Fangmittels, wenn der Fischereiberechtigte nur mit diesem die Fischerei ausüben darf.[13])

III Angeln außerhalb geschlossener Ortschaften darf durch Polizeiverordnung für Sonn- und Feiertage nicht weiter beschränkt werden als für Wochentage.[14])

IV Für geschlossene Gewässer gelten die Nrn. 2 bis 7 nicht, die Nrn. 8 bis 12 nicht dem gegenüber, dem die Ausübung des Fischereirechts zusteht.[15]) Nr. 1 gilt nicht

---

[13]) Durch den Abs. 2 soll dafür Vorsorge getroffen werden, daß durch eine Polizeiverordnung nicht in wohlerworbene Rechte auf Benutzung ständiger F.-Vorrichtungen (§ 35) und auf Gebrauch eines bestimmten Fangmittels eingegriffen werden kann.

[14]) Bisher waren vielfach die Sonnabende und Sonntage als Schontage der Fische festgesetzt und auch für diese Tage das Angeln untersagt. Der Abs. 3 soll aus sozialen Gründen den Anglern die Möglichkeit geben, ihren Sport auch am Sonntage auszuüben. Danach kann innerhalb der Ortschaften das Angeln an Sonn- und Feiertagen nach wie vor durch Polizeiverordnung verboten werden, um die Rücksicht auf die Heilighaltung dieser Tage wahren zu können, außerhalb einer Ortschaft aber nur insoweit, als nicht auch für die Werktage im Interesse der Fischwirtschaft ein Angelverbot besteht. Für die Angler kommt die durch § 11 FO. eingeführte Sonntagsschonzeit nicht in Betracht, wohl aber die durch §§ 13 und 15 festgesetzten Winter- und Frühjahrsschonzeiten für bestimmte Gewässer (siehe unter II B).

[15]) Für geschlossene Gewässer finden die Bestimmungen über den Fang von Fischen unter dem Mindestmaß (§§ 1 ff. FO.) Anwendung. Auch in geschlossenen Gewässern dürften eigentlich deshalb mindermaßige Fische nicht gefangen werden. Doch durch § 8 FO. ist dies für geschlossene Gewässer gestattet, sie dürfen aber nach § 107 FG. mit Ausnahme von Besatzfischen nicht in den Verkehr gebracht werden. Die aus Ziff. 2—7 ergehenden Vorschriften gelten für geschlossene Gewässer nicht. Siehe dazu § 107 Anm. 4. Die in §§ 11 ff. FO. (unter II B) festgesetzten Schonzeiten und die Bestimmungen der §§ 19 ff. FO. über Art und Beschaffenheit der Fanggeräte finden daher auf geschlossene Gewässer keine Anwendung. Die polizeilichen Bestimmungen auf Grund der Ziff. 8 bis 12 binden auch bezüglich der geschlossenen Gewässer jedermann mit Ausnahme

für Fischbrut und Besatzfische, die aus Fischzuchtanstalten oder geschlossenen Gewässern stammen und zur Besetzung anderer Gewässer bestimmt sind.[16])

[V] Vor Erlaß einer Polizeiverordnung nach Abs. 1, 3 sollen Beteiligte gehört werden.[17])

§ 107. [I] Ist der Fang von Fischen unter einem bestimmten Maße verboten (§ 106 Abs. 1 Nr. 1),[1]) so dürfen solche Fische im Geltungsbereiche des Verbots

---

des F.-Ausübungsberechtigten, also des F.-Berechtigten und des F.-Pächters. Der auf Erlaubnisschein Fischende ist als nicht voll berechtigter Fischer daran gebunden (a. M. Delius S. 204).

[16]) Fischbrut und Besatzfische mit Mindermaß dürfen aus offenen Gewässern nur mit besonderer Genehmigung des Regierungspräsidenten im Einzelfall genommen werden (§ 6 FO.), wohl aber ohne solche aus geschlossenen Gewässern. Sie unterliegen dann nicht der Verkehrsbeschränkung aus § 107. Über die Größe der Besatzfische können polizeiliche Vorschriften nicht ergehen.

[17]) Durch die Zuziehung der Beteiligten sollen unzweckmäßige Polizeibestimmungen vermieden werden. Unter ihnen sind in erster Linie wirtschaftlich Beteiligte zu verstehen, also Berufsfischer, Gewässereigentümer, Fischzüchter, Großgrundbesitzer usw., aber auch wissenschaftliche F.-Sachverständige. Ihre Auswahl und Anzahl ist der zuständigen Behörde (§ 124) überlassen. Die Nichtzuziehung solcher Beteiligten berührt die Gültigkeit der ergangenen Polizeiverordnung nicht.

[1]) Der § 107 beabsichtigt (ebenso wie § 26 des bisherigen FG.), den absichtlichen oder auch fahrlässigen Fang von Fischen, die nicht das durch etwaige Polizeiverordnung festgesetzte Mindestmaß haben, nach Kräften dadurch zu verhindern, daß die Verwertung solcher Fische möglichst erschwert wird. Die Voraussetzung der Verwertungserschwernis des § 107, nämlich das Fangverbot für mindermaßige Fische, ist durch §§ 1 ff. FO. (unter B II) für eine große Anzahl Fischarten ergangen (Anm. 3 zu § 106). Für die nicht darin genannten Arten sowie für die untermaßigen Köderfische (§ 9 FO.) und für Besatzfische (Anm. 16 zu § 106) besteht deshalb die Verkehrsbeschränkung des § 107, welches sich sonst auf lebende und tote Fische und solche auch aus ausländischem Fang bezieht, nicht. Wohl aber für untermaßige Fische jener Arten des § 1 FO. aus geschlossenen Gewässern (§ 8), wofür aber Ausnahmen vom Regierungspräsidenten gestattet werden können. Außer der Bestrafung bei Übertretung des § 107 hat die Einziehung der in den Verkehr gebrachten mindermaßigen Fische zu erfolgen (§ 128 Abs. 1 u. 3).

unter diesem Maße weder feilgeboten,[2] noch verkauft,[3] noch zur Beförderung gebracht werden.[4] Durch Polizeiverordnung können für offene Gewässer Bestimmungen getroffen werden, daß die Fische auch nicht an Land gebracht, aufbewahrt oder zu bestimmten Zwecken verwandt werden dürfen und wie nach der Anlandung mit ihnen zu verfahren ist.[5]

II Dasselbe gilt, wenn der Fang einzelner Fischarten verboten ist, für die Fische dieser Arten während der Verbotszeit sowie für Fische, die ausschließlich mit besonders eingerichteten Fanggeräten gefangen werden, während der Verbotszeit dieser Fanggeräte.[6]

---

[2]) Ein bloßes Angebot, Fische zu liefern, ist kein Feilbieten, denn letzteres erfordert eine ausdrückliche oder doch stillschweigende Kaufaufforderung unter Zugänglichmachung der Ware selbst (Joh. 54 C 50). Auch die lediglich Vermittlung fällt nicht darunter. Dagegen liegt ein Feilbieten in dem Umhertragen und in dem Aufstellen zum Zweck des Verkaufs (Begr. S. 61).

[3]) Nur der Verkauf, wozu jede entgeltliche Veräußerung, also auch ein Tausch, rechnet, nicht auch der Ankauf ist verboten und strafbar; auch nicht der bloße Besitz oder die bloße Aufbewahrung. Deshalb können bei einem Fischhändler die mindermaßigen Fische wohl auf dem Transport (Anm. 4), nicht aber in seinem Hause, wenn er sie bisher nicht feilgeboten hat (Anm. 2), nach § 128 Abs. 3 beschlagnahmt werden. Hinsichtlich des Vermittlungsgeschäfts siehe Anm. 2.

[4]) Darunter ist jede Art des Wegbringens von einer Stelle zur andern, soweit dies nicht ausdrücklich gestattet ist (§ 10 FO.), zu verstehen, also auch schon das Tragen oder Fahren mit Wagen, Karren oder dgl. innerhalb desselben Dorfs. Die etwaige Strafe aus § 128 trifft nur den Beförderer, nicht auch den bei der Beförderung unbeteiligten Abnehmer.

[5]) Auf Grund des § 107 Satz 2 ist der § 10 FO. ergangen (unter II B). Danach müssen gefangene mindermaßige Fische baldmöglichst wieder sorgsam ins Wasser zurückgesetzt, bei gewissen Fanggeräten bis zu einer bestimmten Menge können sie vom Fänger selbst im Haushalt verwertet werden. Im übrigen hat die betreffende F.-Behörde über die Verwendung solcher Fänge nähere Bestimmung zu treffen. Der § 10 FO. kann nur für offene Gewässer zur Anwendung gebracht werden, trotzdem sein Inhalt dies nicht erwähnt, weil § 107 nur für solche Gewässer eine polizeiliche Bestimmung darüber zugelassen hat.

III Der Regierungspräsident kann zu wissenschaftlichen, gemeinnützigen und wirtschaftlichen Zwecken Ausnahmen von Abs. 1, 2 gestatten.[7])

§ 108. Während der Dauer der Schonzeiten (§ 106 Abs. 1 Nr. 2) müssen ständige Fischereivorrichtungen (§ 35 Abs. 5) in offenen Gewässern beseitigt oder abgestellt sein.*) Soweit die Rücksicht auf die Erhaltung

---

[6]) Der Abs. 2 erhält eine Erweiterung des Verbots von Abs. 1 Satz 1 für die gegen sonstige Verbote gefangenen Fische. Es dürfen deshalb auch die während der Schonzeiten (§§ 11 ff. FO.) oder mit unzulässigen Fanggeräten (§§ 19 ff. FO.) gefangenen rechtmaßigen Fische in den betreffenden Verbotszeiten nicht in den Verkehr gebracht werden. Bei Zuwiderhandlung findet Bestrafung und Einziehung der Fische aus § 128 Abs. 1 und 3 statt.

[7]) Der Abs. 3 sieht Ausnahmen von den Vorschriften des Abs 1 und 2 für Einzelfälle vor, deren Beurteilung in das freie Ermessen des Regierungspräsidenten gestellt ist. Doch muß für Gewährung der Ausnahme einer der genannten Zwecke vorliegen. Für gemeinnützige Zwecke geschieht auch z. B. die Beschickung von F.-Ausstellungen und die Besetzung andrer Fischgewässer. Als Ausnahmegrund zu wirtschaftlichen Zwecken werden auch z. B. großer Fleischmangel, drohende Hungersnot in Betracht kommen. Auch öffentliche oder überwiegende Interessen der Vorflut, der Landeskultur, der Schiffahrt und der Industrie sollen unter die in Abs. 3 vorgesehenen Ausnahmegründe fallen (Drucks. 725 A S. 375 f.).

*) Die im § 35 besonders behandelten ständigen Fangvorrichtungen, die dort schon möglichst eingeschränkt sind, müssen, wie es schon das bisherige FG. (§ 28) vorgeschrieben hatte, für die Schonzeit in offenen Gewässern abgestellt werden. Andernfalls würde es sich, da sie Selbstfänger sind, um eine durch nichts gerechtfertigte Durchbrechung der Schonzeiten handeln. Diese Vorschrift betrifft ausnahmslos jede ständige Fangvorrichtung, auch diejenigen aus der Zeit vor Inkrafttreten des bisherigen FG. (§ 35 Abs. 4). Durch die ebenfalls schon im bisherigen FG. (§ 28 Abs. 3) vorhanden gewesene Bestimmung des Satz 2 sollen aus volkswirtschaftlichen Rücksichten zugunsten namentlich des Aalfangs weitgehende Befreiungen von Abs. 1 ermöglicht werden. Hinsichtlich der Dauer der Schonzeiten siehe §§ 11 ff. FO. (unter II B). Während der dort festgesetzten Sonntagsschonzeit braucht die Abstellung nicht zu erfolgen, da der Betrieb der selbständigen F.-Vorrichtungen zur stillen Fischerei gehören.

des Fischbestandes es gestattet, kann der Regierungspräsident Ausnahmen zulassen.

§ 109. Außerhalb der Grenzen des freien Fischfangs darf niemand auf Wasserfahrzeugen unverpackte oder nicht als Frachtgut oder Reisegepäck beförderte Fischereigeräte mit sich führen, es sei denn, daß er in dem Gewässer fischereiberechtigt ist oder sich auf dem Wege zwischen seinem Wohnort und einem Gewässer befindet, in dem er den Fischfang ausüben darf.[1])

Zweiter Titel. Schonbezirke.*)

§ 110. [I] Der Regierungspräsident kann nach Anhörung der Fischereiberechtigten oder Fischereipächter zu Schonbezirken erklären:

---

[1]) Erfahrungsgemäß wird von Fahrzeugen, z. B. von bewohnten Kähnen aus vielfach Wildfischerei getrieben. Um diese zu verhüten, soll niemand auf Kähnen, Dampfschiffen, Booten, Holzflößen usw. unverpackte F.-Geräte haben dürfen. Ausgenommen ist der F.-Berechtigte, dessen Begriff hier dem Sinne des § 101 entsprechend weiter aufzufassen ist und auch den Pächter und Inhaber des Erlaubnisscheins umfaßt. Der Besitz allein eines F.-Scheins rechtfertigt bei andern Personen das Mitführen noch nicht. Die Absicht zum Gebrauch der Geräte ist zur Strafbarkeit aus § 127 Ziff. 5 nicht erforderlich. Unverpackt sind die Geräte, wenn der Besitzer ohne besondere Vorbereitung von ihnen Gebrauch machen kann. Die der Vorschrift zuwider mitgeführten Fanggeräte können gerichtlich eingezogen werden (§ 128 Abs. 2 in Verbindung mit § 127 Ziff. 3). Das Verbot bezieht sich nicht auf die Küstengewässer mit freiem Fischfang (§ 6) und auf dem Verbindungsgewässer zwischen dem Wohnort und dem F.-Revier des F.-Ausübungsberechtigten sowie auf diesem Revier selbst.

*) Im neuen FG. ist die Benennung „Schonbezirk" an die Stelle des früheren „Schonrevier" getreten.

Zu § 110. Wie im bisherigen FG. werden Fisch- und Laichschonbezirke unterschieden und können vom Regierungspräsidenten (früher vom Landwirtschaftsminister) in offenen Gewässern festgesetzt werden, wobei F.-Sachverständige gehört werden sollen. Während aber früher als Fischschonbezirke nur diejenigen Gewässerstrecken in Betracht kamen, welche den Eingang der Fische aus dem Meere in die Binnengewässer beherrschen, können jetzt solche auch tief im Binnenlande bestimmt werden, so daß nicht nur die Wanderfische, sondern auch die in den

1. Gewässerstrecken, die vorzugsweise den Wechsel der Fische beherrschen (Fischschonbezirke);
2. Gewässerstrecken, die vorzugsweise geeignete Laichplätze für die Fische bieten (Laichschonbezirke).

II Die Schonbezirke sind öffentlich bekannt zu machen und, soweit möglich, örtlich zu bezeichnen. Ist die Beibehaltung eines Schonbezirks nicht mehr erforderlich, so kann er mit Zustimmung des Ministers für Landwirtschaft, Domänen und Forsten wieder aufgehoben werden. Die Wiederaufhebung ist öffentlich bekannt zu machen.

§ 111. In Fischschonbezirken ist jede Art des Fischfangs verboten, die der Regierungspräsident nicht aus den Gründen des § 107 Abs. 3 anordnet oder gestattet.[1]) In Laichschonbezirken gilt dies nur für die

---

Flußgebieten heimischen Standfische dabei berücksichtigt werden können. Hier hat das neue FG. also eine Erweiterung gebracht. Dagegen eine Einschränkung bei den Laichschonbezirken. Im Gegensatz zum früheren FG. brauchen für letztere die betreffenden Gewässerstrecken nur für das Laichen nicht aber auch weiterhin für die Entwickelung der jungen Brut besonders geeignet zu sein. Dieses letztere Erfordernis ist fallen gelassen, weil nach neueren Erfahrungen die junge Brut nicht an den Laichplätzen verbleibt, sondern sich über weitere Gebiete ausbreitet und durch Fanggeräte kaum geschädigt wird (Begr. S. 68). Die Wirkung der Unterscheidung der beiden Arten Schonbezirke bringt § 111. Für die Auswahl der Strecken dazu siehe § 113.

[1]) Die in § 110 vorgenommene Unterscheidung der Schonbezirke folgt in §§ 111 und 112 die verschiedene Behandlung der beiden Arten hinsichtlich ihrer Befischung. In Übereinstimmung mit dem früheren FG. darf in Fischschonbezirken das ganze Jahr über in keiner Weise gefischt werden, auch nicht vom Eigentümer des Gewässers. Diese Bestimmung soll dauernd den Zug der Fische aus den größeren Gewässern in die mehr landeinwärts gelegenen sichern. Denn dieser findet nach den jetzigen Erfahrungen, wenn auch in den einzelnen Jahreszeiten in wechselnder Stärke, so doch während des ganzen Jahres statt. Nur in den vom Regierungspräsidenten besonders zu bestimmenden Ausnahmefällen darf in ihnen gefischt werden. Solche darf er nur zur Schonung d. h. namentlich zum Wegfangen der Raubfische durch geeignete Fanggeräte wie Reusen, Aalschnüre oder für gemeinnützige

Laichzeit[2]) der Fischarten, für die der Schonbezirk angeordnet ist.[3])

§ 112. In Laichschonbezirken muß während der Laichzeit[1]) der zu schonenden Fischarten die Räumung, das Mähen von Schilf und Gras, die Entnahme von Pflanzen, Schlamm, Erde, Sand, Kies und Steinen sowie jede andere der Fortpflanzung der Fische gefährliche Störung unterbleiben, soweit nicht der Regierungspräsident aus den Gründen des § 107 Abs. 3 Ausnahmen zuläßt.[2]) Enten dürfen während der Laichzeit nicht in Laichschonbezirke eingelassen werden.[3])

---

oder wirtschaftliche Zwecke gestatten. Siehe hierzu Anm. 7 zu § 107. Strafandrohung: § 127 Ziff. 6. Auch kann die Einziehung der mitgeführten Fanggeräte ausgesprochen werden (§ 128 Abs. 2 in Verbindung mit § 127 Ziff. 6).

[2]) Unter Laichzeit ist die Zeit zu verstehen, welche der Fisch gebraucht, um sich nach dem Laichrevier zu begeben und dort seinen Laich abzusetzen. Je nach der Art der Fische und auch der Gewässer ist sie verschieden. Man unterscheidet Frühjahrs- und Winterlaichzeit und ebensolche Schonzeiten. Die betreffenden Zeiten sind daher für die einzelnen Bezirke durch Polizeiverordnung besonders festzusetzen, wie dies die FO. (unter II B) in den §§ 13, 14 bestimmt hat.

[3]) Im Gegensatz zum früheren FG. umfaßt die Sperrung der Laichschonbezirke nur die Laichzeit der in dem betreffenden Gewässergebiet hauptsächlich zu schonenden Fischarten. Sie ist also keine dauernde wie im Fischschonbezirk, sondern nur eine zeitweilige. Während dieser Sperrzeit hat aber wie dort jede Art von Befischung zu unterbleiben, im besonderen auch auf andre Fische (a. M., aber unrichtig Delius S. 212). Die Sperrzeit ist in der nach § 110 Abs. 2 zu erlassenden Bekanntmachung mitzuteilen. Die im früheren FG. vorgesehene Dauer der Sperrzeit während des ganzen Jahrs ist fallen gelassen, weil erfahrungsgemäß in Laichschonbezirken sich die Raubfische ansammeln und deshalb ihre Abfischung nach der Laichzeit zum Schutze der Brut zweckmäßig ist. Weitere Maßnahmen für Laichschonreviere bestimmt § 112.

[1]) Hinsichtlich des Begriffs der Laichzeit siehe Anm. 2 zu § 111.

[2]) Außer der zeitweiligen Sperrung für jeden Fischfang hat während der Laichzeit der in Frage kommenden Fischarten auch jede andre das Laichen störende Handlung auf dem Laichschonbezirk zu unterbleiben. Die obige Aufzählung der ein-

§ 113. I Zu Schonbezirken sollen vorzugsweise solche Strecken erklärt werden, die dem freien Fischfang unterliegen oder in denen dem Staate das ausschließliche Fischereirecht zusteht oder in den Gemeinden durch § 7 des Fischereigesetzes vom 30. Mai 1874 das Fischereirecht übertragen ist.[1])

II Ist zur Erhaltung oder Verbesserung des Fischbestandes notwendig, in die Schonbezirke auch andere Gewässer aufzunehmen, so ruht in diesen das Fischereirecht für die Zeit, in welcher der Fischfang in dem Schonbezirke verboten ist. Für die entzogene Nutzung hat der Staat den Berechtigten durch wiederkehrende Leistungen zu entschädigen.[2])

---

zelnen zu unterlassenden Maßnahmen sind lediglich besonders hervorgehobene Beispiele. Als solche ferner das Rudern, Segeln, Bootanlagen aufzuführen, hat die Abgeordnetenkommission abgelehnt (Drucks. 725 A S. 375/6). Wie im Fischschonbezirk nach § 107 das Fischen kann hier eine ausnahmsweise Störung durch den Regierungspräsidenten gestattet werden und zwar aus den gleichen Gründen wie in § 107. (Siehe Anm. 6 dort.) Strafandrohung: § 127 Ziff. 6. Auch hier kann nach § 128 Abs. 2 die Einziehung der mitgeführten Fanggeräte erfolgen.

[3]) Wegen des sonstigen Einlassens von Enten auf Gewässer siehe Anm. 11 zu § 106.

[1]) Der Abs. 1 stimmt völlig mit der Vorschrift des bisherigen FG. überein (§ 32 Abs. 1). Sein Zweck ist den einzelnen F.-Berechtigten möglichst wenig Wasserflächen zur Befischung zu entziehen und solche mehr der Allgemeinheit aus wirtschaftlichen Interessen zufallen zu lassen. Eine Entschädigung wird für Schonbezirke des Staats und der betreffenden Gemeinden nicht gewährt. Das in Abs. 1 angeführte FG. ist das bisherige. Durch den § 7 war das F.-Recht in solchen Gewässern, welche vorher dem freien Fischfang unterlagen, den Gemeinden innerhalb ihrer politischen Grenzen übertragen. Wird ausnahmsweise ein Gewässer eines privaten F.-Berechtigten Schonrevier, so tritt Abs. 2 ein. Als Strecken mit freiem Fischfang kommen jetzt nur noch Küstengewässer und auch diese nur noch teilweise in Betracht (§ 6).

[2]) Auch die Vorschrift des Abs. 2 entspricht einer solchen des früheren FG. (§ 32 Abs. 3), nur daß jetzt auf der zum Schonbezirk erklärten Gewässerstrecke eines privaten F.-Berechtigten nicht wie früher das F.-Recht wegfällt, sondern für die Dauer der Eigenschaft als Schonbezirk ruht. In

III In geschlossenen Gewässern können wider den Willen des Eigentümers keine Schonbezirke eingerichtet werden.[3])

§ 114. Die zur Zeit des Inkrafttretens dieses Gesetzes vorhandenen Schonbezirke bleiben als Schonbezirke im Sinne der §§ 110 ff. bestehen.

Dritter Titel. Fischwege.*)

§ 115. I Wer in einem offenen Gewässer[1]) Wehre, Schleusen, Dämme oder andere Anlagen herstellt,[2])

---

dem Laichschonbezirk darf der F.-Berechtigte mithin außerhalb der Sperrzeit jedesmal fischen (§ 111 Satz 2). Jeder Schaden des F.-Berechtigten, soweit er ihm mittelbar oder unmittelbar durch die Entziehung der F.-Nutzung entsteht, ist vom Staat diesem zu vergüten und zwar durch eine Jahresleistung. Diese braucht nicht in Geld zu bestehen, ihm kann dafür z. B. die Rohrnutzung zugestanden werden. Im Falle keiner gütlichen Einigung kann die Entschädigung im ordentlichen Rechtsweg eingeklagt werden.

[3]) Die §§ 110 bis 114 beziehen sich grundsätzlich nur auf offene Gewässer. Jedoch können, wenn der Eigentümer — nicht auch der F.-Berechtigte — einverstanden ist, auch geschlossene Gewässerstrecken zu Schonbezirken erklärt oder in solche einbezogen werden. Alsdann gelten die Bestimmungen des ganzen zweiten Titels auch für diese geschlossenen Gewässerstrecken und es tritt im besonderen die Schadensersatzpflicht des Staats aus Abs. 2 ein.

*) Fischweg bedeutet das gleiche wie der Fischpaß des bisherigen FG. Es ist für den gleichen Gegenstand im neuen FG. nur eine andre Bezeichnung gewählt.

[1]) Der ganze Titel bezieht sich nur auf offene Gewässer. Künstliche Wasserzüge fallen im Gegensatz zum bisherigen FG. (§ 37) ebenfalls unter diesen Titel, sobald sie die Eigenschaft eines offenen Gewässers haben.

[2]) Der § 115 betrifft nur künftige Neuanlagen, durch die in einem Gewässer der bisher ganz unbehindert gewesene Fischzug unmöglich wird, § 116 dagegen bereits bestehende Anlagen ohne Fischwege. Von vornherein sind von § 115 ausgeschieden die ständigen F.-Vorrichtungen oder sonstige nach § 35 ausnahmsweise zugelassene Vorrichtungen, die vorübergehend den Fischwechsel sperren. Im Gegensatz zu § 35 betrifft § 115 solche Anlagen, welche nicht die Verhinderung des Fischwechsels bezwecken, sondern als Nebenwirkung herbeiführen.

muß, wenn dadurch der Wechsel der Fische verhindert wird, auf seine Kosten Fischwege anlegen und unterhalten.[3])

II Ausnahmen können zugelassen werden:[4])

1. wenn zur Zeit der Wechsel der Fische durch bestehende Anlagen oder aus anderen Gründen ausgeschlossen ist;[5])
2. wenn die neue Anlage nur einen vorübergehenden Zweck hat und ihre spätere Beseitigung gesichert ist;[6])

---

[3]) In Übereinstimmung mit dem bisherigen FG. (§ 35) schreibt der § 115 zwingend dem Hersteller einer den bisherigen Fischwechsel ganz behindernden Neuanlage die Anlegung eines zum Wechsel der Fische geeigneten Durchlasses auf eigene Kosten vor. Dadurch wird der im nunmehr aufgehobenen § 187 I 9 ALR. (abgedruckt unter 1 C) enthaltene, alle F.-Berechtigten desselben Gewässers berührende Grundsatz, daß an und für sich fließende Gewässer für den Wechsel der Fische nicht gesperrt werden sollen, inhaltlich aufrechterhalten. Gegenüber dem bisherigen FG. ist die Verpflichtung zur Anlegung von Fischwegen insofern erweitert, als der Wechsel jeder Art Fische, auch der ständigen, jetzt in Betracht kommt, während früher nur für die Wanderfische (Lachs, Aal usw.) der Paßzwang bestand. Anlage- und Unterhaltskosten des Fischwegs hat der Hersteller bei Neuanlagen zu tragen (anders § 116). Für die Art der Einrichtung des Fischwegs bestehen keine Vorschriften. Es genügt die Geeignetheit zum Wechsel der Fische. (Drucks. A 725 S. 382). Ausschlaggebend ist das Ermessen des Bezirksausschusses (Abs. 3).

[4]) Die Zulassung bedeutet eine dauernde, keine widerrufliche, wie es im früheren FG. und wie es im Regierungsentwurf vorgesehen war. Die Ausnahmen sind gegen früher um diejenigen unter Ziff. 3 und 4 vermehrt. Über das Verfahren für Gewährung der Ausnahmen siehe Abs. 3.

[5]) Dieser schon bisher bestehende Ausnahmegrund ist gegen früher nicht auf die Wanderfische beschränkt, sondern auf den Wechsel sämtlicher Fische erweitert (vgl. Anm. 3). Er setzt voraus, daß zur Zeit der Errichtung der Sperranlage schon anderweit z. B. durch einen früheren Anlaß der Fischwechsel verhindert ist.

[6]) Zu vorübergehenden Zwecken errichtet sind auch die zeitweiligen Abdämmungen und Aufstauungen von Bächen u. dgl. zur Wiesenbewässerung.

3. für Anlagen zum Schutz oder zur Förderung der Landeskultur;[7])
4. wenn die Anlegung oder Unterhaltung des Fischweges Kosten oder Nachteile verursachen würde, die größer sind als die Vorteile für die Fischerei.[8])

III Über die Art der Einrichtungen und ihre Benutzung sowie über die Zulässigkeit von Ausnahmen beschließt, wenn die Anlagen auf Grund eines gesetzlich geordneten Verfahrens ausgeführt werden, die das Verfahren leitende Behörde, sonst der Bezirksausschuß.[9]) Im Falle des Abs. 2 Nr. 4 kann dem Unternehmer die Verpflichtung zur Beschaffung vom Fischbesatz auferlegt werden, wenn durch die Verhinderung des Fischwechsels eine Verminderung des Fischbestandes zu erwarten ist.[8])

IV Soweit der Unternehmer die nach Abs. 3 angeordnete Anlegung eines Fischweges nicht ausführen

---

[7]) In erster Linie kommt hier der Schutz von Niederungen gegen andringende Fluten in Frage. Auch Bewässerungsanlagen können hierunter fallen.

[8]) Die Zulassung der Ausnahme zu Ziff. 4 soll ermöglichen jedem irgendwie berechtigten wirtschaftlichem Interesse Rechnung zu tragen. Zum Ausgleich des Schadens, welchen durch die Absperrung der F.-Berechtigte hat, kann nach Abs. 3 Satz 2 der Hersteller des Sperrwerks zur Einsetzung von Laichfischen oder Fischbrut verpflichtet werden. Die etwa entstehenden Nachteile können z. B. Wirkungen auf den Wasserstand, auf das Maß der Benutzbarkeit des Wassers zu industriellen Zwecken usw. sein. Diese könnten unter Umständen eine Höhe erreichen, daß ihnen gegenüber der Wert der Fischerei kaum in Betracht käme. Derartige Mißverhältnisse sollen vermieden werden.

[9]) Die zuständige Behörde für alle nach § 115 erforderlichen Entscheidungen ist grundsätzlich der Bezirksausschuß, welcher gemäß § 121 einen F.-Sachverständigen vorher zu hören hat. Erfolgt die Herstellung der Anlage auf Grund eines besonderen Verfahrens z. B. der gewerbepolizeilichen Genehmigung (§ 16 GewO.), der Verleihung eines Wasserbenutzungsrechts (§§ 46 ff. WG.), des Wasserlauf-Ausbaus (§§ 152 ff. WG.), so sollen aus Zweckmäßigkeitsgründen aber die mit der Anlage bereits befaßten Behörden, ähnlich der Vorschrift des § 101 bei Turbinen, auch über die Maßnahmen nach § 115 die Entscheidung treffen. Ist dies von ihr versäumt, so tritt die Zuständigkeit des Bezirksausschusses wieder ein.

kann, ohne fremdes Grundeigentum in Anspruch zu nehmen, muß ihm der Eigentümer den erforderlichen Grund und Boden gegen Entschädigung abtreten. Der § 27 Abs. 4 ist entsprechend anzuwenden. Mit der Rechtskraft des Teiles des Beschlusses, der über die Verpflichtung zur Abtretung entscheidet, geht das Eigentum auf den Unternehmer über. Im übrigen sind die §§ 7 bis 14, 16, 17, 33, 36 bis 39, 45 bis 49 des Enteignungsgesetzes vom 11. Juni 1874 (GS. S. 221) entsprechend anzuwenden.[10])

§ 116. [I] Der Eigentümer von Anlagen (§ 115 Abs. 1), die beim Inkrafttreten des Gesetzes bestehen, müssen die Anlegung und Unterhaltung eines Fischweges gegen Entschädigung dulden, wenn der Staat aus öffentlichen Rücksichten oder die Fischereiberechtigten im oberen oder unteren Teile des Gewässers ihn anlegen wollen.[1])

---

[10]) Ähnlich wie nach § 917 BGB. die Beschaffung eines Notwegs von einem Grundstückseigentümer verlangt werden kann, kann der Eigentümer der Stauanlage von den Anliegern die Hergabe von Grund und Boden zur Anlegung des Fischwegs fordern. Für die Festsetzung der Entschädigung usw. kommen die Vorschriften über die Enteignung entsprechend zur Anwendung unter Berücksichtigung der Sondervorschriften des § 27 FG. für die Aufhebung der beschränkten F.-Rechte. Für alle Entscheidungen ist der Bezirksausschuß zuständig mit Beschwerde an das Landeswasseramt (§ 122). Hinsichtlich des Anspruchs und der Höhe der Entschädigung ist binnen drei Monaten nach der Entscheidung des letzteren der ordentliche Rechtsweg zulässig. Der Übergang des Eigentums an der fraglichen Grundparzelle geht nicht wie sonst durch Auflassung, sondern durch die Rechtskraft des Beschlusses ohne weiteres über. Auf Grund des rechtskräftigen Beschlusses hat der Richter die Umschreibung im Grundbuch vorzunehmen. Es kann ohne das vorgesehene Verfahren auch eine gütliche Einigung zwischen dem Unternehmer und Anlieger erfolgen. Alsdann geschieht die Eigentumsübertragung wie gewöhnlich durch Auflassung.

[1]) Der § 116 betrifft im Gegensatz zu § 115 die beim Inkrafttreten des FG. bereits bestehenden Anlagen, welche bisher ohne Fischweg sind und wie sie in § 115 aufgezählt sind. Jeder F.-Berechtigte des in Betracht kommenden Ge-

II Über die Verpflichtung und Entschädigung beschließt bei Streit der Bezirksausschuß. Entschädigung, ihre Auszahlung und Hinterlegung richten sich nach den Vorschriften bei der Enteignung. Doch wird kein Ersatz geleistet für den Minderwert der Fischerei, der durch Anlegung des Fischweges entsteht.[2])

III Für das Verfahren gelten im übrigen sinngemäß der § 65 Abs. 1, 2, § 69 Abs. 1, 2, die §§ 71, 75, 76 und § 340 Abs. 7 Satz 1 bis 3 des Wassergesetzes.[3])

§ **117.** Der Bezirksausschuß beschließt unter Abwägung aller Umstände, in welchen Zeiten des Jahres der Fischweg offengehalten werden muß.*)

---

wässers, gleichgültig ob er Oberlieger oder Unterlieger ist, kann ohne Angabe von Gründen die Anlegung eines Fischwegs vom Eigentümer dieser Anlagen verlangen. Der Antragsteller hat aber die Kosten der Herstellung und Unterhaltung des Fischwegs zu tragen und auch einen etwaigen Schaden des Eigentümers zu vergüten. Dem Staate steht das gleiche Recht zu, auch wenn er nicht als F.-Berechtigter beteiligt ist. Dessen Verlangen ist aber nur gerechtfertigt, wenn die Anlegung des Fischwegs im öffentlichen Interesse liegt.

[2]) Wie im Falle des § 115 Abs. 3 ist auch hier, wenn keine gütliche Einigung erfolgt, der Bezirksausschuß die entscheidende Behörde mit Beschwerde an das Landeswasseramt (§ 122). Das Verfahren soll nach demjenigen gehen, welches durch das WG. für die Verleihung eines Wasserbenutzungsrechts vorgesehen ist. Alles, was die Entschädigung betrifft, ist nach dem Enteignungsverfahren zu behandeln. Bei der danach zu gewährenden vollen Entschädigung ist aber nach der ausdrücklichen Vorschrift des Abs. 2 ein etwa durch den Fischweg eintretender Minderwert der Fischerei beim Eigentümer der Anlage auf keinen Fall diesem mitzuvergüten, weil er durch das Fehlen des Fischwegs zum Nachteil der F.-Berechtigten bisher größere Erträge gehabt hat und diese gerade durch den Fischweg herabgesetzt werden sollen. Ersatz ist auch dann nicht zu leisten, wenn dem Eigentümer der Anlage durch das F.-Verbot ober- oder unterhalb des geschlossenen Fischwegs ein Nachteil entsteht (§ 118 Abs. 3), da dieser mit unter Abs. 2 Satz 2 fällt.

*) Die Beschlußfassung über die Jahreszeit des Offenhaltens, vor der nach § 121 ein Sachverständiger zu hören ist, hat für ausnahmslos alle Fischwege, nicht nur für die künftig anzulegenden, zu erfolgen und kann von Amts wegen oder auf Antrag jederzeit geändert werden.

§ 118. I In den Fischwegen ist jede Art Fischfang verboten.[1])

II Auch oberhalb und unterhalb des Fischweges muß für die Zeit, während welcher er geöffnet ist, der Fischfang in einer den örtlichen Verhältnissen angemessenen Ausdehnung verboten werden. Der Regierungspräsident bestimmt die Strecken. Er kann aus den Gründen des § 107 Abs. 3 Ausnahmen zulassen.[2]) Werden durch das Verbot Fischereirechte beeinträchtigt, so hat Entschädigung der zu leisten, der den Fischweg unterhält.[3])

Neunter Abschnitt. Fischereiverwaltung.

§ 119. I Die Aufsicht über die Fischerei in den Küstengewässern führen Oberfischmeister als besondere Staatsbeamte ohne Mitwirkung der Ortspolizeibehörden.

II Die Aufsicht über die Fischerei in den Binnengewässern führen die Ortspolizeibehörden. Sie kann jedoch ganz oder hinsichtlich einzelner Befugnisse an Oberfischmeister übertragen werden, die insoweit an Stelle der Ortspolizeibehörde treten. Diese Oberfischmeister werden nebenamtlich oder als besondere Staatsbeamte angestellt.[1])

---

[1]) Strafandrohung in § 127 Nr. 7, auch für Abs. 2.

[2]) Innerhalb der Fischwege selbst ist jederzeit, mögen sie offen oder geschlossen sein, das Fischen unter allen Umständen verboten. In den vom Reg.-Präs. festzusetzenden Strecken oberhalb und unterhalb des Fischwegs ist dies nur der Fall, sobald er geöffnet ist. Hinsichtlich der zulässigen Ausnahmen siehe Anm. 7 zu § 107.

[3]) Es handelt sich um etwaige Schäden eines an der Anlage des Fischwegs unbeteiligten F.-Berechtigten. Der F.-Berechtigte, der den Antrag auf Herstellung des Fischwegs gestellt hat, und der Eigentümer der Anlage können keine Entschädigung verlangen (§ 116 Abs. 2). Der für den Fischweg Unterhaltungspflichtige, der zugleich schadensersatzpflichtig sein soll, wird im Falle des § 116 bei gütlicher Einigung durch den Vertrag, im anderen Fall durch den Bezirksausschuß (§ 116 Abs. 2) bestimmt. Für Neuanlagen ist stets als Unterhalter der Eigentümer der Anlage schadensersatzpflichtig (§ 115 Abs. 1).

[1]) Hinsichtlich der Behörden, denen die Überwachung der F.-Ausübung sowie die Aufrechterhaltung und Durchführung

III Oberfischmeister und Ortspolizeibehörden sind die örtlichen Fischereibehörden. Zur Unterstützung der Oberfischmeister dienen Fischmeister und Fischereiaufseher. Die Dienstaufsicht über die Fischereibeamten und deren sonstige dienstliche Verhältnisse regelt der Minister für Landwirtschaft, Domänen und Forsten.[2])

IV Den Fischereibeamten der Küstengewässer kann die Befugnis übertragen werden, die Befolgung der Vorschriften des § 107 auch außerhalb ihres Dienstbezirkes

---

des FG. und der fischereipolizeilichen Bestimmungen obliegt, kommt die Unterscheidung von Küsten- und Binnengewässern (§ 1) in Betracht. In ersteren sind es die Oberfischmeister, in letzteren die Ortspolizeibehörden (in Städten: Bürgermeister, auf dem Lande: Amtsvorsteher). Der Oberfischmeister handelt auf den Küstengewässern als dafür örtlich zuständige Behörde selbständig und hat mit der Ortspolizeibehörde an der Küste nichts zu tun. Er ist nur auf dem Wasser zuständig (siehe aber Abs. 4). Für den Bürgermeister, Amtsvorsteher usw. bildet die eingangs erwähnte Tätigkeit einen Teil ihrer allgemeinen Polizeigewalt. Sie wurde bisher, soweit es sich nicht um rein polizeiliche Beaufsichtigung handelt, in vielen Gegenden nebenamtlich durch Beamte anderer Verwaltungen z. B. derjenigen des Wasserbaus und der Melioration ausgeübt. In solchen Fällen ermöglicht das jetzige FG. auch für Binnengewässer die Anstellung eines Oberfischmeisters (Abs. 2 Satz 2). Er kann alsdann als besonderer Staatsbeamter, was derjenige für Küstengewässer stets sein muß, angestellt, aber auch bereits ein anderes Amt haben und dann nebenamtlich dazu bestellt werden. In allen solchen Fällen kann ihm die höhere Behörde die gesamte fischereiliche Aufsichtstätigkeit oder auch nur einen beliebigen Teil davon übertragen und zwar für beliebige Bezirke z. B. für mehrere Provinzen oder für ein ganzes Stromgebiet. Hinsichtlich der ihm übertragenen Funktionen hört die Ortspolizei alsdann auf F.-Behörde zu sein und jener Beamte tritt insoweit an ihre Stelle. In höherer Instanz wird die Beaufsichtigung durch den Reg.-Präs., Ober-Präs. und Landwirtschaftsminister geführt. Die Aufsicht über die F.-Genossenschaften und -Bezirke untersteht der F.-Behörde nicht (Abs. 6).

[2]) Überall, wo im FG. von der F.-Behörde die Rede ist, ist dies für Küstengewässer der Oberfischmeister, für Binnengewässer die Ortspolizei, gegebenenfalls aber der an ihre Stelle getretene besondere Oberfischmeister (Anm. 1). Die Organe der Oberfischmeister heißen Fischmeister und F.-Aufseher, die der Ortspolizei sind ihre gewöhnlichen Polizei-

und auf dem Lande zu überwachen. Die Zuständigkeit der Ortspolizeibehörden wird hierdurch nicht berührt.[3])

V Für die Anordnungen der Oberfischmeister gelten bei Abs. 1 sinngemäß die Vorschriften des Landesverwaltungsgesetzes für die Kreispolizeibehörden, bei Abs. 2 die für die Ortspolizeibehörden.[2])

VI Unberührt von Abs. 1, 2 bleibt die besondere Staatsaufsicht über die genossenschaftlichen Angelegen-

---

beamten. Die Anstellung, das Einkommen, die Aufsichtsgliederung usw. der besonderen F.-Beamten soll im Wege der Verwaltung festgesetzt werden. Das Recht, auf fischereilichem Gebiet Polizei-Verordnungen zu erlassen, steht weder den Oberfischmeistern noch der Ortspolizei zu (§ 124), dagegen können beide polizeiliche Strafverfügungen wegen einzelner F.-Übertretungen bis 30 Mk., im Unvermögensfalle 3 Tage Haft, erlassen, gegen welche Entscheidung beim Schöffengericht beantragt werden kann (Ges. vom 23. April 1883, GS. S. 65). Ihre polizeilichen Anordnungen gelten bei Oberfischmeistern über Küstengewässern als solche der Kreis-, bei denen über Binnengewässern als solche von Ortspolizeibehörden (Abs. 5) d. h. die Beschwerden gegen ihre anordnenden Verfügungen gehen bei ersteren an den Reg.-Präs., bei letzteren an den Landrat. Doch ist auch das Verwaltungsstreitverfahren zulässig (§ 127 LVG.). Als Zwangsmaßnahmen zur Durchsetzung ihrer Anordnungen können die ersteren bis 150 Mk., die letzteren bis 60 Mk. Geldstrafe androhen (§ 132 LVG.) und zwar unabhängig von einer etwa verwirkten Strafe wegen Übertretung (§ 130).

[3]) Die Zuständigkeit der Oberfischmeister über Küstengewässer und ihrer Beamten endet mit dem Augenblick, wo sie das Land betreten (Anm. 1). Sie wären daher an sich amtlich nicht befugt, z. B. den Korb des Küstenfischers auf dem Lande zu durchsuchen. Durch die obige Vorschrift wird allen diesen F.-Beamten das Recht, auch auf dem Lande Ermittelungen anzustellen, gewährt. Dadurch erhalten sie auch dort den Schutz des § 113 StGB. Den ordentlichen Polizeibehörden sollen aber dadurch keinerlei Rechte genommen werden, so daß nach Abschluß der Ermittelungen ihnen die betreffende Angelegenheit zu übergeben ist. Der Abs. 4 gibt dieses Verfolgungsrecht über die Grenze ihres eigentlichen Bezirks nur den für Küstengewässer bestellten Oberfischmeistern und ihren Beamten, nicht auch denjenigen Oberfischmeistern, die nach Abs. 2 für Binnengewässer ausnahmsweise bestellt sind (Anm. 1).

heiten (§ 45) und die Verwaltung der gemeinschaftlichen Fischereibezirke (§ 87).

VII Die von Fischereiberechtigten und Fischereipächtern bestellten Aufseher haben den Anordnungen der Fischereibeamten Folge zu leisten. Sie werden auf Antrag amtlich verpflichtet, wenn gegen ihre Zuverlässigkeit keine Bedenken bestehen.[4])

§ **120.** Soweit nach diesem Gesetze der Bezirksausschuß im Beschlußverfahren zuständig ist, gilt dies auch für den Stadtkreis Berlin.*)

§ **121.** In den Fällen des § 3, § 10 Abs. 4, § 33 Abs. 5, der §§ 34, 80, § 102 Abs. 1, § 115 Abs. 3, § 116 Abs. 2 und § 117 des Gesetzes soll vor der Entscheidung ein Fischereisachverständiger gehört werden.**)

§ **122.** Gegen die Beschlüsse des Bezirksausschusses in erster Instanz ist, soweit sie nicht im Rechtsweg an-

---

[4]) Neben den polizeilichen Beamten können von F.-Berechtigten und -Pächtern zur Beaufsichtigung der Fischerei in ihren Fischbezirken Privatbeamte bestellt werden. Zu den F.-Berechtigten gehören auch die Gemeinden und F.-Genossenschaften. Die Aufseher geschlossener F.-Bezirke stehen diesen gleich, da auch sie nach § 87 Abs. 4 unter behördlicher Aufsicht stehen. Sie alle sind ohne weiteres Hilfsorgane der F.-Behörde und haben deren etwaige Aufträge zu erledigen und nötigenfalls Hilfe zu leisten. Sobald sie von der zuständigen Behörde amtlich verpflichtet werden, genießen auch sie den Schutz des § 113 StGB. und die polizeilichen Befugnisse des § 123 FG. Ihre weiteren Befugnisse richten sich nach den Anweisungen ihres Auftraggebers.

*) Diese Bestimmung war notwendig um den sonst im Beschlußverfahren nach dem LVG. für Berlin zuständigen Oberpräsidenten, der für die Entscheidung in F.-Angelegenheiten nicht als geeignete Behörde erscheint, auszuschließen.

**) Die Zuziehung des F.-Sachverständigen ist nur eine Soll-Vorschrift und ihre Unterlassung macht die Entscheidung der Behörde nicht ungültig. Die oben angeführten Vorschriften erfordern Entscheidungen, die für den F.-Berechtigten meist von großer Tragweite sind und deshalb erst nach Anhörung sachkundiger Personen gefällt werden sollen.

[1]) Die Frist beginnt mit der Zustellung des anzufechtenden Beschlusses (§ 52 LVG.).

gefochten werden können, binnen zwei Wochen[1]) die Beschwerde ans Landeswasseramt zulässig.[2])

§ 123. Die Fischereibeamten und die amtlich verpflichteten Aufseher (§ 119 Abs. 7) sind, um eine strafbare Handlung nach den §§ 125 bis 128 zu verhüten, befugt, jederzeit die beim Fischfange gebrauchten Fanggeräte, die Fanggeräte und Fische in Fischereifahrzeugen sowie Fischbehälter in offenen Gewässern zu untersuchen.*)

§ 124. [1] Polizeiverordnungen auf Grund dieses Gesetzes können nur erlassen der Minister für Landwirtschaft, Domänen und Forsten, die Oberpräsidenten und die Regierungspräsidenten nach den §§ 136, 137, 139, 140 des Landesverwaltungsgesetzes. Dabei haben die Regierungspräsidenten das Polizeiverordnungsrecht auch für einzelne Kreise und Teile von Kreisen.**)

---

[2]) Das Landeswasseramt entscheidet in der Besetzung von drei lebenslänglichen und zwei Laien-Mitgliedern und zwar in einer im voraus festgestellten Reihenfolge der letzteren. Von ihr darf aus besonderen Gründen, wozu Sachkenntnis über den Streitgegenstand gehört, abgewichen werden (§ 371 Abs. 1 und 2 WG.), so daß die Möglichkeit der Heranziehung von in F.-Sachen erfahrenen Laienmitgliedern gegeben ist. Für Beschlüsse des Bezirksausschusses in zweiter Instanz gilt § 122 nicht. Im Rechtsweg sind die Beschlüsse erster Instanz nur anfechtbar, wo es im Gesetz ausdrücklich gesagt ist z. B. § 10 Abs. 4.

*) Alle F.-Beamten einschließlich der Privatbeamten (Anm. 4 zu § 119) sind zu allen einen Fischfrevel verhütenden Maßnahmen befugt, soweit sie gesetzlich zulässig sind. Insbesondere sind sie zu den obigen Untersuchungshandlungen ermächtigt. Sie können auch verdächtige Personen, die sich nicht ausweisen können, festnehmen und der Polizeibehörde zuführen; ebenso auch bei diesen die F.-Geräte als Beweismittel vorläufig beschlagnahmen. Aber alles dies nur in ihren Amtsbezirken. Die Untersuchung der Fanggeräte usw. zum gleichen Zwecke auf geschlossenen Gewässern ist ihnen nicht gestattet, auf offenen dagegen auch in Abwesenheit des Eigentümers.

**) Das den Ortspolizeibehörden durch das LVG. (§§ 136 ff.) gegebene allgemeine Polizeiverordnungsrecht ist nach § 124 ihnen für das fischereiliche Gebiet genommen und dem Landwirtschaftsminister zugewiesen. Dafür ist dem Reg.-Präs.,

II Die Befugnis der Wasser-, Schiffahrts- und Hafenpolizeibehörden zum Erlaß von Polizeiverordnungen (§§ 348 bis 352 des Wassergesetzes, §§ 136 bis 138 des Landesverwaltungsgesetzes) wird durch Abs. 1 nicht berührt.

Zehnter Abschnitt. Strafvorschriften.*)

§ 125. Mit Geldstrafe bis zu dreißig Mark oder Haft bis zu einer Woche wird bestraft:

---

um auch für kleine Landesteile besondere Verordnungen möglich zu machen, abweichend vom § 137 Abs. 2 LVG. gestattet, auf diesem Gebiet auch für einzelne Kreise und für noch kleinere Bezirke Polizeiverordnungen zu erlassen. Er und der Ober-Präs. haben die lokalen Bedürfnisse, der Minister die allgemeinen zu decken. Alle ihre Polizeiverordnungen müssen sich aber in dem Rahmen der Vorschriften des FG. halten und nur Punkte betreffen, für welche ausdrücklich im Gesetz der Erlaß solcher Verordnungen gestattet ist. Beispiele dafür: § 2 Abs. 2, § 13 Abs. 3, § 99, §§ 103, 106, 107. Die ministeriellen polizeilichen Vorschriften auf Grund dieser Paragraphen sind in der FO. (unter II B, siehe Anm. 2 zu § 106) ergangen, denen für jeden Regierungsbezirk solche des Reg.-Präs. gefolgt sind. Alle früheren fischereipolizeilichen Verordnungen sind dadurch außer Kraft gesetzt (§ 54 FO.).

*) Die im FG. aufgeführten Strafbestimmungen sind fischereipolizeiliche Sondervorschriften (§ 2 Abs. 2 EG. BGB.) und haben diejenigen des StGB. (siehe unter III C) unberührt bestehen lassen. Sie sind sämtlich nur Übertretungen und verjähren in drei Monaten nach der Straftat, doch unterbricht jede Handlung eines Richters die Verjährung. Die Strafen können bis zu 30 Mk. durch die F.-Behörde mittels Strafverfügung, darüber hinaus vom Amtsgerichte durch Strafbefehl ergehen. Auch können sie vom Schöffengericht ausgesprochen werden, vor welches auch Widersprüche gegen die Strafverfügungen und -befehle gehören. Zur Strafbarkeit genügt Fahrlässigkeit, Vorsatz ist nicht erforderlich. Unkenntnis des Strafgesetzes schützt nicht vor Strafe. Versuch und Beihilfe sind straflos, nicht aber Anstiftung. Die Strafgelder der Oberfischmeister fließen in die Staatskasse, die der Ortspolizeibehörden in deren Kassen. Wird die Strafe seitens des Gerichts, auch auf einen Widerspruch hin, ausgesprochen, so fließt sie ebenfalls in die Staatskasse. Kann die Geldstrafe nicht beigetrieben werden, so tritt die unterstellte Haftstrafe ein (ein Tag gleich 1 bis 15 Mk., Höchstdauer 6 Wochen). Die Vollstreckung der Strafe verjährt gemäß § 70 StGB. in zwei Jahren. Eine ergänzende Strafbestimmung enthält der § 53 FO. (unter B II).

1. wer entgegen den Vorschriften dieses Gesetzes (§§ 92 bis 98) den Fischereischein oder Erlaubnisschein nicht bei sich führt;[1])
2. wer verbotswidrig (§ 98 Abs. 2, Abs. 4 bis 7) Erlaubnisscheine ausstellt;[2])
3. wer Fischerzeuge ohne die vorgeschriebenen Kennzeichen (§ 99) auslegt.[3])

§ 126. Mit Geldstrafe bis zu sechzig Mark oder Haft bis zu zwei Wochen wird bestraft:

wer den Fischfang ausübt, ohne den vorgeschriebenen Fischereischein (§ 92)[1]) oder Erlaubnisschein (§ 98) zu besitzen.[2])

§ 127. Mit Geldstrafe bis zu einhundertundfünfzig Mark oder Haft wird bestraft:

1. wer Maßnahmen trifft, die den Zweck haben,[1]) die Rückkehr der Fische in ein über seine Ufer getretenes Gewässer oder das Fischen auf den überfluteten Grundstücken zu hindern (§ 12 Abs. 3);
2. wer entgegen den Vorschriften dieses Gesetzes den Wechsel der Fische verhindert[2]) oder ein Gewässer über die Hälfte der Breite versperrt (§ 35);[2])

---

[1]) Der § 125 setzt voraus, daß die Lösung eines solchen Scheins erfolgt ist und der Inhaber ihn nur nicht mit zum Fischen genommen hat. Ist ein Schein gar nicht gelöst, so tritt Bestrafung aus § 126 ein. An sich muß der Fischende aber in beiden Fällen materiell zum Fischen berechtigt sein. Fehlt es ihm an einem Recht dazu, so liegt unberechtigtes Fischen, strafbar nach § 370 Nr. 4 StGB., vor (siehe unter III C). Hinsichtlich des Begriffs „bei sich führen" siehe Anm 3 zu § 92.

[2]) D. h. gegen die Vorschriften des § 90 verstoßende. Sonstige Verstöße bei der Ausstellung z. B. Fälschung der Unterschrift werden durch § 125 nicht getroffen.

[3]) Sie sind in den §§ 41 ff. FO. (unter II B) vorgeschrieben.

Zu § 126. [1]) Siehe Anm. 1 zu § 92.

[2]) Siehe Anm. 1 zu § 125.

Zu § 127. [1]) Die hindernde Maßnahme allein genügt zur Bestrafung nicht. Bei ihrer Vornahme muß die Absicht jener Behinderung vorgelegen haben.

[2]) Zur Strafbarkeit ist ein vollständiges Hindern oder Sperren des Fischwechsels erforderlich (Herrenh. Drucks. Nr. 27 A S. 71).

3. wer beim Fischen verbotene Stoffe anwendet (§ 100); [3])
4. wer entgegen den Vorschriften dieses Gesetzes ständige Fischereivorrichtungen nicht rechtzeitig beseitigt oder abstellt (§ 108);
5. wer verbotswidrig auf Wasserfahrzeugen Fischereigeräte mitführt (§ 109); [4])
6. wer in Schonbezirken verbotswidrig die Fischerei ausübt (§ 111) oder den besonderen Schutzvorschriften für Laichschonbezirke (§ 112) zuwiderhandelt; [5])
7. wer in Fischwegen sowie in den Teilen darunter und darüber, die dem Fischfang entzogen sind, fischt (§ 118).

§ 128. I Mit Geldstrafe bis zu einhundertundfünfzig Mark oder Haft wird ferner bestraft:

wer den Bestimmungen auf Grund des § 102 Abs. 3, der §§ 103, 106 oder dem § 107 zuwiderhandelt. [1])

II Bei Zuwiderhandlungen gegen die Bestimmungen auf Grund des § 106 und des § 127 Nr. 5, 6 kann neben der Strafe auf Einziehung der mitgeführten Fanggeräte erkannt werden, ohne Unterschied, ob sie dem Verurteilten gehören oder nicht. [2])

---

[3]) Hier ist ein berechtigtes Fischen mit den im § 100 verbotenen Mitteln vorausgesetzt. Andernfalls kommt § 296 StGB. (unter III C) zur Anwendung. Auch Fischen mit Dynamit fällt hierunter und nicht unter das Sprengstoffgesetz (RG.-Rspr. 10, 1).

[4]) Siehe dazu § 128 Abs. 2 und Anm. zu § 109.

[5]) Siehe die Anm zu §§ 111 und 112 sowie den § 128 Abs. 2.

[1]) Selbst wenn die Polizei-Verordnungen, welche auf Grund der angegebenen Vorschriften ergehen, keine besonderen Strafandrohungen enthalten sollten, würden Verstöße gegen sie nach § 128 geahndet werden können. Siehe § 53 FO.

[2]) Der Abs. 2 ermöglicht in allen Fällen eines Verstoßes gegen die auf Grund der in § 106 ergangenen Polizeiverordnungen, bei dem Mitführen unverpackter F.-Geräte auf Wasserfahrzeugen und bei dem verbotenen Fischen in Schonbezirken die Einziehung der Fanggeräte und zwar genügt deren Vorhandensein. Ihre Benutzung braucht nicht nachgewiesen zu

III Die entgegen dem § 107 feilgebotenen, verkauften oder zur Beförderung gebrachten[3]) Fische sind einzuziehen, auch wenn keine bestimmte Person verfolgt oder verurteilt wird.[4])

§ 129. Wer sich bei einer Fischereiübertretung[1]) einer Person, die zu seinem Haushalte gehört oder in einem Dienstverhältnis zu ihm steht, als Teilnehmers bedient,[2]) haftet, wenn diese Person nicht zahlungsfähig ist, für die über sie verhängte Geldstrafe und die ihr

---

werden. Dies ist eine Neuerung gegen den bisherigen Rechtszustand, der die Einziehung nur gegen Ausländer (§ 296a StGB., unter III C) zuließ. Selbst wenn die Geräte einem andern gestohlen sind, kann das Gericht auf Einziehung erkennen, wird es aber meist nicht tun. Durch die Einziehung werden Geräte Staatseigentum. Die gefangenen Fische können in diesen Fällen nicht eingezogen werden. Dies kann nur in den Fällen des Abs. 3 geschehen.

[3]) Hinsichtlich dieser Begriffe siehe Anm. 1 bis 3 zu § 107.

[4]) Die Einziehung der nach § 107 verbotswidrig gefangenen Fische ist stets auszusprechen. Siehe dazu Anm. 1 zu § 107. Ihre Einziehung ist nicht wie die der Fanggeräte dem Ermessen des Gerichts überlassen. Bei ihnen ist auch stets das sog. objektive Strafverfahren nach § 477 StPO. einzuleiten d. h. ihre gerichtliche Einziehung ist nach erfolgter polizeilicher Beschlagnahme auch ohne Verfolgung einer bestimmten Person zu betreiben. Die gesetzliche Zulässigkeit dieser Bestimmung folgt aus §§ 2 und 5 EG. StGB.

[1]) Inhaltlich hatte das bisherige FG. (§ 52) die gleiche Bestimmung wie § 129, hatte aber den Zusatz, bei einer durch dieses Gesetz strafbaren Übertretung. Diese Fassung ist jetzt ausdrücklich abgeändert, so daß die Haftung aus § 129 nicht nur bei Strafen aus dem FG., sondern bei jeder F.-Übertretung, also auch bei denen gegen das StGB. (§ 361 Nr. 9 und 370 Nr. 4, unter III C), eintritt. Er findet auch Anwendung bei dem F.-Vergehen aus § 296 StGB., da dieses nur eine qualifizierte Übertretung ist (Anm. 4 zu § 296 unter III C).

[2]) Der Übertreter muß zur Hausgenossenschaft des Haftenden gehören, oder aber in einem Aufsichts- oder Arbeitsverhältnis zu ihm stehen, wenn die Haftung eintreten soll. Auch muß der haftbar gemachte um die F.-Übertretung jener gewußt und sie zu seinem eigenen Vorteil von ihnen haben ausführen lassen. Er muß mit der Tat also irgendwie einverstanden gewesen sein. Der Begriff der Teilnahme des Angehörigen usw. ist derjenige des StGB. und umfaßt Mittäterschaft, Anstiftung und Beihilfe (§§ 47—49 StGB.).

auferlegten Kosten neben der Strafe, die er selbst verwirkt hat.[3])

§ 130. Durch die §§ 125 bis 129 werden die Fischereibehörden nicht gehindert, nach § 132 Nr. 2 des Landesverwaltungsgesetzes Geldstrafen zur Erzwingung einer Handlung oder Unterlassung anzudrohen und festzusetzen.*)

Elfter Abschnitt. Uebergangs- und Schlußvorschriften.

§ 131. Fischereibezirke, die bis zum Inkrafttreten dieses Gesetzes auf Grund der Gesetze, betreffend die Fischerei der Ufereigentümer in den Privatflüssen der Provinz Westfalen, vom 30. Juni 1894 (GS. S. 135) und der Rheinprovinz, vom 25. Juni 1895 (GS. S. 267),

---

[3]) Den Übertreter trifft hiernach wie gewöhnlich die angedrohte Strafe. Ist diese eine Geldstrafe, so muß er sie zahlen. Kann sie nicht beigetrieben werden, so hat er die unterstellte Haft zu verbüßen. Außerdem ist aber alsdann für die nicht gezahlte Geldstrafe jener Haushaltsvorstand (Vater, Dienst- und Lehrherr usw.) zahlungspflichtig und zwar abgesehen von der etwa verwirkten Strafe für seine etwaige eigene Täterschaft. Diese Haftung kann nicht von der F.-Behörde, sondern nur vom Schöffengericht durch Urteil, zugleich mit der Hauptstrafe gegen den Übertreter, ausgesprochen werden. Kann die Geldstrafe auch von dem Haftenden nicht beigetrieben werden, so ist gegen ihn Umwandlung in Freiheitsstrafe nicht zulässig. Daß der Haftende zugleich sich strafbar gemacht hat, ist nicht erforderlich.

*) Der § 130 spricht zur Vermeidung von Zweifeln für das Gebiet des FG. den Grundsatz ausdrücklich aus, daß neben den nach dem FG. verwirkten Strafen die F.-Behörden gemäß § 132 LVG. die Beteiligten durch polizeiliche Verfügungen zu Handlungen oder Unterlassungen anhalten können.

Zu § 131. In den Provinzen Westfalen, Rheinprovinz, Hannover und im Regierungsbezirk Cassel gab es auf Grund der im § 131 erwähnten Provinzialgesetze, die zum größten Teil durch § 133 FG. jetzt aufgehoben worden sind, bereits vor dem Inkrafttreten des FG. F.-Bezirke. Diese decken sich nicht mit den Voraussetzungen der jetzt vom FG. eingeführten Bezirke. Sie sind trotzdem in ihrer bisherigen Form aufrechterhalten. Eine Neubildung von F.-Bezirken und zwar sowohl der gemeinschaftlichen als auch selbständigen kann auch in diesen Landesteilen nur nach den Vorschriften des jetzigen FG. erdes Gesetzes, betreffend die Fischerei der Ufereigentümer und die Koppelfischerei in der Provinz Hannover, vom 26. Juni 1897 (GS. S. 196) und des Gesetzes, betreffend die Koppelfischerei im Regierungsbezirke Cassel, vom 19. Mai 1908 (GS. S. 133) gebildet sind, bleiben bestehen. In ihnen steht auch den Fischereipächtern und Inhabern von Erlaubnisscheinen das Recht nach den §§ 13 bis 15 zu. Für den Schaden haften Inhaber von Erlaubnisscheinen wie Fischereipächter (§ 15 Abs. 1). Die Verwaltung der gemeinschaftlichen Fischereibezirke erfolgt nach § 87. Die gegenwärtigen Fischereivorsteher bleiben bis zum Ablauf ihrer Wahlzeit im Amte.

§ 132. Unberührt bleiben die auf Staatsverträgen beruhenden besonderen Vorschriften über die Fischerei.*)

§ 133. I Abgesehen von den im § 132 bezeichneten Vorschriften treten alle diesem Gesetz entgegenstehenden Vorschriften des bisherigen Rechtes außer Kraft.[1])

II Namentlich werden, soweit sie noch gelten, aufgehoben: [1])

---

folgen. In den aufrechterhaltenen F.-Bezirken alter Art soll auch das Uferbetretungsrecht und die Haftung für Schäden daraus nach den bisherigen Sondergesetzen weiter gelten, die Verwaltung der geschlossenen F.-Bezirke aber in solche nach § 87 FG. übergeleitet werden. Auch den F.-Pächtern und den Inhabern von Erlaubnisscheinen steht dort im Gegensatz zu § 13 Abs. 1 und 2 das Uferbetretungsrecht *ohne weiteres* zu.

*) Soweit der Inhalt bestehender Staatsverträge mit Vorschriften des FG. nicht übereinstimmt, ist er trotzdem in Geltung geblieben und geht dem FG. vor. Solche Verträge sind von Preußen vielfach mit den einzelnen Bundesstaaten wegen Herbeiführung übereinstimmender Maßregeln zum Schutz und zur Hebung der Fischerei und auch internationaler Art geschlossen. Eine Aufzählung dieser Verträge befindet sich in der Begründung S. 72.

[1]) Sämtliche gesetzliche Vorschriften, soweit sie mit solchen des FG. in Widerspruch stehen oder soweit sie Materien betreffen, die das FG. geregelt hat, gelten vom Inkrafttreten des FG. ab nicht mehr. Die im Abs. 2 aufgeführten Vorschriften sind nur hervorgehobene Beispiele der Aufhebung. In Kraft geblieben sind nur diejenigen Bestimmungen, von denen das FG. dies ausdrücklich sagt. Also die im § 131 und § 132 erwähnten und die nach § 133 Ziff. 12 und 13 noch anzuwen-

1. das Fischereigesetz vom 30. Mai 1874 (GS. S. 197), das Gesetz vom 30. März 1880 (GS. S. 228) und die auf Grund des Fischereigesetzes erlassenen Ausführungsverordnungen; [2])
2. die Vorschriften des Allgemeinen Landrechts Teil I Titel 9 §§ 170 bis 192, Teil II Titel 15 §§ 72 bis 78; [3])
3. die Bestimmung im § 25 des revidierten Entwurfs des Provinzialrechts des Herzogtums Magdeburg von 1841; [4])
4. die Vorschriften des § 134 Abs. 1 des Gesetzes über die allgemeine Landesverwaltung vom 30. Juli 1883 (GS. S. 195) [5]) und der §§ 98 bis 102 des Gesetzes über die Zuständigkeit der Verwaltungs- und Verwaltungsgerichtsbehörden vom 1. August 1883 (GS. S. 237); [6])
5. die Fischereiordnung für die Binnengewässer der Provinz Preußen vom 7. März 1845 (GS. S. 114) mit Ausnahme des § 17 Abs. 1 bis 3; [7])

---

denden Vorschriften. Auch sämtliche früheren Polizeiverordnungen und alle zum früheren FG. ergangenen Allerhöchsten Verordnungen sind außer Kraft getreten (§ 54 FO. unter II B).

[2]) Nur die wirklichen Ausführungsverordnungen wie z. B. die Verordnung betr. die Ausführung des FG. in der Provinz Brandenburg und dem Stadtbereiche Berlin vom 8. August 1887 (GS. S. 397) sind aufgehoben. Die bisherigen Polizeiverordnungen, die auf Grund des früheren FG. erlassen worden sind, waren hierdurch nicht ohne weiteres außer Kraft getreten. Dies ist aber dann durch die Bestimmung des § 54 FO. geschehen.

[3]) Diese Vorschriften sind als noch zurzeit interessierend mit abgedruckt unter I C.

[4]) Nach dieser Bestimmung, welche der letzte Rest einer allgemeinen Befugnis zum freien Fischfang in Preußen darstellt, hatten die Einwohner des ehemaligen Herzogtums Magdeburg das Recht vom Ufer aus in der Elbe mit Handangeln zu fischen und zu krebsen.

[5]) Der § 134 Abs. 1 LVG. ist durch § 119 FG. ersetzt.

[6]) Die in den §§ 98 bis 102 des genannten Gesetzes geordnet gewesenen Zuständigkeiten sind unter Übernahme in das FG. darin anderweit geregelt.

[7]) Die hiernach aufrechterhaltenen kleinen Teile der drei ostpreußischen F.-Ordnungen sind abgedruckt im Anhange unter

6. die Fischereiordnung für das Frische Haff vom 7. März 1845 (GS. S. 121) mit Ausnahme der §§ 1 bis 6 und des § 12, soweit er örtliche Grenzen für die Berechtigungen festsetzt;[7])
7. die Fischereiordnung für das Kurische Haff vom 7. März 1845 (GS. S. 139) mit Ausnahme der §§ 1, 2, des § 3 Abs. 1, der §§ 4, 13, des § 18 Abs. 3 und des § 20 Abs. 4 bis 6, soweit diese die örtlichen Grenzen für den Betrieb der Keitel- und Kurrenfischerei durch die Berechtigten festsetzen;[7])
8. die Fischereiordnung für die in der Provinz Pommern belegenen Teile der Oder, das Haff und dessen Ausflüsse vom 2. Juli 1859 (GS. S. 453) und die Fischereiordnung für den Regierungsbezirk Stralsund vom 30. August 1865 (GS. S. 941);
9. die Hessische Fischereiordnung vom 18. April 1777, die Hessische Mühlenordnung vom 29. Dezember 1820 (Kurhessische GS. S. 118) und der Hessische Fisch-Straftarif vom 30. Dezember 1822 (Kurhessische GS. S. 108);
10. das Gesetz, betreffend die Fischerei der Ufereigentümer in den Privatflüssen der Provinz Westfalen, vom 30. Juni 1894 (GS. S. 135);[8])
11. das Gesetz, betreffend die Fischerei der Ufereigentümer in den Privatflüssen der Rheinprovinz, vom 25. Juni 1895 (GS. S. 267);[8])
12. das Gesetz, betreffend die Fischerei der Ufereigentümer und die Koppelfischerei in der Provinz Hannover, vom 26. Juli 1897 (GS. S. 196) mit Ausnahme der §§ 19 bis 24, soweit sie nach § 31 Abs. 3 dieses Fischereigesetzes noch anzuwenden sind;[9])

Nr. 2 bis 4. Der Inhalt dieser Vorschriften steht nicht im Widerspruch mit dem FG. und bezieht sich hauptsächlich auf das Eigentum der Gewässer und auf die örtlichen Grenzen der dortigen F.-Berechtigungen.

[8]) Hinsichtlich der unter diesen Gesetzen entstandenen F.-Bezirke, die weiter bestehen bleiben, siehe § 131.

[9]) Die aufrechterhaltenen Vorschriften dieser Provinzialgesetze sind abgedruckt im Anhang unter Nr. 5 und 6.

14. der § 391 des Wassergesetzes vom 7. April 1913 (GS. S. 53).[10])

§ 134. Soweit in Gesetzen oder Verordnungen auf Vorschriften verwiesen ist, die durch dieses Gesetz außer Kraft gesetzt werden, treten an deren Stelle die entsprechenden Vorschriften dieses Gesetzes.

§ 135. Der Zeitpunkt des Inkrafttretens dieses Gesetzes wird durch Königliche Verordnung bestimmt.*)

§ 136. Die zur Ausführung des Gesetzes erforderlichen Bestimmungen erläßt der Minister für Landwirtschaft, Domänen und Forsten.**)

Urkundlich unter Unserer Höchsteigenhändigen Unterschrift und beigedrucktem Königlichen Insiegel.

Gegeben Großes Hauptquartier, den 11. Mai 1916.

(L. S.) Wilhelm.

v. Bethmann Hollweg. Delbrück. Beseler. Sydow. v. Trott zu Solz. Frhr. v. Schorlemer. Lentze. v. Loebell. v. Jagow. Helfferich.

---

[10]) Der § 391 WG. bestimmte, daß Abs. 3 bis 6 vom § 43 des bisherigen FG. durch die Vorschriften des WG. unberührt blieben. Dieser § 43 betraf die Einleitung schädlicher Stoffe aus industriellen oder gewerblichen Anlagen in die Fischgewässer und ist jetzt durch § 102 FG. ersetzt.

*) Der ursprüngliche Regierungsentwurf hatte als Zeitpunkt des Inkrafttretens den 1. April 1915, der von der 1. Abgeordnetenhaus-Kommission überarbeitete Entwurf alsdann den 1. April 1916 in Aussicht genommen. Wegen der Unsicherheit des Zeitpunkts für das Zustandekommen des Gesetzes ist schließlich aus Zweckmäßigkeitsgründen die Bestimmung des Zeitpunktes für das Inkrafttreten des FG. einer besonderen Kgl. Verordnung vorbehalten worden. Diese ist unter dem 27. März 1917 (GS. S. 49) ergangen und abgedruckt zum FG. unter II A. Danach ist das Gesetz am 15. April 1917 in Kraft getreten.

**) Auf Grund dieser Bestimmung ist die FO. vom 29. März 1917 durch den Landw.-Minister ergangen (siehe unter II B). Eine Ausführungsanweisung, wie sie nach dem obigen Wortlaut anscheinend vorgesehen und wie sie seinerzeit zur Jagdordnung ergangen war, ist bisher — wohl infolge des Kriegs — nicht erlassen. Im Bedürfnisfall kann der Erlaß einer solchen auch nachträglich noch erfolgen.

Beilage zu § 1.

Die Küstengewässer.*)

Bezeichnung des Küstengewässers 1)	Anfangspunkte des Küstengewässers
Kurisches Haff	—
Frisches Haff mit Königsberger Seekanal[2])	—
Weichsel, und zwar Mündungsarm Tote Weichsel bei Neufähr[3])	Ostsee bei Neufähr, Verbindungslinie der am Fuß der Ostmole und am Strande (westliches Ufer) gesetzten Fischereisteine)
Oder[4])	Baumbrücke in Stettin
mit	
Parnitz	Parnitzbrücke in Stetin
Kleine Reglitz	Chausseebrücke der Stettin-Altdammer Chaussee
Große Reglitz	desgleichen
Dammscher See nebst seinen weiteren, vorstehend nicht erwähnten Verbindungsgewässern mit der Oder, Papenwasser sowie die zwischen diesem und dem Dammschen See belegenen, untereinander in Verbindung stehenden Gewässer, Stettiner Haff (Großes und kleines Haff) sowie die Mündungsarme der Oder: der Peenestrom, die Swine und die Dievenow mit ihren Seitenarmen; ferner die mit den vorstehend bezeichneten Gewässern ohne zwischen liegende Flußläufe in offenem Zusammenhang stehenden Buchten und Seen	—
Eider	Süderstapeler Fähre
Stör	Delftorbrücke in Itzehoe

Bezeichnung des Küstengewässers	Anfangspunkte des Küstengewässers
Krückau	Elmshorner Wassermühle
Pinnau	Chausseebrücke bei Ütersen
Elbe[5])	Eine an der Einmündungsstelle der Ilmenau in die Elbe bei Hoopte letztere von Ufer zu Ufer durchschneidende Linie
Oste	Nördliche Grenze der Feldmark Oberndorf
Weser[6])	Landesgrenze gegen Bremen und Oldenburg bei Vegesack
Ems	Papenburger Schleuse
Leda[7])	Potshausener Brücke
Jümme[7])	Drehbrücke bei Stickhausen

---

*) Die unter dieser Überschrift folgende Aufzählung von Gewässern bildet das in § 1 unter Ziff. 1 des FG. als Beilage erwähnte Verzeichnis derjenigen Küstengewässer, welche nicht unmittelbar Teile der Nord- und Ostsee sind. Andere derartige Gewässer, die darin nicht aufgezählt sind, oder andere Teile wie die darin angegebenen der aufgeführten Wasserflächen können, da der Inhalt dieses Verzeichnisses Teil des FG. ist, nur durch ein neues Gesetz zu Küstengewässern erklärt werden. Das Verzeichnis ist durch eine besondere Unterkommission des Abgeordnetenhauses vorberaten. Es ist entsprechend den seit mindestens 10 Jahren (von der Einbringung des Gesetzentwurfes gerechnet) bestehenden tatsächlichen Verhältnissen aufgestellt. Nur bezüglich der Leda und Jümme (am Ende des Verzeichnisses) sind kleine Abänderungen des tatsächlichen Bestandes aus Zweckmäßigkeitsgründen vorgenommen. Für die Beifügung eines solchen Verzeichnisses als gesetzliche Anlage war das WG. vorbildlich mit seinem Verzeichnis der Wasserläufe erster Ordnung. In den Küstengewässern besteht grundsätzlich für jeden Deutschen freier Fischfang (näheres zu § 6 FG.).

1) In der ersten Spalte sind die zu Küstengewässern erklärten diesseits der Küste liegenden Wasserflächen ihrem geographischen Namen oder ihrer üblichen lokalen Bezeichnung nach aufgezählt. Zu ihnen rechnen sämtliche Teile des betreffen-

den Gewässers, bei den Wasserläufen alle unterhalb der angegebenen Grenzmarke. Bei einigen wie z. B. der Oder sind zur Beseitigung von Zweifeln darüber einige Nebenwasserflächen des Mündungsgebiets noch besonders angeführt. In der zweiten Spalte ist bei jedem Wasserlauf der Punkt angegeben, von welchem ab nach dem Meere zugerechnet es Küstengewässer, nach dem Lande zugerechnet es Binnengewässer ist.

²) Da der Königsberger Seekanal ein Teil des Frischen Haffs ist, wäre seine besondere Erwähnung hier gar nicht erforderlich gewesen. Sie ist erfolgt, weil in dem Verzeichnis des WG. der gleiche Zusatz gemacht ist und deshalb aus seinem Fehlen in der vorliegenden Aufzählung eine unrichtige Folgerung gezogen werden könnte.

³) Die für die Tote Weichsel angegebenen Anfangspunkte sind die gleichen wie die in der früheren Kgl. Verordnung vom 8. August 1887 angeführten. Einer Erwähnung der Regale bedurfte es nicht, weil bei dieser im Sinne der Kgl. Verordnung vom 10. Mai 1893 die natürlichen Ausmündungsstellen die Grenzen zwischen Küsten- und Binnenfischerei bildeten (Drucks. Nr. 34 B S. 2).

⁴) Die im Mündungsgebiet der Oder liegenden Gewässer waren durch eine Allerhöchste Kabinettsordre vom 8. August 1887 für Küstengewässer erklärt. Die obigen Bezeichnungen von Gewässern geben die danach dort bisher bestehenden Verhältnisse gegenüber der früheren allgemeineren Fassung erläuternd wieder. Die jetzt gewählte Fassung der Aufzählung soll zum Ausdruck bringen, daß alle mit der Oder von den angegebenen Anfangspunkten seewärts in Zusammenhang stehenden Gewässer, insbesondere auch die Kaiserfahrt, zu den Küstengewässern gehören. Auch der Neuwarper, Usedomer, Große und Kleine Bintziger See, der Camminer Bodden, Fritzower See, Achterwasser, Krumminer Wieck sowie sonstige etwa namenlose Gewässer und Buchten fallen darunter (Drucks. Nr. 34 B S. 4 ff.). Die vorstehend mit besonderen Namen erwähnten Buchten waren im Verzeichnis des ersten Entwurfs ausdrücklich mit aufgezählt und ihnen ein „usw." beigefügt. Der Trebel, der Zufluß der Peene, ist kein Küstengewässer.

⁵) Die nicht im Verzeichnis erwähnten Gewässer am Unterlauf der Elbe z. B. die Schwinge rechnen nicht zu den Küstengewässern, wenngleich sie auch Ebbe und Flut haben. Die Schwinge ist nicht aufgenommen, weil sie historisch nicht als Küstengewässer gilt (Drucks. Nr. 34 B S. 6).

⁶) Sowohl die Lune als auch die Geeste sind, obgleich sie im Verzeichnis des Wassergesetzes aufgeführt sind, absichtlich hier weggelassen und sind daher keine Küstengewässer (ebenda S. 7).

[7]) Einige Strecken der Leda und Jümme sind abweichend von dem bisherigen Zustand durch das obige Verzeichnis zu Küstengewässern erklärt worden. Auf diesen Strecken bestand vor Erlaß des früheren FG. freier Fischfang. Letzterer wurde durch jenes Gesetz dort aufgehoben und das F.-Recht auf ihnen den in Betracht kommenden Gemeinden innerhalb ihrer Gemarkungen übertragen (§ 6). Auf den übereinstimmenden Wunsch aller Beteiligten sind zur Erhaltung des dortigen Fischerstandes und zur Wiedereinführung des alten fischereirechtlichen Zustands jene Strecken nunmehr zu Küstengewässern gemacht und die den Gemeinden durch das frühere FG. übertragenen F.-Rechte durch § 8 Abs. 4 vom 1. April 1917 ab ausdrücklich wieder aufgehoben (Anm. 6 zu § 8). Gemäß § 6 gilt auf den im Verzeichnis angeführten Strecken der Leda und Jümme freier Fischfang. Ein Uferbetretungsrecht aus § 13 steht dabei den Fischenden nicht zu.

IIA. Verordnung über das Inkrafttreten des Fischereigesetzes vom 11. Mai 1916.*)

Vom 27. März 1917. (GS. S. 50).

Wir Wilhelm, von Gottes Gnaden König von Preußen usw., verordnen auf Grund des § 135 FG. vom 11. Mai 1916 (GS. S. 55), was folgt:

Das Fischereigesetz vom 11. Mai 1916 tritt am 15. April 1917 in Kraft.

Urkundlich unter Unserer Höchsteigenhändigen Unterschrift und beigedrucktem Königlichen Insiegel.

Gegeben Großes Hauptquartier, den 27. März 1917.

(Siegel.) Wilhelm.

v. Bethmann Hollweg. v. Breitenbach. Beseler. Sydow. v. Trott zu Solz. Frhr. v. Schorlemer. Lentze. v. Loebell. Helfferich. v. Stein.

---

*) Diese Verordnung, welche den im FG. offengelassenen Zeitpunkt des Inkrafttretens des FG. bestimmt (§ 135 FG.), ist durch § 135 FG. ausdrücklich vorgesehen worden.

II B. Polizeiverordnung zum Fischereigesetz (Fischerei-Ordnung).*)

(Ministerialblatt der Kgl. Preuß. Verwaltung für Landwirtschaft, Domänen und Forsten 1917 S. 153).

Auf Grund der §§ 2, 35, 99, 103, 106, 107, 124 des Fischereigesetzes vom 11. Mai 1916 (GS. S. 55) und der §§ 136, 140 des Gesetzes über die allgemeine Landesverwaltung vom 30. Juli 1883 (GS. S. 195) wird hierdurch für das ganze Staatsgebiet folgende Polizeiverordnungen erlassen.[1])

Erster Abschnitt. Mindestmaße.[2])

§ 1. Auf Fische der nachbenannten Arten[3]) darf der Fischfang nur ausgeübt werden, wenn sie, von der

---

*) Für diese Landespolizeiverordnung wird allgemein die Bezeichnung „Fischerei-Ordnung" (FO.) gebraucht. Sie ist deshalb mit dieser Bezeichnung in diesem Buch auch durchweg angezogen.

[1]) Die vom Landw.-Ministerium als der für das ganze Staatsgebiet zuständigen Behörde (§ 124) ergangene FO. enthält die gesamten polizeilichen Vorschriften, welche für ganz Preußen einheitlich aus Veranlassung des Inkrafttretens des FG. als erforderlich angesehen sind. Sie ist außer im Landw. Ministerialblatt in den einzelnen Regierungsamtsblättern zugleich mit den in der FO. vorgesehenen weiteren örtlichen Polizeivorschriften der Regierungspräsidenten veröffentlicht. Alle ihre Bestimmungen müssen ihre Grundlage im FG. haben und sie sind auf Grund der im Eingangsvermerk erwähnten Paragraphen des FG. ergangen. Der Landw.-Minister ist sowohl zur Abänderung als auch zur Erweiterung der FO. im Rahmen jener Paragraphen jederzeit befugt. Zu einzelnen Gesetzesstellen, z. B. zu § 102 Abs. 3, ist eine polizeiliche Bestimmung

Kopfspitze bis zum Ende des längsten Teils der Schwanzflosse gemessen, mindestens folgende Längen haben:[4])

Stör	100 cm
Aal, Lachs, Meerforelle, Zander	35 "
Barbe, Hecht, Maifisch, Nordseeschnäpel	28 "
Blei (Brachsen)	25 "
Scholle und Flunder in der westl. Ostsee:	
westlich der Linie Hyllekrog Leuchtturm (auf Laaland) nach Staber Huk (auf Fehmarn)	22 "
östlich dieser Linie bis zur Linie Gedser nach Ahrenshoop	21 "
sonst, ausgenommen Scholle der Nordsee	18 "
Äsche, Aland, Döbel, Nase	20 "
Bachforelle, Schlei	18 "

---

bisher nicht ergangen. Alle früheren Polizeiverordnungen sind außer Kraft gesetzt (§ 54 FO.).

[2]) Die §§ 1 bis 9 sind auf Grund des § 106 Ziff. 1 FG., der § 10 auf Grund des § 107 Satz 2 erlassen. Die Mindestmaße sind nur für den Fang maßgebend, nicht auch z. B. für den Fischwechsel mit einem bestimmten Mindestmaß (§ 2 Ziff. 1).

[3]) Für die hier nicht aufgeführten Fischarten bestehen keine Mindestmaße.

[4]) Die in § 1 genannten Mindestmaße können für eine ganze Reihe von Fischarten nach den folgenden Bestimmungen unter Umständen erhöht oder auch herabgesetzt werden. Für Fische aus Fischzuchtanstalten und aus geschlossenen Gewässern gelten sie überhaupt nicht (§§ 7 und 8), ebenso nicht für Köderfische (§ 9).

Barsch, Plötze, Rotfeder	in Binnenseen	13	„
	sonst	15	„
Flußkrebs		8	„

§ 2. In der westlichen Ostsee können die Mindestmaße für Scholle und Flunder auch nach der Entfernung der Kopfspitze bis zur Wurzel der Schwanzflosse bestimmt werden. In diesem Fall erniedrigen sich die Maße für den westlichen und östlichen Teil auf 18 und 17 cm.

§ 3. Für Küstengewässer kann der Regierungspräsident das Mindestmaß für den Stör bis auf 150 cm erhöhen, das für den Zander bis auf 28, den Aal bis auf 25, den Maifisch (Perpel) bis auf 20, die Flunder in den Haffen bis auf 15 cm herabsetzen.

§ 4. In den thüringischen Grenzgewässern und in Gewässerstrecken, die mit thüringischen Gewässern in Verbindung stehen, kann der Regierungspräsident das Mindestmaß für den Blei bis auf 28, die Schleie bis auf 20, den Krebs bis auf 10 cm erhöhen, sowie ein Mindestmaß für den Karpfen bis zu 28 cm vorschreiben.

§ 5. Im Regierungsbezirk Sigmaringen kann der Regierungspräsident das Mindestmaß für den Hecht bis auf 30, die Äsche bis auf 25, die Bachforelle und Schleie bis auf 20 cm erhöhen. Er kann auch ein Mindestmaß für den Huchen bis zu 50, für die Regenbogenforelle bis zu 20 cm vorschreiben.

§ 6. Der Regierungspräsident kann zu wissenschaftlichen, gemeinnützigen und wirtschaftlichen Zwecken für einzelne Personen Ausnahmen von den §§ 1 bis 5 gestatten.[5])

§ 7. Für Fische, die aus Fischzuchtanstalten oder geschlossenen Gewässern stammen und zur Besetzung anderer Gewässer bestimmt sind, gilt kein Mindestmaß.

---

[5]) Siehe hierzu Anm. 7 zu § 107.

§ 8. Auch abgesehen von § 7 können in geschlossenen Gewässern untermaßige Fische gefangen werden. Dann unterliegen sie aber dem Marktverbot nach § 107 Abs. 1 Satz 1 FG.,[6]) soweit nicht der Regierungspräsident nach Abs. 3 daselbst Ausnahmen gestattet.[5])

§ 9. In den Binnengewässern[7]) dürfen untermaßige Aland, Döbel, Nasen, Barsche, Plötzen und Rotfedern als Köderfische für den eigenen Bedarf des Fischers gefangen werden. Der Regierungspräsident kann die gleiche Erlaubnis für Küstengewässer[7]) erteilen.

§ 10.[8]) Widerrechtlich gefangene untermaßige Fische, die lebend in die Gewalt des Fischers fallen, sind sofort, oder wenn sie nicht gleich aus dem Fanggerät entfernt werden können, spätestens nach Rückkehr des Fischereifahrzeuges ans Land, mit der zu ihrer Erhaltung erforderlichen Vorsicht ins Wasser zurückzusetzen. Von den toten Fischen dürfen die mit Aalhamen, Ankerkuilen und Steerthamen gefangenen sämtlich, die mit Zug- und Grundschleppnetzen gefangenen bis zu einer Gesamtmenge von 1 kg für den Tag und die Besatzung eines Fahrzeugs im Haushalt der Fischer verwertet werden, während alle übrigen zu gemeinnützigen Zwecken nach näherer Bestimmung der örtlichen Fischereibehörde zu verwenden sind.

Zweiter Abschnitt. Schonzeiten für offene Gewässer.[9])

§ 11. Am Sonntag ist der Fischfang von vormittags 9 bis nachmittags 6 Uhr verboten (Sonntags-

---

[6]) Siehe hierzu Anm. 1 bis 4 zu § 107.

[7]) Die Unterscheidung von Binnen- und Küstengewässern ist aus § 1 FG. ersichtlich.

[8]) Der § 10 ist auf Grund des § 107 Satz 2. FG. ergangen. Nach dieser Gesetzesvorschrift können polizeiliche Bestimmungen über den Inhalt des § 10 nur für offene Gewässer ergehen. Der § 10 kann deshalb für geschlossene Gewässer keine Anwendung finden.

[9]) Für geschlossene Gewässer bestehen keine Schonzeiten. Für offene Gewässer bestehen Sonntags- (§ 11), Winter- (§ 13),

schonzeit.[10]) Die Fanggeräte der sogenannten stillen Fischerei, d. h. solche, die weder gezogen noch gestoßen werden, dürfen zum Fang im Wasser bleiben. Dazu gehören namentlich Stellnetze, Aalhamen, Ankerkuilen, Steerthamen, Garn-, Draht-, Korbreusen sowie Treib- (Schwimm-) Netze ohne Begleitung von Fahrzeugen. Angeln ist zulässig, soweit nicht nach den §§ 13, 15 der Fischfang ganz verboten ist.[11])

§ 12. Die Sonntagsschonzeit (§ 11) gilt nicht für die Nord- und Ostsee, für die Elbe bis zum Köhlbrand, die Weser bis Brinkamahof und die Ems bis Leerort aufwärts.

§ 13. In den Gewässern, in denen sich vorzugsweise Winterlaicher (Lachse, Forellen- und Saiblingsarten, Ostseeschnäpel u. a.) fortpflanzen, ist der Fischfang in den Monaten Oktober bis Januar während acht aufeinanderfolgender Wochen, die der Regierungspräsident bestimmt,[12]) verboten (Winterschonzeit). Der Regierungspräsident bestimmt auch die Gewässer.[12])

Frühjahrs- (§§ 14, 15) und Artenschonzeiten (§ 17). Die §§ 11 bis 18 sind auf Grund des § 106 Ziff. 2 FG. ergangen.

[10]) An Stelle der bisherigen unbestimmten 24stündigen Sonntagsschonzeit ist also eine 9stündige zu gleichmäßiger Tageszeit getreten.

[11]) Die gesamte Angelfischerei ist also von der Sonntagsschonzeit befreit. Dagegen ist sie nicht erlaubt während der Winterschonzeit (§ 13) und in den Küstengewässern kann sie während der Frühjahrsschonzeit verboten werden (§ 15). An Sonntagen darf sonst die Angelei nur außerhalb von Ortschaften eingeschränkt werden, wenn dies in gleicher Weise für die Wochentage geschieht (§ 106 Abs. 3 FG.).

[12]) Infolge der Verschiedenheit in den örtlichen Verhältnissen konnten die Schonzeiten usw. nicht einheitlich für ganz Preußen bestimmt werden, sondern ihre Festsetzung ist zweckmäßig den Regierungspräsidenten überlassen. Von diesen ist die Bestimmung der Zeiten, Gewässer usw. sogleich nach Erlaß der FO. erfolgt. Die betreffenden Anordnungen sind fast überall gleichzeitig mit der FO. in den Amtsblättern veröffentlicht. Jeder, der für die Fischgewässer und seine Gegend darüber Klarheit haben will, muß die betreffenden Regierungsamtsblätter vom April 1917 einsehen.

Er kann die Schonzeit für die einzelnen Gewässer und Gewässerstrecken verschieden festsetzen, auf bestimmte Fischarten beschränken oder bestimmte Fischarten davon ausnehmen.

§ 14. In den nicht der Winterschonzeit unterliegenden Binnengewässern 7) ist der Fischfang in den Monaten März bis Juni während sechs aufeinanderfolgender Wochen, die der Regierungspräsident bestimmt, mit Ausnahme der stillen Fischerei und des Fischfangs mit der Handangel, verboten (Frühjahrsschonzeit). Der Regierungspräsident kann die Schonzeit für die einzelnen Gewässer und Gewässerstrecken verschieden festsetzen, auf bestimmte Fischarten beschränken oder bestimmte Fischarten davon ausnehmen. Er darf sie auch verkürzen oder ganz aufheben.12)

§ 15. Für Küstengewässer 7) gilt die Frühjahrsschonzeit nur insoweit, als sich in ihnen vorzugsweise Frühjahrslaicher fortpflanzen. Der Regierungspräsident bestimmt die Gewässer oder Gewässerstrecken. Er kann darin den Fischfang auch ganz verbieten.12)

§ 16. Im Regierungsbezirk Sigmaringen kann der Regierungspräsident für Grenzgewässer und Gewässerstrecken, die mit außerpreußischen Gewässern in Verbindung stehen, die Frühjahrsschonzeit bis auf zwei Monate, die Winterschonzeit bis auf drei Monate ververlängern.

§ 17. Der Regierungspräsident kann besondere Artenschonzeiten festsetzen:

a) für Störe vom 1. Juli bis 31. August,

b) für Lachse, Saiblinge, Meer- und Bachforellen sowie Schnäpel, wenn diese Fischarten keiner Winterschonzeit unterliegen, höchstens acht Wochen in den Monaten Oktober bis Februar,

c) für Maränen höchstens acht Wochen in den Monaten November und Dezember,

d) für Äschen und Nasen sowie im Regierungsbezirk Sigmaringen für Huchen und Regenbogenforellen, wenn diese Fischarten keiner Frühjahrsschonzeit unterliegen, höchstens acht Wochen in den Monaten März bis Mai,

e) für Döbel, die keiner Frühjahrsschonzeit unterliegen, höchstens sechs Wochen in den Monaten Mai und Juni,

f) für Flußkrebse vom 1. November bis 31. Mai,

g) für Seemoos und Korallenmoos vom 1. April bis 31. August.

§ 18. Von allen Schonzeiten kann der Regierungspräsident zu wissenschaftlichen, gemeinnützigen und wirtschaftlichen Zwecken für einzelne Personen Ausnahmen gestatten.[5])

Dritter Abschnitt. Fanggeräte für offene Gewässer.[13])

§ 19. Der Gebrauch von Aalharken sowie von Speeren und anderen Stecheisen ist verboten. Die Verwendung von Speeren und anderen Stecheisen für den Aalfang kann der Regierungspräsident gestatten.

§ 20. Ständige Fischereivorrichtungen[14]) müssen eine Lattenweite von mindestens 2 cm haben. Sind sie mit Stauanlagen baulich verbunden, so ist die nach § 35 Abs. 2 FG. für den Wechsel der Fische freizulassende halbe Breite der Wasserfläche nach der Abfluß- (Licht-) Weite des einzelnen Stauwehrs zu berechnen.

§ 21. Auf den Gebrauch von Stellnetzen, Aalhamen, Ankerkuilen, Steerthamen und Reusen, die im Flußbett oder am Ufer befestigt oder verankert werden, ist § 35 Abs. 2 FG. anzuwenden. Dabei kann der Regierungspräsident den Abstand bestimmen, den mehrere derartige Fanggeräte voneinander einzuhalten haben.

---

[13]) Für geschlossene Gewässer sind die Fanggerätschaften nicht beschränkt. Die Anwendung schädlicher und explodierender Stoffe ist aber auch für sie verboten, jedoch können Ausnahmen zugelassen werden (§ 100 FG.). Die §§ 19 bis 29 sind auf Grund des § 106 Ziff. 3 FO. ergangen.

[14]) Zum Begriff der ständigen F.-Vorrichtungen siehe § 35 FG.

§ 22. Fischereivorrichtungen und Reusen, die so tief unter Wasser liegen, daß die Hälfte der Wassertiefe freibleibt, gelten nicht als Versperrung des Gewässers im Sinne des § 35 Abs. 2 FG.

§ 23. Bei gleichzeitigem Betrieb der Fischerei mit mehreren Treibnetzen muß, mit Ausnahme in der Nord- und Ostsee, der Abstand der Netze voneinander mindestens das Doppelte der Länge des größten Netzes betragen.

§ 24. Die Maschen von Stellnetzen, Staknetzen, Treibnetzen, Zugnetzen (Garnen) und Grundschleppnetzen müssen, in nassem Zustande von der Mitte des einen bis zur Mitte des andern Knotens gemessen, eine Weite von mindestens 2,5 cm haben.[15]) In Küstengewässern[7]) kann der Regierungspräsident für den Fang von Lachsen, Meerforellen, Zandern, Schollen und Flundern größere Maschenweiten vorschreiben. Bei Fanggeräten für Heringe, Sprotten, Stinte, Ukelei, Ellritzen, Kaulbarsche, kleine Maränen, Garnelen und Schmerlen kann er engere Maschen zulassen. Unbeschadet der Verwendung von Netzen mit der zulässigen Maschenweite kann der Regierungspräsident bei diesen kleinen Fischarten auch über die Beschaffenheit der Fanggeräte sowie den Ort und die Zeit ihrer Benutzung besondere Bestimmungen treffen. In Seen, in denen die Ausübung des Fischereirechts einem einzelnen Fischereiberechtigten oder Fischereipächter allein oder nur neben Fischereirechten nach § 20 FG. zusteht, unterliegt dieser keinen Beschränkungen hinsichtlich der

---

[15]) Die frühere Maschenweite von 2,5 cm ist also grundsätzlich beibehalten, wobei zahlreiche Ausnahmen in das Ermessen des Regierungspräsidenten gestellt sind. Nämlich für Küstengewässer (Satz 2), für gewisse in Massen zu fangende Fischarten (Satz 3), bei Seen, deren Bewirtschaftung in der Hand eines F.-Berechtigten oder nur eines F.-Pächters liegt (Satz 5), in allen Gewässern, die zu einer Wirtschaftsgenossenschaft oder zu einem gemeinschaftlichen F.-Bezirk gehören (Satz 6) und schließlich für bestimmte Netzarten und -teile (§ 25 FO.). Für Reusen ist keine bestimmte Maschenweite vorgeschrieben.

Maschenweite seiner Netze. Dasselbe gilt bei Gewässern, die einer Wirtschaftsgenossenschaft oder einem gemeinschaftlichen Fischereibezirk angehören.

§ 25. § 24 gilt nicht für die Kehlen von Netzen, den hinteren Sackteil (Schlußnetz, Stoß) von Zug- und Grundschleppnetzen sowie nicht für Netze zum Fang von Aalen, Bach- und Regenbogenforellen, Stichlingen und Köderfischen. Für den hinteren Sackteil bei Grundschleppnetzen, Aalhamen und, vorbehaltlich § 26, auch bei Ankerkuilen, kann der Regierungspräsident jedoch bestimmte Maschenweiten oder Vorrichtungen zum Schutze der gefangenen Fische vorschreiben.

§ 26.[16]) In den Nebenflüssen und Altwässern des Rheins ist der Fischfang mit Ankerkuilen verboten. Im Rhein selbst ist er vom 1. Dezember bis 31. Mai verboten und vom 1. Juni bis 30. November nur unter folgenden Bedingungen gestattet:

1. Jeder Schocker muß mit zwei Mann zur Bedienung besetzt sein;
2. die Maschenweite des Ankerkuilenschlußnetzes darf nicht weniger als 1,5 cm betragen. Das Schlußnetz muß durch eingespannte Reifen, die nicht mehr als 1 m Abstand voneinander haben dürfen, in einer solchen Stellung im Wasser gehalten werden, daß ein Zerdrücken der Fische vermieden wird. Unmittelbar hinter dem letzten Reifen ist das Schlußnetz so abzubinden, daß die Bildung eines Sackes unmöglich ist.

§ 27.[16]) Im Rhein und seinen Nebenflüssen darf die Lachsfischerei in der Zeit vom 27. August bis 26. Oktober nicht mit Zegen betrieben werden. Als ein Zegen gilt jedes einwandige Zugnetz oder ein Flugnetz mit einem einwandigen Mittelstück und zwei dreiwandigen Seitenstücken, wenn

---

[16]) Für diese Beschränkungen der Fischerei im Rheingebiet sind meist internationale Abkommen über die Rheinlachsfischerei maßgebend gewesen.

1. das Zug- oder Flugnetz nach seiner Aufholung wieder in dieselbe Zegentrift ausgeworfen oder mit einem oder mehreren anderen Netzen abwechselnd in derselben Zegentrift derart verwendet wird, daß auf das Einholen des einen Netzes das Auswerfen des anderen erfolgt und
2. das Zugnetz auf der Rheinstrecke oberhalb Köln länger als 100 m, unterhalb Köln länger als 150 m ist oder das Flugnetz ein Mittelstück von mehr als 100 m und Seitenstücke von zusammen mehr als 40 m Länge hat.

§ 28. Der Regierungspräsident kann zum Schutze von Fischen, die zur Fortpflanzung in andere Gewässer ziehen oder sich dazu sammeln, bestimmen, daß einzelne Gewässerstrecken vorübergehend nicht mit Zug- und Grundschleppnetzen befischt werden und Netze und Reusen nicht so ausgelegt werden dürfen, daß dadurch den Fischen der Zugang zu Laichstellen versperrt wird.

§ 29. In der Danziger Bucht, in den Gewässern der schleswig-holsteinischen Ostküste und auf der Elbe kann der Regierungspräsident die Anwendung von Grundschleppnetzen auch zum Schutze des Fischlaichs und der Jungfische verbieten.

Vierter Abschnitt. Besondere Schutzbestimmungen für die Fischerei.

§ 30. Bei Absperrungsvorrichtungen für geschlossene Gewässer (§ 2 Abs. 1 Nr. 1 FG.) müssen Stabgitter einen Abstand von mindestens 2 cm, Maschen eine lichte Weite von mindestens 2 cm haben.[17])

§ 31. Der zur Ableitung eines Fischgewässers Berechtigte hat dem Fischereiberechtigten den Beginn und die Dauer einer Ableitung mindestens drei Tage vorher anzuzeigen. In Notfällen (z. B. Hochwasser, Eisgang, Ausbesserungen des Triebwerks) kann die örtliche Fischereibehörde die Ableitung schon vor Ablauf der

[17]) Der § 30 ist auf Grund des § 2 Abs. 2 FG. ergangen.

drei Tage gestatten. Geschlossene Gewässer, ausgenommen die künstlichen Fischteiche, dürfen in der Zeit vom 1. April bis 15. Mai, offene Gewässer während der Schonzeiten nur mit Genehmigung des Regierungspräsidenten abgeleitet werden.[18])

§ 32. Der Regierungspräsident kann das Zusammentreiben von Fischen mit Fackeln und anderen Leuchtmitteln sowie, ausgenommen bei der Zugnetzfischerei, das Pulschen, Pumpen, Jagen, Klappern und Schlagen in offenen Gewässern verbieten.[19])

§ 33. Wer, ohne einen Fischereischein zu besitzen, Fische aus offenen Gewässern versendet oder, abgesehen von den öffentlichen Verkehrsanstalten, bei deren Versendung mitwirkt, muß der örtlichen Fischereibehörde auf Verlangen die Herkunft der Fische nachweisen. Der Regierungspräsident kann bestimmen, daß der Nachweis durch einen Ursprungsschein zu führen ist, der von dem zur Ausübung des Fischereirechts Berechtigten ausgestellt und von dem Gemeinde- (Guts-) Vorsteher beglaubigt sein muß. Zur Beförderung der Fische am Bestimmungsort bedarf es nur dann eines Ursprungsscheins, wenn sie zum Verkauf herumgetragen werden.[20])

§ 34. Fische, die in einer an den Regierungsbezirk Sigmaringen angrenzenden, außerpreußischen Gemeinde während einer daselbst bestehenden Artenschonzeit gefangen sind, dürfen nicht in den Regierungsbezirk Sigmaringen gesandt und dort nicht weiter versandt werden. Besteht aber für dieselben Fische eine ab-

---

[18]) Für § 31 ist der § 103 FG. die gesetzliche Grundlage.

[19]) Für geschlossene Gewässer gilt § 32 nicht. Sein Erlaß beruht auf § 106 Ziff. 3 FG.

[20]) Der § 33, welcher auf § 133 Ziff. 3 FG. fußt, soll den Fischdieben den Absatz erschweren. Der Ursprungsschein, für den noch keine besonderen Bestimmungen ergangen sind, wird zweckmäßig nach dem für Wildsendungen bereits eingeführten einzurichten sein. Überall, wo der Ursprungsschein vom Regierungspräsidenten nicht ausdrücklich vorgeschrieben wird, kann der Nachweis der Herkunft auf jede andere Weise z. B. durch Zeugen erbracht werden.

weichende Artenschonzeit im Regierungsbezirk Sigmaringen, so gilt das Versendungsverbot auch für die nicht in Preußen gefangenen Fische nur während dieser Zeit.

§ 35. Bachsaiblinge, Regenbogenforellen, Forellen-, Schwarz- und Steinbarsche, Sonnenfische, Zwergwelse, amerikanische Krebse, galizische Sumpfkrebse und fremdländische Austern, sowie andere Fischarten, die in Zukunft aus dem Ausland eingeführt werden, dürfen in offenen Gewässern nur mit Zustimmung des Regierungspräsidenten neu ausgesetzt werden.[21])

§ 36. Soweit die Frühjahrsschonzeit von Gewässern in die Monate Mai und Juni fällt, ist in ihnen die Werbung von Wasserpflanzen, einschließlich der Unterwasserpflanzen (Wasserpest, Laichkräuter u. a.), mit Ausnahme des an den Strand getriebenen Seegrases und Seetangs, sowie die Entnahme von Schlamm, Erde, Sand, Kies und Steinen nur mit Erlaubnis der Fischereiberechtigten zulässig. Arbeiten, die zur Erfüllung der gesetzlichen Unterhaltungspflicht in Wasserläufen ausgeführt werden, werden hiervon nicht betroffen. Auch kann der Regierungspräsident aus den Gründen des § 18 für einzelne Personen Ausnahmen gestatten.[22])

§ 37. Fischlaich darf ohne Erlaubnis des Fischereiberechtigten nicht aus dem Wasser genommen oder beschädigt werden.[23]) Aus den Gründen des § 18 kann

---

[21]) Für das Aussetzungsverbot des § 35 ist § 106 Ziff. 7 FG. die Grundlage. Der § 35 gilt nicht für den F.-Ausübungsberechtigten (§ 40).

[22]) Durch die Bestimmung des § 36, welcher auf Grund des § 106 Ziff. 8 FG. ergangen ist, soll Nichtfischern der Eingriff in Fischgewässer möglichst erschwert werden, um in der Frühjahrsschonzeit jede Störung der Fischwirtschaft zu vermeiden und möglichst Dritte fernzuhalten. Der § 36 gilt nicht dem F.-Ausübungsberechtigten gegenüber (§ 40 FO.).

[23]) Der § 37 ist durch § 106 Ziff. 10 FG. gestützt und ist aus den gleichen Gründen wie § 36 ergangen. (Siehe Anm. 22.)

der Regierungspräsident für einzelne Personen Ausnahmen gestatten.[5])

§ 38. Entenbesitzer müssen ihre Enten von fremden Fischgewässern fernhalten, wenn ihnen der Fischereiberechtigte nicht deren Einlassung gestattet hat. Bei Zuwiderhandlungen setzen sie sich, abgesehen von der Bestrafung (§ 53), der Gefahr der Beschädigung oder Tötung der Enten nach § 228 BGB. aus. Der Regierungspräsident kann, vorbehaltlich § 112 Satz 2 FG. bestimmte Fischgewässer von dem Verbot des Enteneinlassens ausnehmen. Er kann das Enteneinlassen auch gegen den Willen des Fischereiberechtigten verbieten.[24])

§ 39. Die zu künstlichen Fischteichen gehörigen Anlagen dürfen nicht beschädigt, Ufer und Dämme nicht betreten werden. Hunde dürfen in die Teiche nicht eingelassen werden.[25])

§ 40. Für geschlossene Gewässer gelten die §§ 36 bis 39 nicht dem gegenüber, dem die Ausübung des Fischereirechts zusteht.

Fünfter Abschnitt. Kennzeichnung der Fischerzeuge in offenen Gewässern.[26])

§ 41. Die in Binnengewässern [2]) liegenden Fischerfahrzeuge müssen an den Außenseiten, am vorderen Ende links, am hinteren Ende rechts den Vornamen, Zunamen und Wohnort des Fischers oder Eigentümers sowie die Nummer des dem Fischer erteilten Fischereischeins in deutlicher, auch im Wasser haltbarer Schrift enthalten. Für sonstige Fischerzeuge (Fanggeräte, Fischbehälter) genügen deutliche, der örtlichen Fischereibehörde

---

[24]) Hinsichtlich des Einlassens der Enten siehe näheres unter Anm. 11 zu § 106 FG.

[25]) Grundlage für § 39 ist Ziff. 12 des § 106 FG.

[26]) Die §§ 41 bis 43 sind auf Grund des § 99 FG. ergangen. Für geschlossene Gewässer kommen sie nicht in Betracht. Denn auf diesen liegt die F.-Ausübung in einer Hand. so daß keine Zweifel über den Fanggerätbesitzer bestehen.

bekanntzugebende Zeichen, die entweder in feste Teile des Fischerzeugs eingeschnitten oder eingebrannt oder auf dauerhaften Tafeln (z. B. auch Bleiplomben) an oder neben ihm angebracht sind. Fanggeräte, die im Beisein des Fischers ausliegen, bedürfen keiner Kennzeichnung.

§ 42. [27]) Fischerfahrzeuge in Küstengewässern [7]) müssen, vorbehaltlich der besonderen Vorschriften für die Seefischereifahrzeuge der Nordsee (Reichsgesetz vom 30. April 1884, RGBl. S. 48), als Unterscheidungsbuchstaben die drei ersten Buchstaben des Wohnorts des Fischers und die Nummer seines Fischereischeins oder eine ihm von der örtlichen Fischereibehörde erteilte andere Erkennungsnummer auf jeder Seite am Bug des Fahrzeugs, aber mindestens $1\frac{1}{2}$ m vom Steven entfernt, und auf jeder Seite des Großsegels in der Mitte oberhalb des obersten Reffbandes führen. Buchstaben und Zahlen müssen mit Ölfarbe am Schiffskörper weiß auf schwarzem Grunde, auf weißen und grauen Segeln schwarz, auf roten und dunklen Segeln weiß hergestellt sein. Die Buchstaben und Zahlen müssen am Fahrzeuge mindestens 20 cm, am Segel 30 cm hoch und nicht weniger als $\frac{1}{5}$ ihrer Höhe breit sein. Bei offenen und halbgedeckten Booten von nicht mehr als 6 m Länge brauchen die Buchstaben und Zahlen nur 10 cm hoch und nur $\frac{1}{2}$ m vom Steven entfernt zu sein. Die Buchstaben sind in lateinischer, die Zahlen in arabischer Schrift darzustellen. Wo örtlich noch andere Kennzeichen für Fischerfahrzeuge in Küstengewässern üblich sind, kann der Regierungspräsident deren Beibehaltung vorschreiben. Für die Kennzeichnung der sonstigen Fischerzeuge gilt § 41 mit der Maßgabe, daß, wenn sie zu einem Fahrzeug gehören, als Zeichen nur die Unterscheidungsbuchstaben und Zahlen des Fahrzeugs zulässig sind.

---

[27]) Für die Kennzeichnung der Fahrzeuge auf Küstengewässern sind internationale Bestimmungen mitbestimmend gewesen.

§ 43. Die nach den §§ 41, 42 vorgeschriebenen Kennzeichen dürfen nicht beseitigt, verändert, unkenntlich gemacht, verdeckt oder sonst verheimlicht werden.

Sechster Abschnitt. Ordnung beim Fischfang in offenen Gewässern.[28])

§ 44. Fanggeräte dürfen nicht so aufgestellt oder ausgelegt sein, daß sie den Schiffsverkehr behindern. Der Regierungspräsident kann anordnen, daß bestimmte Wasserflächen freibleiben müssen. Die Lage der Fanggeräte muß den Führern von Fahrzeugen erkennbar sein. Der Regierungspräsident kann bestimmen, daß die Fischer zu diesem Zweck besondere Zeichen zu setzen haben. Fanggeräte, die nicht mehr benutzt werden oder nicht mehr benutzt werden dürfen, sind aus dem Wasser zu nehmen. Pfähle müssen mindestens 1 m über den gewöhnlichen Wasserstand (§ 8 Abs. 3 des Wassergesetzes vom 7. April 1913, GS. S. 53) hervorragen und nach beendigtem Fischfang herausgezogen werden, ohne daß Teile davon unter dem Wasser stehen bleiben.

§ 45. In einer Entfernung bis zu 100 m auf beiden Seiten eines durch Tonnen, Bojen, Baken, Schilder oder sonstige Merkmale erkennbar gemachten Kabelweges ist die Verwendung von Grundschleppnetzen, Ankern und Staken zum Fortbewegen von Fahrzeugen sowie das Eintreiben von Pfählen und Pricken verboten. Der Regierungspräsident kann den Abstand im einzelnen Falle herabsetzen. Die Vorschriften über den Schutzabstand gegenüber Kabelschiffen (Reichsgesetz vom 21. November 1887, RGBl. 1888 S. 169) werden hierdurch nicht berührt.

§ 46. Die zur Bezeichnung der Schiffahrt und des Kabelweges dienenden Merkmale dürfen nicht verschoben

---

[28]) Für die §§ 44 bis 50 bildet Ziff. 4 des § 106 FG. die gesetzliche Grundlage. Von ihnen sollen die §§ 44 bis 46 die Störung der Schiffahrt, §§ 46 und 47 das Beschädigen von Kabeln und § 48 Unfälle auf dem Eise verhindern. § 49 regelt Platzstreitigkeiten und § 50 das Verhalten der Fischer den F.-Beamten gegenüber.

werden. Dasselbe gilt von Kennzeichen für Schonbezirke (§ 110 Abs. 2 FG.). Jede Veränderung solcher Zeichen haben die Fischer sofort der örtlichen Fischereibehörde anzuzeigen. Bei Schiffahrtszeichen ist statt dessen auch die Anzeige an die Wasserpolizeibehörde, bei Bezeichnungen für Kabelwege die Anzeige an die nächste Lotsenstation oder Post- (Telegraphen-) Behörde zulässig.

§ 47. Wird ein Kabel erfaßt, so ist es unter Vermeidung jeder Beschädigung (§§ 317 bis 318 a RStGB.) freizumachen. Wenn dies nicht möglich ist, müssen die daran festsitzenden Fischerzeuge aufgegeben werden. In jedem Fall, auch wenn das Kabel nicht beschädigt erscheint, haben die Fischer spätestens binnen 24 Stunden nach Ankunft in dem ersten Hafen oder an der ersten Landungsstelle der nächsten Post- (Telegraphen-) Behörde den Sachverhalt anzuzeigen. Ersatzansprüche wegen verlorener oder beschädigter Fischerzeuge sind bei der örtlichen Fischereibehörde geltend zu machen.

§ 48. Die Fischer müssen die bei der Winterfischerei gehauenen Eisstücke unmittelbar neben den Löchern aufstellen. Sind die Eisstücke zu groß, um herausgehoben zu werden, so müssen die Öffnungen durch Strauch, Stangen oder auf andere leicht sichtbare Art gekennzeichnet werden. In und neben gebahnten und ausgesteckten Eiswegen und bis zu einer Entfernung von 4 m davon dürfen keine Löcher gehauen werden.

§ 49. Ein Fischer darf nicht in den Zug desjenigen fallen, der schon fischt, oder in die Zuglinie desjenigen einbiegen, der seine Fanggeräte bereits ausgeworfen hat. Er darf seine Netze nicht in einen fremden Garnzug setzen, der nach § 44 oder in ortsüblicher Weise gekennzeichnet ist. Großfischer dürfen ihre Fanggeräte nicht so einrichten, daß sie damit Kleinfischerei betreiben können und umgekehrt. Der Regierungspräsident kann Bestimmungen darüber treffen, daß Fischer einander auszuweichen haben. Er kann ferner, außer aus den

Gründen der §§ 21, 44, auch zur Vermeidung gegenseitiger Störungen der Fischer zeitliche und örtliche Beschränkungen in der Anwendung der einzelnen Fischereibetriebsarten anordnen. Hiervon abgesehen bestimmt die örtliche Fischereibehörde den Platz und den Umfang des Platzes, den ein Fischer einzunehmen hat, sowie die Reihenfolge, in der mehrere Fischer die Fischerei auszuüben haben. Besondere Rechte werden hierdurch nicht berührt.

§ 50. Wer beim Fischfange von einem Fischereibeamten oder amtlich verpflichteten Aufseher angerufen wird, hat deren Rufe Folge zu leisten und nicht eher von der Stelle zu weichen, als bis er dazu ausdrücklich ermächtigt ist. Auf Verlangen hat er den Aufsichtsbeamten seine amtlichen Ausweise (Fischereischein, Erkennungsnummer, Erlaubnisschein, Ursprungsschein) vorzuzeigen. Die Führer von Fischerfahrzeugen und Fahrzeugen, die zur Beförderungg von Fischen gebraucht werden, haben, wenn ihnen durch vier oder mehrere kurze Pfiffe mit der Dampf- oder Motorpfeife oder bei Segeldienstfahrzeugen durch mehrfaches Hissen, Herablassen oder Wiederhissen der Flagge oder Laterne ein Zeichen gegeben wird, sofort ihr Fahrzeug zum Stillstand zu bringen und nötigenfalls zu Anker zu gehen, bis sie der Aufsichtsbeamte zum Weiterfahren ermächtigt.

Siebenter Abschnitt. Schlußbestimmungen.

§ 51. Durch die §§ 36, 44, 48 werden Anordnungen der Wasserpolizeibehörde nicht berührt.[29])

§ 52. Vor Erlaß von Bestimmungen nach dieser Polizeiverordnung, die nicht nur einen einzelnen Fall oder einzelne Personen betreffen, soll der Regierungspräsident Beteiligte hören.[30]) Solche Bestimmungen sind auch öffentlich bekannt zu machen.

---

[29]) Überall da, wo wasserpolizeiliche Vorschriften bestehen, sollen diese den Vorrang vor den fischereipolizeilichen haben.

[30]) Siehe hierzu Anm. 17 zu § 106.

§ 53. Zuwiderhandlungen gegen die Polizeiverordnung oder gegen die auf Grund derselben von dem Regierungspräsidenten oder der örtlichen Fischereibehörde getroffenen Bestimmungen werden, soweit sie nicht nach den §§ 125 bis 128 FG. unter Strafe gestellt sind, mit Geldstrafe bis zu 30 Mark bestraft.[31])

§ 54. Die Polizeiverordnung tritt am 15. April 1917 in Kraft.[32]) Mit demselben Tage treten alle Polizeiverordnungen außer Kraft, die auf Grund des Fischereigesetzes vom 30. Mai 1874 (GS. S. 197) und der dazu ergangenen Allerhöchsten Verordnungen erlassen sind.[33])

Berlin, den 29. März 1917.

Der Minister für Landwirtschaft, Domänen und Forsten.

Graf v. Roedern.

---

[31]) In erster Linie hat also bei Übertretungen der Bestimmungen der FO. Bestrafung aus §§ 125 bis 128 FG., welche außer für Verstöße gegen die Kennzeichnung der Fischerzeuge höhere Geldstrafen als 30 Mk. androhen, zu erfolgen. Erst wenn nach jenen Vorschriften eine Strafe nicht verhängt werden kann, soll die Strafandrohung des § 53 FO. zur Anwendung gebracht werden.

[32]) Die FO. ist hiernach gleichzeitig mit dem FG. in Kraft getreten (siehe Verordnung unter II A).

[33]) Mit dem neuen gesetzlichen F.-Recht ist hierdurch auch ein völlig neues Polizeirecht für die Fischerei geschaffen. Letzteres ist in der FO. und in den auf Grund ihrer Bestimmungen und zeitlich nach ihr ergangenen Polizeiverordnungen ausschließlich enthalten.

III. Die für die Fischerei in Betracht kommenden Vorschriften.

A. Der Preußischen Jagdordnung.

(Vom 15. Juli 1907, GS. S. 207.)

Erster Abschnitt. Umfang des Jagdrechts.

§ 1. Jagdbare Tiere[1]) sind:

a) Elch-, Rot-, Dam-, Reh- und Schwarzwild, Hasen, Biber, Ottern,[2]) Dachse, Füchse, wilde Katzen, Edelmarder;

---

*) Das der Fischerei nahe verwandte Gebiet der Jagd ist ebenso wie jetzt durch das FG. die Fischerei seinerzeit auf Grund der Art. 3, 55 und 69 EG.BGB. (abgedruckt unter Grund der Art. 3, 55 und 69 EG.BGB. (abgedruckt unter I A) landesgesetzlich durch die oben genannte JO. für Preußen geregelt. Abweichend vom FG., welches in ganz Preußen gilt, ist diese JO. aber nicht für Hannover, Hohenzollern und Helgoland ergangen. In diesen Landesteilen gelten besondere Vorschriften (siehe Görcke, JO. im Anhang). Der § 1 JO. gilt aber als Bestandteil des früheren Wildschadengesetzes auch in Hannover und Helgoland. Die JO. ist mehrfach für das jetzige FG. vorbildlich gewesen, so für den F.-Schein, die F.-Bezirke u. a.

[1]) Unter jagdbaren Tieren werden diejenigen wilden Tiere verstanden, welche dem alleinigen Aneignungsrecht des Jagdberechtigten unterliegen, während die nicht jagdbaren Tiere dem allgemeinen Aneignungsrecht, dem sog. freien Tierfang, aus §§ 958, 960 BGB. unterstehen (siehe unter I B). Für den Jagdberechtigten gilt daher hinsichtlich der jagdbaren Tiere das gleiche wie für den F.-Berechtigten bezüglich der im § 4 FG. genannten Wassertiere. Nur der dazu Berechtigte darf ihnen nachstellen und sie sich aneignen. Infolgedessen hat der Jagdberechtigte kein Anrecht an den Fischen in den Gewässern seines Jagdreviers

b) Auer-, Birk- und Haselwild, Schnee-, Reb- und schottische Moorhühner, Wachteln, Fasanen, wilde Tauben, Drosseln (Krammetsvögel), Schnepfen, Trappen, Brachvögel, Wachtelkönige, Kraniche, Adler (Stein-, See-, Fisch-,[3]) Schlangen-, Schreiadler), wilde Schwäne, wilde Gänse, wilde Enten, alle anderen Sumpf- und Wasservögel mit Ausnahme der grauen Reiher,[4]) der Störche, der Taucher, der Säger, der Kormorane und der Bleßhühner.[5])

§ 13. Die Eigentümer[1]) sind befugt, zur Fischerei dienende Seen und Teiche,[2]) die zur Bildung von

---

und der F.-Berechtigte nicht an den auf seinem Fischgewässer sich aufhaltenden jagdbaren Tieren. Dieser darf daher z. B. weder den Fang wilder Enten betreiben noch das sein Fischgewässer durchschwimmende Wild fangen. Nur für die durch ausdrückliche gesetzliche Bestimmung ausgenommenen jagdbaren Tiere gilt dieser Grundsatz nicht. Deshalb darf gemäß § 105 FG. der F.-Berechtigte dem Fischotter und allen Reihern trotz ihrer Jagdbarkeit auf seinem Fischgewässer nachstellen. (Siehe Anm. zu § 105 FG.)

²) Hinsichtlich des Fischotters siehe Anm. 1 letzter Satz.

³) Da der Fischadler im neuen FG. (§ 105) nicht mehr als dem Tötungsrecht des F.-Berechtigten unterliegend erwähnt ist, macht sich der F.-Berechtigte, wenn er ihm nachstellt, im Gegensatz zum früheren Recht des Wilderns schuldig.

⁴) Hinsichtlich der Reiher siehe zu § 8 VogSchutzG. unter III B.

⁵) Die als Ausnahmen von den Sumpf- und Wasservögeln oben genannten 6 Vogelarten unterliegen, ausgenommen die für die Fischerei wenig in Betracht kommenden Störche, nach § 8 VogSchutzG. (unter III B) dem freien Tierfang. Ihnen darf der F.-Berechtigte daher unbeschränkt nachstellen und zwar den Tauchern und Kormoranen auch, trotzdem sie im § 305 FG. nicht mehr besonders wie im § 45 des früheren FG. genannt sind. Siehe auch zu § 8 VogSchutzG. unter III B.

¹) Nur die wirklichen Eigentümer der betreffenden Fischgewässer sind berechtigt, deren Ausschluß aus dem gemeinschaftlichen Jagdbezirk zu verlangen. Dem F.-Pächter und dem F.-Berechtigten eines einem andern gehörigen Gewässers steht dieses Recht nicht zu.

²) Nicht jeder See oder Teich, in dem sich Fische befinden und der daraufhin gelegentlich befischt wird, ist hierunter zu verstehen. Sie müssen vielmehr wirklich der Fischerei dienen,

Eigenjagdbezirken nicht geeignet[3]) sind, einschließlich der in ihnen liegenden Inseln, soweit diese ganz ihnen gehören, von dem gemeinschaftlichen Jagdbezirk auszuschließen.[4])

---

d. h. sie müssen zur Fischzucht bestimmt oder sonstwie zu intensiver Fischwirtschaft hergerichtet und benutzt werden. Die Entscheidung darüber, ob diese Voraussetzungen vorliegen, trifft der Jagdvorsteher. Bejahendenfalls ordnet er den Ausschluß an, verneinendenfalls lehnt er ihn ab. Gegen seine Entscheidung kann binnen zwei Wochen in Landkreisen beim Landrat und dann beim Regierungspräsidenten, in Stadtkreisen beim Regierungspräsidenten und dann beim Oberpräsidenten Beschwerde eingelegt werden (§ 70 JO.). Der § 13 kommt nur für Seen und Teiche, nicht auch für Wasserläufe (§ 1 WG. im Anhang unter 1) in Betracht. Letztere können also vom Jagdbezirk nicht ausgeschlossen werden.

[3]) Das sind solche, die einschließlich der dem gleichen Eigentümer gehörigen Inseln darin nicht 75 ha im Zusammenhang groß sind, so daß sie nicht selbst einen Eigenjagdbezirk bilden. Liegen die Gewässer innerhalb des ihrem Eigentümer gehörigen Eigenjagdbezirks, so sind sie ohne weiteres Teile des letzteren.

[4]) Nach dem früheren JagdpolizeiG. vom 7. März 1850 hatten die Eigentümer derartiger Fischgewässer und Inseln ohne weiteres auf ihnen das Jagdausübungsrecht. Dieses ist ihnen durch die JO. genommen, ihnen dafür aber, um ein die Fischereiwirtschaft störendes Bejagen der Gewässer durch einen andern zu vermeiden, die Befugnis gegeben, durch rechtzeitige Anmeldung (Abs. 5) beim Jagdvorsteher die Wasserflächen und Inseln von der Zuziehung zum gemeinschaftlichen Jagdbezirk auszuschließen. Hinsichtlich des Beschwerderechts bei Ablehnung des Ausschlusses siehe Anm. 2. Die Anordnung des Ausschlusses hat das Ruhen der Jagd auf jenen Flächen zur Folge (Abs. 4). Es darf also weder der Inhaber des herumliegenden Jagdbezirks noch der Eigentümer der ausgeschlossenen Flächen auf ihnen jagen. Ob letzterer, wenn er trotzdem dort jagdbaren Tieren nachstellt, außer beim Fischotter (§ 105 FG.), wegen unberechtigten Jagens aus § 292 StGB. strafbar ist, ist streitig. Nach Dickel (Zeitschr. 1907, 810) ist er zu bestrafen, nach anderen Entscheidungen aber nicht, weil er kein Jagdrecht eines andern verletzt (Schultz 9, 253 und GA. 60, 87). Gemäß § 67 JO. kann ihm aber auf solchen Gewässern der Abschuß auch jagdbarer Tiere durch die Jagdpolizeibehörde genehmigt werden. Für den Eigentümer des ausgeschlossenen Fischgewässers ist letzteres kein fremdes Jagdgebiet, er kann deshalb, wenn er es unbe-

Durch die Jagdpolizeibehörde kann das gleiche Recht den Unternehmern von Schiffahrtkanälen für bestimmte Grundflächen zugestanden werden, sofern Tatsachen vorliegen, welche die Annahme rechtfertigen, daß die Ausübung der Jagd mit den Rücksichten der Betriebssicherheit unvereinbar ist.[5])

Gegen die Verfügung der Jagdpolizeibehörde ist die Klage im Verwaltungsstreitverfahren zulässig.

Auf den ausgeschlossenen Grundflächen muß während der Dauer des Ausschlusses die Ausübung des Jagdrechts ruhen.[6])

Spätestens bis zum Ablaufe der Auslegungsfrist der Pachtbedingungen (§ 21) ist der Ausschluß beim Jagdvorsteher anzumelden.[7])

Die ausgeschlossenen Flächen werden bei Feststellung der Mindestgröße der gemeinschaftlichen Jagdbezirke (§§ 7 bis 9) angerechnet.[8])

---

fugt in Jagdausrüstung befährt, aus § 369[10] StGB. nicht bestraft werden.

[5]) In Abs. 2 handelt es sich um Wasser- oder Landflächen, welche an einem Schiffahrtkanal liegen. Auch für sie kann der Ausschluß mit der Wirkung des Ruhens der Jagd erfolgen, aber nur unter den obigen Voraussetzungen und nur durch Ausspruch der Jagdpolizeibehörde (Landrat oder Ortspolizei, § 69 JO.). In Betracht kommen nur Schiffahrtkanäle, keine andern Gewässer. Die Möglichkeit des Ausschlusses ist hier nicht wie in Abs. 1 aus Rücksichten auf die Fischerei, sondern lediglich aus solchen des Verkehrs gewährt.

[6]) Siehe Anm. 4.

[7]) Vor der Verpachtung eines gemeinschaftlichen Jagdbezirks müssen die Pachtbedingungen von dem Jagdvorsteher nach § 21 zwei Wochen lang zur Einsicht der Beteiligten öffentlich ausgelegt werden. Innerhalb dieser zwei Wochen muß der Eigentümer des betreffenden Sees oder Teichs bei dem Jagdvorsteher, in dessen Bezirk das Gewässer liegt, spätestens den Ausschluß mündlich oder schriftlich anmelden. Auch wenn dieser aus formellen Gründen z. B. wegen Nichtinnehaltung der Anmeldefrist den Ausschluß ablehnt, steht dem Eigentümer die Beschwerde zu (Anm. 2).

[8]) Trotz des Ausschlusses der Seen und Teiche sollen deren Flächen bei der Berechnung der von der JO. für gemeinschaftliche Jagdbezirke vorgeschriebenen Mindestgrößen mitge-

§ 48. Der Bezirksausschuß[1]) ist befugt, für den Umfang des ganzen Regierungsbezirkes oder einzelne Teile des letzteren diejenigen nicht jagdbaren Vögel[2]) zu bezeichnen, auf welche die Ausnahmebestimmung des § 5 Abs. 1 des Reichsgesetzes, betreffend den Schutz von Vögeln, vom 22. März 1888 (RGBl. S. 111)[3]) dauernd oder vorübergehend Anwendung finden darf.[4])

§ 67. Die Jagdpolizeibehörde[1]) kann die Eigentümer und Pächter[2]) solcher zur Fischerei dienender

---

rechnet werden. Dies beruht darauf, daß nach Abs. 4 auf ihnen nicht gejagt werden darf und somit ihre Flächen ein dem gemeinschaftlichen Jagdrevier günstiges Schonrevier bilden.

[1]) Der für das in Frage kommende Fischgewässer örtlich zuständige Bezirksausschuß muß in diesem Falle vom F.-Berechtigten angegangen werden. Also nicht wie im § 13 der Jagdvorsteher oder nach § 67 die Jagdpolizeibehörde.

[2]) Während in dem Fall des später besprochenen § 67 alle Arten von Tieren und ohne Unterschied, ob sie jagdbar sind oder nicht, dem F.-Berechtigten, dessen Fischgewässer nicht zu einem Eigenjagdbezirk gehören, freigegeben werden können, handelt es sich hier nur um Vögel und unter diesen nur um solche, die nicht jagdbar sind. Da die nicht dem Vogelschutz unterstehenden Vögel dem freien Tierfang unterliegen, also auch ohne Genehmigung verfolgt werden können, kommen für § 48 nur die nichtjagdbaren, durch das Vogelschutzgesetz geschützten Vögel in Frage. Für die Fischerei darunter eigentlich nur der Eisvogel. Trotzdem er geschützt ist, kann der F.-Berechtigte auf Grund des § 48 JO. in Verbindung mit § 5 VogSchutzG. (siehe unter III B) vom Bezirksausschuß das Recht erhalten, dem Eisvogel auch während seiner Schutzzeit (1. März bis 30. September) nachzustellen. Diese Erlaubnis kann für jede Art von Fischgewässern, also auch für Wasserläufe, gewährt werden. Die Aufhebung des besonderen bisherigen Tötungsrechts des F.-Berechtigten für den Eisvogel (siehe Anm. 4 zu § 105 FG.) kann durch Anwendung des § 48 JO mithin zum Teil ausgeglichen werden.

[3]) Abgedruckt unter III B.

[4]) Die in Anm. 2 erwähnte Erlaubnis zur Verfolgung des Eisvogels auch in seiner Schutzzeit kann örtlich für jedes Fischgewässer oder für einen beliebig größeren Bezirk und zeitlich für eine bestimmte Dauer oder auch für das ganze Jahr sowie nur dem F.-Berechtigten oder auch allgemein vom Bezirksausschuß erteilt werden.

[1]) Solche ist in Landkreisen der Landrat, in Stadtkreisen die Ortspolizeibehörde (§ 69 JO.). Stadtkreise bestehen nur

Seen und Teiche, die nicht zu einem Eigenjagdbezirke gehören (§ 13 Abs. 1),[3]) selbst wenn die Jagd auf ihnen ruht, ermächtigen, jagdbare und nichtjagdbare Tiere,[4]) welche der Fischerei Schaden zufügen, zu jeder Zeit[5]) auf jede erlaubte Weise[6]) zu fangen, namentlich auch mit Anwendung von Schußwaffen zu erlegen.[7]) Mit

---

für Städte über 25000 Einwohner, wenn sie nach § 4 KreisO. vom 13. Dezember 1872 (GS. S. 180) für einen eigenen Kreis erklärt sind.

[2]) Unter Pächter ist hier der F.-Pächter zu verstehen. Ein Pächter, der sonstige Nutzungen des Sees, z. B. die Rohrnutzungen, gepachtet hat, kommt nicht in Frage. Wenn im § 67 der dingliche F.-Berechtigte auch nicht ausdrücklich erwähnt ist, so geht aus dem Zweck und der Absicht der Vorschrift sowie aus der Erwähnung des F.-Pächters, die im § 13 nicht erfolgt ist, sinngemäß hervor, daß außer dem Eigentümer auch jeder, welcher zur Ausübung der Fischerei auf dem fraglichen Fischgewässer berechtigt ist, unter § 67 fallen sollte. Auch der fischereiberechtigte Nichteigentümer des Sees kann daher zum Abschuß ermächtigt werden. An Stelle dieser Personen können ihre Beauftragten diese Ermächtigung erhalten (Anm. 8).

[3]) Es sind für die Abschußermächtigung die gleichen Voraussetzungen in den Eigenschaften der Seen und Teiche erforderlich wie für den Ausschluß aus dem gemeinschaftlichen Jagdbezirk. Siehe darüber Anm. 2 und 3 zu § 13 JO. Auch wenn der Ausschluß nach § 13 nicht erfogt ist, kann die Abschußerlaubnis aus § 67 erteilt werden. Auf andere Gewässer wie Seen und Teiche findet § 67 keine Anwendung. Ob diese offen oder geschlossen sind, ist bedeutungslos.

[4]) Siehe hierzu § 1 JO. und Anm. 1 dazu.

[5]) Also jagdbare Tiere auch in ihrer Schonzeit, geschützte Vögel auch in der Schutzzeit.

[6]) Die Fangweise darf nicht verboten sein. Für jagdbare Tiere und für alle Vögel ist der Schlingenfang verboten (§ 41 JO. und § 8 VogSchutzG.). Der F.-Berechtigte darf deshalb auf Grund der Ermächtigung zum Fang jagdbarer Tiere Schlingen überhaupt nicht aufstellen. Für geschützte Vögel ist ferner der Fang zur Schneezeit, mittels Leims, zur Nachtzeit mit Netzen oder Waffen, mit giftigem oder betäubendem Futter, mittels geblendeter Lockvögel und mittels Fallkäfigen und Fallkästen, mittels Reusen sowie großer Schlag- und Zugnetze und über die Erde gespannter Netze durch § 2 VogSchutzG. verboten.

[7]) Grundsätzlich darf der F.-Berechtigte wie jeder andere keinen jagdbaren Tieren und in den Schutzzeiten auch nicht

Zustimmung der Jagdpolizeibehörde kann diese Ermächtigung auf bestimmt zu bezeichnende Beauftragte des Eigentümers oder Pächters übertragen werden.[8]) Der Jagdberechtigte kann verlangen, daß ihm die er-

den geschützten Vögeln nachstellen. Hinsichtlich der jagdbaren Tiere gewährt ihm aber § 105 FG. bezüglich des Fischotters und der Reiher ausnahmsweise aus Gründen des F.-Schutzes ein Nachstellungsrecht, aber ohne Schußwaffen. Nach § 67 kann ihm eine noch weitergehende Nachstellungsbefugnis hinsichtlich unterschiedslos aller fischereischädlichen Tiere, z. B. auch bezüglich des Eisvogels und des Fischadlers, wilder Enten und Möven usw., gewährt und sogar mit der Schußwaffe gegeben werden. Voraussetzung dafür ist aber, daß sein Fischgewässer nicht zu einem Eigenjagdbezirk gehört. Trotz der Verweisung im § 67 auf § 13 ist der Ausschluß vom gemeinschaftlichen Jagdbezirk nicht erforderlich, wie der Wortlaut des § 67 ergibt. Sogar von der Innehaltung der Schonzeiten kann der F.-Berechtigte alsdann entbunden werden. Diese umfangreiche Ermächtigung wird ihm von der Jagdpolizeibehörde naturgemäß nur erteilt werden, wenn die Verhältnisse dies für die F.-Wirtschaft wirklich als geboten erscheinen lassen, z. B. bei massenhaftem Auftreten von wilden Enten. Die erteilte Ermächtigung die auf bestimmte Tierarten lauten (Abs. 2) und bei sich geführt werden muß (Anm. 11), ersetzt den für die jagdbaren Tiere, außer für Fischotter und Reiher nach § 105 FG., sonst erforderlichen Jagdschein (§ 30 Ziff. 3 JO.). Über das Anrecht an den erlegten Tieren siehe Anm. 9. Die Abschußbefugnis erstreckt sich nur auf die Wasserfläche einschließlich des Luftraums über sie, nicht auch auf das Ufer und die sonstige Umgebung. Liegen in dem Wasser Inseln, die demselben Eigentümer wie das Gewässer gehören, so wird die Ermächtigung in Anlehnung an § 13 nicht auf diese ausgedehnt werden können.

[8]) Die zugelassene Übertragung der Abschußermächtigung auf eine bestimmte andere Person, welche zu dem F.-Berechtigten in einem Auftragsverhältnis stehen muß, soll einem Verkehrsbedürfnis genügen. Dadurch wird Eigentümern größerer Besitzungen oder solchen, welche aus irgend welchem Grunde nicht selbst den Abschuß ausüben können, die Möglichkeit gegeben, diesen durch ihre Verwalter, Fischer u. dgl. besorgen zu lassen. Die Jagdpolizeibehörde kann erforderlichenfalls auch die Übertragung an mehrere Personen zulassen. Durch die Übertragung verliert der ursprünglich Ermächtigte für seine Person die Abschußbefugnis. Auch die hiernach mit dem Abschuß beauftragten Personen bedürfen keines Jagdscheines (Anm. 7).

legten Tiere, soweit sie seinem Jagdrecht unterliegen, gegen das übliche Schußgeld überlassen werden.[9])

Die Ermächtigung darf Personen, welchen der Jagdschein versagt werden muß, nicht erteilt werden und ist widerruflich.[10]) In ihr sind die Tierarten, zu deren Erlegung die Befugnis erteilt wird, bestimmt zu bezeichnen.[11])

---

[9]) Die Überlassung der Beute kann nur für jagdbare Tiere in Betracht kommen. Die nichtjagdbaren Tiere gehören dem Erleger auf Grund der Aneignung (Anm. 4 zu § 958 BGB. unter I B) stets. Nur in Ausnahmefällen wird ein Jagdberechtigter auf die vom F.-Berechtigten oder seinem Beauftragten erlegten jagdbaren Tiere, wenn sie innerhalb der Grenzen des Sees fallen, Anspruch erheben können. Denn wenn der See nach § 13 vom Jagdbezirk ausgeschlossen ist, unterliegt seine Fläche nicht dem Jagdrecht des Pächters des gemeinschaftlichen Jagdbezirks, in welchem der See liegt. Die Höhe des etwaigen Schußgeldes richtet sich in erster Linie nach etwaigen provinzialrechtlichen Vorschriften, mangels solcher nach der üblichen Höhe und, falls es solche nicht gibt, nach der von einem Sachverständigen zu bestimmenden Angemessenheit. Die erlegten Reiher und Fischottern brauchen nur abgeliefert zu werden, wenn sie mit der Schußwaffe auf Grund der Ermächtigung aus § 67 erlegt sind, andernfalls gehören sie dem F.-Berechtigten (Anm. 12 und § 105 FG.).

[10]) Diese Beschränkung soll einem Mißbrauch des Abschußrechts zum Nachteil des gemeinschaftlichen Jagdbezirks vorbeugen. Die Gründe, aus denen der Jagdschein versagt werden muß, führt der § 34 JO. auf. Die Gründe, aus denen er nach § 35 nur versagt werden kann, rechtfertigen die Ablehnung der beantragten Ermächtigung nicht ohne weiteres, sondern es müssen alsdann weitere Gründe dazu vorliegen. Die erteilte Ermächtigung kann beim Vorliegen von Gründen nach dem Ermessen der Jagdpolizeibehörde jederzeit wieder entzogen werden. Hinsichtlich des Beschwerderechts siehe § 68 JO.

[11]) Die Ermächtigung muß schriftlich unter Benennung der ermächtigten Person und unter genauer Aufzählung der Tierarten, auf welche sie sich bezieht, ausgestellt werden. Daß der Ermächtigte das Schriftstück bei der Ausübung des Abschusses bei sich führen muß, ist zwar in § 67 nicht ausdrücklich vorgeschrieben, geht aber aus § 30 Nr. 3 JO. hervor, wonach die Ermächtigung die Stelle des Jagdscheins vertritt. Führt der Ermächtigte es nicht bei sich, so ist er deshalb nach § 72[1] JO. strafbar.

Die weitergehenden Bestimmungen der Fischereigesetze werden hierdurch nicht berührt.[12])

§ 68. Gegen die Anordnung oder Versagung obiger Maßregeln (§§ 66 und 67) seitens der Jagdpolizeibehörde ist nur die Beschwerde an den Bezirksausschuß und gegen dessen Entscheidung die Beschwerde zulässig, welche an den Minister des Innern und den Minister für Landwirtschaft, Domänen und Forsten geht.

B. Des Reichs-Vogelschutzgesetzes.*)

(Vom 30. Mai 1908, RGBl. S. 317).

§ 5.[1]) Vögel, welche dem jagdbaren Feder- und Haarwild und dessen Brut und Jungen sowie Fischen

---

[12]) Durch den Abs. 3 ist das Tötungsrecht des F.-Berechtigten, wie es jetzt im § 105 FG. festgesetzt ist, neben den Vorschriften der JO. ausdrücklich als diesen vorgehend bezeichnet. Der § 105 FG. ist insofern weitergehend wie § 67, als danach auch ohne besondere Ermächtigung den Fischottern und den Reihern, wenn auch ohne Schußwaffe, nachgestellt und sie im Falle ihrer Erbeutung vom F.-Berechtigten behalten werden dürfen. Abschießen darf er Otter und Reiher aber nur auf Grund einer Ermächtigung aus § 67.

*) Das durch dieses Gesetz einheitlich für das ganze Deutsche Reich geschaffene Vogelrecht kann in den einzelnen Bundesstaaten nur in denjenigen Bestimmungen abweichend gestaltet werden, in welchen es dieses Gesetz selbst dem Landesrecht gestattet. Das ist, soweit es für die Fischerei in Betracht kommt, durch § 5 und durch § 8b hinsichtlich der jagdrechtlichen Vorschriften geschehen.

Durch das Gesetz ist grundsätzlich für alle Vögel mit Ausnahme der im § 8 besonders aufgeführten Arten in der Zeit vom 1. März bis zum 1. Oktober das Fangen und das Erlegen, wozu jedes Nachstellen irgendwelcher Art zum Zweck des Fangens und Erlegens rechnet, verboten. In dieser Zeit ist auch der Ankauf, der Verkauf und das Feilbieten sowie der Transport der geschützten Vögel und für das ganze Jahr das Zerstören und Ausheben ihrer Nester sowie der Eier und Jungen verboten.

[1]) Wenn in dem Vogelschutzgesetz nicht eine Ausnahme vorgesehen wäre, würde das Abschußrecht, welches dem F.-Berechtigten nach § 105 FG. zusteht und nach § 67 JO. gewährt werden

und deren Brut nachstellen, dürfen nach Maßgabe der landesgesetzlichen Bestimmungen über Jagd und Fischerei von den Jagd- oder Fischereiberechtigten und deren Beauftragten getötet werden.

. . . .

§ 8.[1]) Die Bestimmungen dieses Gesetzes finden keine Anwendung

a) auf das im Privateigentume befindliche Federvieh;
b) auf die nach Maßgabe der Landesgesetze jagdbaren Vögel;[2])
c) auf die in nachstehendem Verzeichnis aufgeführten Vogelarten:[3])

---

kann, durch das Verbot des Vogelschutzgesetzes den geschützten Vögeln in der Schutzzeit in irgendeiner Weise nachzustellen (siehe Vorbemerkung), gesetzlich unbegründet sein. Denn da jenes Abschußrecht auf einem Landesgesetz beruht und ihm deshalb die Vorschriften des Vogelschutzgesetzes als Reichsgesetz vorgehen, würde das Verbot des letzteren die Abschußmöglichkeit des ersteren, soweit sie geschützte Vögel betrifft, unzulässig erscheinen lassen. Durch den § 5 wird dieser Mangel beseitigt. Er läßt als Ausnahme von dem Fang- und Tötungsverbot das Nachstellungsrecht der F.-Berechtigten ausdrücklich zu, wenn es ihm in einem Landesgesetz gewährt ist. Aber nur solche landesgesetzliche Bestimmung erklärt sie für zulässig, welche von Vögeln, die den Fischen und deren Brut nachstellen, handelt. Die Tötung anderer als fischerei- oder jagdschädlicher Vögel der geschützten Arten darf deshalb ein Landesgesetz verfassungsmäßig mit Rechtswirkung nicht aussprechen, weil es sonst im Widerspruch mit dem Vogelschutzgesetz stehen würde. Der Inhalt der §§ 48 und 67 JO. stimmt hiernach mit § 5 überein und die Abschußbefugnis kann daher mit Recht für den F.-Berechtigten auch auf geschützte fischereischädliche Vögel lauten.

[1]) Während § 5 die durch Landesrecht möglichen Ausnahmen des Vogelschutzgesetzes vorsieht, enthält § 8 diejenigen Ausnahmen, die das Vogelschutzgesetz sich selbst aufgestellt hat.

[2]) Die jagdbaren Vögel sind im § 1 JO. (unter III A) aufgezählt. Auf diese findet nicht das Vogelschutzgesetz, sondern die JO. Anwendung, deren Schonzeiten für sie maßgebend sind.

[3]) Die in dem § 8 unter c aufgezählten Vogelarten unterstehen nicht dem Vogelschutzgesetz, auf sie findet also ein Fang- und Tötungsverbot keine Anwendung. Aus ihnen sind aber

Tagraubvögel mit Ausnahme der Turmfalken, Schreiadler, Seeadler, Bussarde und Gabelweihen (rote Milane),

Uhus,

Würger (Neuntöter),

Sperlinge (Haus- und Feldsperlinge),

rabenartige Vögel (Rabenkrähen, Nebelkrähen, Saatkrähen, Elstern, Eichelhäher),

Wildtauben (Ringeltauben, Hohltauben, Turteltauben),

Wasserhühner (Rohr- und Bleßhühner),

Reiher (eigentliche Reiher,[4]) Nachtreiher oder Rohrdommeln),

Säger (Sägetaucher, Tauchergänse),

alle nicht im Binnenlande brütenden Möven,[5])

Kormorane,

Taucher (Eistaucher und Haubentaucher),

jedoch gilt auch für die vorstehend unter a, b, c bezeichneten Vögel das Verbot des Fangens mittels Schlingen.

---

diejenigen Arten auszunehmen, welche nach § 1 JO. jagdbar sind. Das sind die oben klein gedruckten. Nur die mit großer Schrift gedruckten Arten sind also wirklich ungeschützte Vögel und können von jedermann und zu jeder Zeit gefangen und erlegt werden. Deshalb kann der F.-Berechtigte unter anderm Bleßhühnern, grauen Reihern (letzteren auch aus § 105 FG.), allen Arten Sägern und Tauchern sowie Kormoranen vollständig unbeschränkt, nur nicht mit Schußwaffen und Schlingen, auf seinem Fischgewässer nachstellen. Der der Fischerei recht schädliche Eisvogel ist im § 8 nicht aufgeführt und untersteht deshalb dem Vogelschutzgesetz. Wenn der F.-Berechtigte nicht gemäß § 67 JO. (unter III a) für ihn eine besondere Ermächtigung erhält, darf er ihm in der Zeit vom 1. März bis 1. Oktober nicht nachstellen, es sei denn, daß der Bezirksausschuß aus § 48 JO. (unter III A) seine Verfolgung erlaubt hat. Ein Uferbetretungsrecht steht dem Fischer bei der Nachstellung von Fischfeinden in keinem Falle zu.

[4]) Mit Ausnahme des eigentlichen grauen oder Fischreihers sind die Reiher aller andern Arten (Nachtreiher oder Rohrdommel, Purpur-, Silber- und Seidenreiher) nach § 1 JO. jagdbar. Der Fischreiher ist weder jagdbar noch geschützt. Ihn kann der F.-Berechtigte also jederzeit fangen.

[5]) Auch die Möven jeglicher Art gehören zu den jagdbaren Vögeln und der F.-Berechtigte darf deshalb gegen sie

C. Des Reichs-Strafgesetzbuchs.*)

(Vom 15. Mai 1871, RGBl. S. 137).

Zweiter Teil. Von den einzelnen Verbrechen, Vergehen und Übertretungen und von deren Bestrafung.

Sechster Abschnitt. Widerstand gegen die Staatsgewalt.**)

§ 113. Wer einem Beamten, welcher zur Vollstreckung von Gesetzen, von Befehlen und Anordnungen der Verwaltungsbehörden oder von Urteilen und Verfügungen der Gerichte berufen ist, in der rechtmäßigen Ausübung seines Amtes durch Gewalt oder durch Bedrohung mit Gewalt Widerstand leistet, oder wer einen solchen Beamten während der rechtmäßigen Ausübung seines Amtes tätlich angreift, wird mit Gefängnis von vierzehn Tagen bis zu zwei Jahren bestraft.

Sind mildernde Umstände vorhanden, so tritt Gefängnisstrafe bis zu einem Jahre oder Geldstrafe bis zu eintausend Mark ein.

Dieselben Strafvorschriften treten ein, wenn die Handlung gegen Personen, welche zur Unterstützung des Beamten zugezogen waren, oder gegen Mannschaften der bewaffneten Macht, oder gegen Mannschaften einer Gemeinde-, Schutz- oder Bürgerwehr in Ausübung des Dienstes begangen wird.

§ 117. Wer einem Forst- oder Jagdbeamten, einem Waldeigentümer, Forst- oder Jagdberechtigten, oder einem von diesen bestellten Aufseher in der rechtmäßigen Ausübung seines Amtes oder Rechtes durch Gewalt oder durch Bedrohung mit Gewalt Widerstand leistet, oder wer eine dieser Personen während der Ausübung ihres Amtes oder Rechtes tätlich angreift, wird mit

---

nur vorgehen, wenn er eine Ermächtigung dazu aus § 67 FO. erwirkt hat. Im Regierungsentwurf zum FG. war ebenso wie für die Reiher auch für die Möven ein unbeschränktes Tötungsrecht vorgesehen, es ist aber vom Landtag gestrichen worden.

*) Siehe Vorbemerkung zu § 125 FG.

**) Die §§ 113, 117 bis 119 sind zum Abdruck gelangt, weil im § 96 FG. Ziff. 2 auf sie verwiesen wird.

Gefängnis von vierzehn Tagen bis zu drei Jahren bestraft.

Ist der Widerstand oder der Angriff unter Drohung mit Schießgewehr, Äxten oder anderen gefährlichen Werkzeugen erfolgt, oder mit Gewalt an der Person begangen worden, so tritt Gefängnisstrafe nicht unter drei Monaten ein.

Sind mildernde Umstände vorhanden, so tritt in den Fällen des Absatz 1 Gefängnisstrafe bis zu einem Jahre, in den Fällen des Absatz 2 Gefängnisstrafe nicht unter einem Monat ein.

§ 118. Ist durch den Widerstand oder den Angriff eine Körperverletzung dessen, gegen welchen die Handlung begangen ist, verursacht worden, so ist auf Zuchthaus bis zu zehn Jahren zu erkennen.

Sind mildernde Umstände vorhanden, so tritt Gefängnisstrafe nicht unter drei Monaten ein.

§ 119. Wenn eine der in den §§ 117 und 118 bezeichneten Handlungen von mehreren gemeinschaftlich begangen worden ist, so kann die Strafe bis um die Hälfte des angedrohten Höchstbetrages, die Gefängnisstrafe jedoch nicht über fünf Jahre erhöht werden.

Neunzehnter Abschnitt. Diebstahl. Unterschlagung.*)

§ 242. Wer eine fremde bewegliche Sache einem anderen in der Absicht wegnimmt, dieselbe sich rechtswidrig zuzueignen, wird wegen Diebstahls mit Gefängnis bestraft.

Der Versuch ist strafbar.

---

*) Bei dem unberechtigten Ansichnehmen von Fischen ist öfter schwer zu bestimmen, ob Diebstahl nach § 242 oder nur unberechtigtes Fischen nach § 370 Ziff. 4 StGB. vorliegt. Diese Feststellung ist durch die Verschiedenheit des in beiden Vorschriften angedrohten Strafmaßes (Gefängnis anstatt Geldstrafe) erst wesentlich. Für die Abgrenzung des Diebstahls an Fischen vom unberechtigten Fischen ist entscheidend, ob sich die Fische zur Zeit der Wegnahme im fremden Eigentum befinden oder ob nur das Recht eines andern zur Aneignung der herrenlosen Fische verletzt wird (RGSt. 10,

§ 296. Wer zur Nachtzeit,[1]) bei Fackellicht[2]) oder unter Anwendung schädlicher oder explodierender Stoffe[3])

---

79). Die Frage, ob der Fisch herrenlos war oder jemanden gehört, ist nach dem Zivilrecht zu beantworten (siehe §§ 958 ff. BGB. oben unter I B). Danach wird der ursprünglich herrenlose Fisch durch Aneignung Eigentum des dazu berechtigten Fängers. Deshalb liegt Diebstahl vor bei Entnahme eines Fisches z. B. aus dem Fischkasten, vom Fahrzeug, aus dem Transportfaß, von der Verkaufsauslage des Berechtigten u. dgl. Zweifelhafter ist dies, wenn der Fisch aus der noch im Fischgewässer liegenden Fangvorrichtung genommen wird. Ist er darin so gefangen, daß er als in der Verfügungsgewalt des Fängers befindlich angesehen werden kann, so ist er dadurch bereits in dessen Eigentum übergegangen. Deswegen ist die Wegnahme aus der Reuse, aus dem Aalkorb u. dgl. Diebstahl, dagegen aus dem Zugnetz vielleicht unter Umständen nicht. Der Dieb erwirbt selbst kein Eigentum an den gestohlenen Fischen. Wer diese dem Dieb wieder wegnimmt, begeht einen Diebstahlsversuch. Da nach § 960 BGB. Fische in Teichen und geschlossenen Privatgewässern nicht herrenlos sind, sondern schon während ihres Aufenthalts in diesen dem Eigentümer des Fischgewässers gehören, ist die Entnahme von Fischen aus solchen Gewässern stets Diebstahl. Nicht alle nach § 2 FG. geschlossene Gewässer sind solche geschlossene Privatgewässer im Sinne des BGB. Siehe näheres zu § 960 oben unter I B. Auch für tote Fische, ebenso für Laich und Brut gilt das gleiche. — Die Entwendung kann sich in allen diesen Fällen auch als das Eigentumsdelikt des Mundraubs darstellen (§ 370[5]), der nur auf Antrag mit Geldstrafe bis 150 Mk. oder Haft bestraft wird. Alsdann darf es sich nur um Fische oder dgl. von unbedeutendem Wert oder in geringer Menge handeln, die alsbald von dem Fänger oder seiner Familie verzehrt werden sollten. Ein zu Verkaufszwecken genommener Fisch ist deshalb auch bei geringem Wert gestohlen.

[1]) Unter Nachtzeit ist hier die Zeit der Dunkelheit zu verstehen. Zur Nachtzeit fischt auch, wer absichtlich die bei Tage ausgelegten Netze, Reusen, Angeln usw. während der Dunkelheit zum Zweck des Fischfangs im Wasser liegen läßt (RGSt. 37, 117).

[2]) Zum Fackellicht rechnet jedes offene Flackerlicht.

[3]) Unter schädliche und explodierende Stoffe fällt jedes Mittel, welches auf die Beschädigung, Betäubung oder Vernichtung der Fische ausgeht, z. B. giftiger Köder, ungelöschter Kalk, Sprengpatronen, Handgranaten u. dgl. Auch fischen mit Dynamit fällt hierunter und nicht unter das Sprengstoffgesetz.

unberechtigt fischt[4]) oder krebst,[5]) wird mit Geldstrafe bis zu sechshundert Mark oder mit Gefängnis bis zu sechs Monaten bestraft.[6])

§ 296 a. Ausländer,[1]) welche in deutschen Küstengewässern[2]) unbefugt fischen,[3]) werden mit Geldstrafe

---

dessen Zweck ein ganz anderer ist (RGSt. 13, 30). Zur Strafbarkeit des Fischens mit diesen Mitteln nach § 296 gehört vorsätzliches Handeln und das Bewußtsein des Fehlens der Berechtigung. Die fahrlässige Annahme, das Fangmittel falle nicht unter die verbotenen, schützt nicht vor Strafe. Fischt der Täter auf Grund eines F.-Rechts mit diesen unerlaubten Mitteln, so macht er sich nicht aus § 296, sondern nur aus § 127 Ziff. 3 (in Verbindung mit § 100 FG.) strafbar.

[4]) Über den Begriff des unberechtigten Fischens siehe zu § 370[4] StGB. Von dieser Übertretung unterscheidet sich der § 296 nur dadurch, daß das unberechtigte Fischen zur verbotenen Zeit und mit verbotenen Mitteln erfolgt.

[5]) Da nach § 4 FG. das Krebsen jetzt ohne weiteres unter den Begriff des Fischens fällt, sind die obigen Worte „oder krebst" hinfällig geworden.

[6]) Außerdem kann das Gericht gemäß § 40 StGB. sowohl die F.-Geräte als auch die noch vorgefundenen verbotenen Gegenstände, sofern sie dem Täter oder einem Teilnehmer gehören, einziehen, nicht aber die dabei gefangenen Fische. Wohl aber können letztere als Beweismaterial bei der Entdeckung der Tat vorläufig beschlagnahmt werden.

[1]) Nur Nichtdeutsche fallen unter diese Strafvorschrift. Jeder, der die deutsche Reichsangehörigkeit besitzt, ist zur Küstenfischerei nach § 6 FG. befugt und deshalb schon die Bestrafung aus § 296 a für ihn ausgeschlossen.

[2]) Nicht nur die preußischen, sondern auch die Küstengewässer der übrigen an die Nord- oder Ostsee stoßenden deutschen Bundesstaaten gehören dazu. Der Begriff der Küstengewässer nach § 296 a stimmt nicht mit dem des FG. überein. Denn im letzteren ist der Begriff nur für den Umfang des FG. festgelegt (Anm. 1 zu § 1 FG.), während er für § 296 a im staatsrechtlichen Sinne in Betracht kommt. Letzterer ist in der Nordsee gegenüber den andern beteiligten Ländern durch internationale Verträge, im kleinen Belt auch Dänemark gegenüber, vertraglich bestimmt (siehe Anm. 3 zu § 1 FG.). Im übrigen Teil der Ostsee ist die völkerrechtliche Staatshoheitsgrenze (3 Seemeilen vom Strande bei Niedrigwasser gerechnet) maßgebend.

[3]) Unbefugt fischt im Küstengewässer jeder Ausländer ohne besondere Erlaubnis dazu. Er verstößt alsdann gegen ein Staatshoheitsrecht.

bis zu sechshundert Mark oder mit Gefängnis bis zu sechs Monaten bestraft.

Neben der Geld- oder Gefängnisstrafe ist auf Einziehung der Fanggeräte, welche der Täter bei dem unbefugten Fischen bei sich geführt hat, ingleichen der in dem Fahrzeuge enthaltenen Fische zu erkennen, ohne Unterschied, ob die Fanggeräte und Fische dem Verurteilten gehören oder nicht.[4])

Neunundzwanzigster Abschnitt. Übertretungen.

§ 361. Mit Haft wird bestraft:[1])

. . . .

3.[2]) wer als Landstreicher umherzieht;

4. wer bettelt oder Kinder zum Betteln anleitet oder ausschickt, oder Personen, welche seiner Gewalt und Aufsicht untergeben sind und zu seiner Hausgenossenschaft gehören, vom Betteln abzuhalten unterläßt;

5. wer sich dem Spiel, Trunk oder Müßiggang dergestalt hingibt, daß er in einen Zustand gerät, in welchem zu seinem Unterhalte oder zum Unterhalte derjenigen, zu deren Ernährung er verpflichtet ist, durch Vermittelung der Behörde fremde Hilfe in Anspruch genommen werden muß;

6. eine Weibsperson, welche wegen gewerbsmäßiger Unzucht einer polizeilichen Aufsicht unterstellt ist, wenn sie den in dieser Hinsicht zur Sicherung der Gesundheit, der öffentlichen Ordnung und des öffentlichen Anstandes erlassenen polizeilichen Vorschriften zuwiderhandelt, oder welche, ohne einer

---

[4]) Gegen die dieses F.-Vergehens schuldigen Ausländer muß die Einziehung der sämtlichen vorgefundenen Fanggeräte und ebenso des ganzen Fanges im Urteil ausgesprochen werden ohne Rücksicht, wem die Geräte und die Fische gehören. Auf das benutzte Fahrzeug erstreckt sich die Einziehung nicht.

[1]) Siehe Abs. 2.

[2]) Der Wortlaut der Ziff. 3 bis 8 ist abgedruckt, weil der im § 96 Ziff. 2 FG. erwähnte § 362 StGB. auf sie verweist.

solchen Aufsicht unterstellt zu sein, gewerbsmäßig Unzucht treibt;

7. wer, wenn er aus öffentlichen Armenmitteln eine Unterstützung empfängt, sich aus Arbeitsscheu weigert, die ihm von der Behörde angewiesene, seinen Kräften angemessene Arbeit zu verrichten;

8. wer nach Verlust seines bisherigen Unterkommens binnen der ihm von der zuständigen Behörde bestimmten Frist sich kein anderweitiges Unterkommen verschafft hat und auch nicht nachweisen kann, daß er solches der von ihm angewandten Bemühungen ungeachtet nicht vermocht habe;

9. wer Kinder oder andere unter seiner Gewalt stehende Personen, welche seiner Aufsicht untergeben sind und zu seiner Hausgenossenschaft gehören, von der Begehung von Diebstählen, sowie von der Begehung strafbarer Verletzungen... der Gesetze zum Schutze... der Jagd oder der Fischerei abzuhalten unterläßt.[3]) Die Vorschriften dieser Gesetze über die Haftbarkeit für die den Täter treffenden Geldstrafen oder anderen Geldleistungen werden hierdurch nicht berührt.[4])

---

[3]) Im § 361[9] wird ein Gewalthaber, dessen Hausuntergebene gegen die F.-Bestimmungen verstoßen, dafür mit Strafe bedroht, weil er sie davon nicht abgehalten hat. Es wird also in diesem Falle die Fahrlässigkeit bestraft, auf Grund deren die Hausuntergebenen die F.-Verletzungen begehen konnten. Anders: § 129 FG. Zur Bestrafung genügt ein Verstoß der Hausuntergebenen an sich; hinsichtlich der Person des Täters braucht er nicht strafbar zu sein. Deshalb tritt § 361[9] auch ein, wenn die Täter noch nicht strafmündig waren. Wie im § 129 FG. wird hier Zugehörigkeit des Täters zur Hausgenossenschaft verlangt, aus der gerade das Recht und die Pflicht zur Aufsicht über die Hausuntergebenen fließt. Die Ehefrau steht nicht unter der Gewalt des Mannes im Sinne des § 361[9] (§§ 1353 ff. BGB.), die Kinder unter derjenigen der Eltern nur, solange sie minderjährig sind (§ 1626 BGB.). Außer minderjährigen Kindern kommen Dienstboten, Lehrlinge usw. in Betracht. Zum Schutz der Fischerei sind alle diesbezüglichen Strafandrohungen erlassen, also sowohl diejenigen des FG. als auch die §§ 296—370[4] StGB.

[4]) Für die Fischerei kommt nur § 129 FG. in Frage.

. . . .

In den Fällen der Nr. 9 kann statt der Haft auf Geldstrafe bis zu einhundertfünfzig Mark erkannt werden.

§ 362. *) Die nach Vorschrift des § 361 Nr. 3 bis 8 Verurteilten können zu Arbeiten, welche ihren Fähigkeiten und Verhältnissen angemessen sind, innerhalb und, sofern sie von anderen freien Arbeitern getrennt gehalten werden, auch außerhalb der Strafstat angehalten werden.

Bei der Verurteilung zur Haft kann zugleich erkannt werden, daß die verurteilte Person nach verbüßter Strafe der Landespolizeibehörde zu überweisen sei. Im Falle des § 361 Nr. 4 ist dieses jedoch nur dann zulässig, wenn der Verurteilte in den letzten drei Jahren wegen dieser Übertretung mehrmals rechtskräftig verurteilt worden ist, oder wenn derselbe unter Drohungen oder mit Waffen gebettelt hat.

Durch die Überweisung erhält die Landespolizeibehörde die Befugnis, die verurteilte Person bis zu zwei Jahren entweder in ein Arbeitshaus unterzubringen oder zu gemeinnützigen Arbeiten zu verwenden. Im Falle des § 361 Nr. 6 kann die Landespolizeibehörde die verurteilte Person statt in ein Arbeitshaus in eine Besserungs- oder Erziehungsanstalt oder in ein Asyl unterbringen; die Unterbringung in ein Arbeitshaus ist unzulässig, falls die verurteilte Person zur Zeit der Verurteilung das achtzehnte Lebensjahr noch nicht vollendet hat.

Ist gegen einen Ausländer auf Überweisung an die Landespolizeibehörde erkannt, so kann neben oder an Stelle der Unterbringung Verweisung aus dem Bundesgebiet eintreten.

§ 370. Mit Geldstrafe bis zu einhundertfünfzig Mark oder mit Haft wird bestraft: [1])

---

*) Der Abdruck des § 362 ist wegen des Hinweises auf ihn im § 96 Ziff. 2 unter b FG. erfolgt.

[1]) Außer der Strafe kann die Haftung noch für diejenige Strafe, welche ein Angehöriger oder eine im Dienst- oder

. . . .

4. wer unberechtigt[2]) fischt[3]) oder krebst;[4])

. . . .

Arbeitsverhältnis zu dem Täter stehende Person als Teilnehmer verwirkt hat, gemäß § 129 FG. eintreten. (Siehe näheres zu § 129 FG.) Beim unberechtigten Fischen kann nach der jetzigen Gesetzgebung die Einziehung der Fanggeräte oder des Fanges, weil es sich nur um eine Übertretung und um kein Vergehen handelt, mangels einer besonderen Vorschrift dafür (wie in § 128 FG.) nicht ausgesprochen werden. Die Abgeordnetenhaus-Kommission hat deswegen die Staatsregierung ersucht, bei der Neuregelung des Strafrechts für die Beschlagnahme der bei der Wildfischerei benutzten Geräte zu sorgen (Drucks. 725 A S. 408). Der § 370⁴ und ebenso § 296 StGB. dienen dem Schutz des ausschließlichen Aneignungsrechts der F.-Berechtigten an den in § 4 FG. aufgeführten Wassertieren.

²) Die Frage, ob jemand unberechtigt im Sinne des § 370⁴ fischt, ist nach dem materiellen F.-Recht, welches jetzt im FG. (früher im ALR.) enthalten ist, zu beantworten. Unberechtigt fischt hiernach der, dem nach dem FG. kein wirkliches Recht zur Ausübung des von ihm getriebenen Fischfangs zur Seite steht. Solches Recht kann ein ursprüngliches sein (die F.-Berechtigung im Sinne des FG.) oder ein von diesem abgeleitetes (dasjenige des F.-Pächters und desjenigen, der die Erlaubnis zum Fischen erhalten hat). Die Übertragung des Ausübungsrechts der letzteren muß materiell richtig sein, wozu auch die Innehaltung der vorgeschriebenen Form der Übertragung gehört (Schriftlichkeit nach § 28 FG.). Der Mangel dieser Form schließt die Strafbarkeit aber aus, wenn der Fischende nicht das Bewußtsein seiner Nichtberechtigung hat, also in gutem Glauben an sein Ausübungsrecht fischt. Ist ein Erlaubnisschein erteilt, so fischt dessen Inhaber nicht unberechtigt, auch wenn er den Schein entgegen der Vorschrift des § 98 FG. nicht bei sich führt. Er ist alsdann nur aus § 125 FG. strafbar. Der Inhaber eines F.-Ausübungsrechts fischt aber unberechtigt, sobald er die Grenze des betreffenden F.-Gewässers oder den Umfang seines Rechts überschreitet. Deshalb ist aus § 370⁴ z. B. strafbar, wer andern Fischen nachstellt, trotzdem seine F.-Befugnis nur auf Aale geht, oder wer nur ein F.-Recht für den häuslichen Gebrauch inne hat (§ 5 FG.) und auch Fische zum Verkauf fängt oder wer außerhalb der Jahreszeit angelt, auf welche sein Erlaubnisschein lautet. Auch das Mitglied einer Wirtschaftsgenossenschaft, welcher nach deren Bildung sein Fischgewässer befischt, verstößt gegen § 370⁴, da sein F.-Aus-

übungsrecht an die Genossenschaft übergegangen ist (Anm. 7 zu § 36 FG.), ebenso der ursprünglich F.-Berechtigte, der sein Fischgewässer ohne Vorbehalt verpachtet hat. Auch der angestellte Fischer oder Gehilfe, welcher mit der Absicht fischt, den erbeuteten Fang nicht für seinen Arbeitgeber sondern für sich zu eigenem Vorteil in Besitz zu nehmen, handelt objektiv und subjektiv unberechtigt (RGSt. 13, 199). Der § 370[4] kommt stets zur Anwendung, wenn es sich um einen materiellrechtlich unbefugten Eingriff in das ausschließliche Aneignungsrecht eines andern handelt. Liegt ein solcher Eingriff nicht vor, so kann auch keine Bestrafung aus § 370[4] erfolgen. Fällt das unberechtigte Fischen zugleich unter eine andere Strafvorschrift z. B. der Fischende hat keinen F.-Schein (§§ 92, 126 FG.), so kommt nach § 73 StGB. nur die Strafbestimmung zur Anwendung, die die schwerste Strafe androht. Der § 296 StGB. unterscheidet sich von § 370[4] lediglich dadurch, daß dort das unberechtigte Fischen unter erschwerenden Umständen, also nur eine besondere Form desselben, als besondere Straftat, unter schärfere Strafe gestellt ist. Hinsichtlich der bei Überflutungen von Grundstücken auf ihnen zurückgebliebenen Fische siehe Anm. 6 zu § 12 FG. Sind die Fische, die der Täter fängt, nicht herrenlos, sondern bereits im Eigentum jemandes, so liegt kein unberechtigtes Fischen, sondern Diebstahl nach § 242 vor. Dies ist in allen geschlossenen Privatgewässern der Fall (siehe § 960 BGB. unter IB).

³) Sowohl im Sinne des § 370[4] als auch des § 296 StGB. umfaßt der Begriff des Fischens die gesamten Veranstaltungen, die bestimmt sind zur Aneignung von Fischen zu führen. Diesem Zweck dient nicht nur das Auslegen und Herausnehmen, sondern auch das Liegenlassen der Fanggeräte zwar solange, als sie in einer Art und Weise ausliegen, daß sich Fische darin fangen sollen und können. Neben dem Einnehmen und Auslegen bildet gerade das Liegenlassen der Netze und Angeln im Wasser das Mittel, das zur Okkupation von Fischen in besonderem Maße zu führen bestimmt und geeignet ist (RGSt. 37, 117). Jede einzelne auf die Aneignung von Fischen gerichtete Handlung, sobald sie im oder auf dem Fischgewässer erfolgt, stellt schon ein Fischen dar z. B. auch das Absuchen von Krebslöchern. Die noch auf dem Lande dazu vorgenommene Tätigkeit z. B. Fängischstellen der Reuse, Befestigung des Köders am Angelhaken sind nur vorbereitende Handlungen. Erfolgen sie im Kahn auf dem Fischgewässer, so liegt darin schon eine Tätigkeit des Fischens. Die Okkupationshandlung muß aber auf eins der im § 4 FG. aufgeführten Tiere gerichtet sein. Will der Täter nur z. B. Egel oder Wasserkäfer fangen, so liegt kein

D. Der Gewerbe- und Steuergesetze.

1. Der Gewerbeordnung für das Deutsche Reich.

(Vom 21. Juni 1869, RGBl. 1900 S. 871).

§ 6. Das gegenwärtige Gesetz findet keine Anwendung[1]) auf die Fischerei[2])...

§ 59. Eines Wandergewerbescheins bedarf nicht:[3]) wer... selbstgewonnene Erzeugnisse der Jagd und Fischerei[4]) feilbietet...

Fischen vor. Dagegen fällt darunter auch die auf Aneignung von Laich und Brut der im § 4 FG. erwähnten Tierarten. Selbst solche toten Tiere fallen noch darunter, solange sie zu dem gewöhnlichen Zweck verwertbar sind (GA. 45, 344). Obgleich in wirklichen Fischgewässern auch der Frosch dem alleinigen Aneignungsrecht des F.-Berechtigten unterliegt, fällt sein Fang doch nicht unter den Begriff des Fischens (§ 4 FG. Abs. 2 in Verbindung mit Abs. 3).

[4]) Da die Krebse in § 4 FG. mit aufgezählt sind und deshalb mit unter den Begriff der Fische fallen, sind die Worte „oder krebst" jetzt inhaltlos.

[1]) Der Fischerei, an und für sich ein Gewerbe, ist durch die obige Bestimmung eine Ausnahmestellung eingeräumt. Sie ist dadurch außerhalb der Gewerbeordnung gestellt und unterliegt somit nicht deren einschränkenden Vorschriften. Dies gilt aber lediglich für die Bestimmungen gerade dieses Gesetzes. Alle andern steuerlichen, polizeilichen usw. Gesetze und Verordnungen finden auch auf die Fischerei Anwendung, sobald sie in ihnen nicht wieder ausdrücklich ausgenommen ist. Siehe unter D 2 und 3.

[2]) Unter Fischerei ist nicht nur der Betrieb des Fischfangs, sondern auch der der Fischzucht zu verstehen. Auch der Absatz der hierdurch selbstgewonnenen Fische fällt darunter (Anm. 3 und 4).

[3]) Eines solchen Scheins bedarf grundsätzlich nach der Gewerbeordnung (§ 55) jeder, der ein Gewerbe im Umherziehen betreibt. Auch von diesem Erfordernis ist der Fischer beim Absatz seines Fangs befreit (siehe aber Anm. 4).

[4]) Die zum Verkauf usw. feilgebotenen Fische müssen aber selbst gewonnen sein. Daher muß der Fischhändler, also derjenige, welcher von andern gefangene Fische aufkauft und weitervertreibt, einen Gewerbeschein lösen. Dagegen darf ohne einen solchen ein Beauftragter des Fischers, z. B. seine Frau, die von ihm gefangenen Fische in seinem Namen ohne Gewerbeschein absetzen. Wegen des Begriffs der Fischerei siehe Anm. 2.

2. Des Gesetzes betr. die Besteuerung des Gewerbebetriebs im Umherziehen.

(Vom 3. Juli 1876, GS. S. 247).

§ 1. Wer außerhalb seines Wohnorts... in eigener Person Waren irgendwelcher Art, mit Ausschluß der selbstgewonnenen Erzeugnisse... der Jagd und des Fischfangs[1]) feilbieten... will, unterliegt der Steuer vom Gewerbebetriebe im Umherziehen.[2])

3. Des Gewerbsteuergesetzes.

(Vom 24. Juni 1891, GS. S. 205).

§ 4. Der Gewerbesteuer unterliegen nicht:[1])

...die Fischzucht[2])..., einschließlich des Absatzes

---

[1]) Trotz des Wortes Fischfang sind auch die Erzeugnisse der Fischzucht inbegriffen.

[2]) Ebenso wie vom Wandergewerbeschein (siehe unter D 1) ist der zum Zweck des Absatzes mit seinen gefangenen Fischen hausierende Fischer auch von der Hausiersteuer befreit. Dies gilt auch für Seefische, die er außerhalb der deutschen Küstengewässer gefangen hat, aber nur für den Deutschen, nicht auch für den Ausländer (§ 3 dess. Gesetzes). Die Steuerfreiheit besteht andrerseits nur für den Absatz selbst berechtigt gefangener Fische, nicht aber solcher, welcher sich der Fischer widerrechtlich angeeignet hat z. B. die im fremden Küstengewässer gefangen oder einem andern aus dem Fischkasten gestohlen sind (Joh. 10, 197).

[1]) Während das Gesetz vom 3. Juli 1876 (siehe unter D 2) die Fischerei von der Hausiersteuer befreit, stellte das obige Gesetz sie auch von der Besteuerung des stehenden Gewerbes frei.

[2]) Das Wort Fischzucht ist hier, wie im Gesetz vom 3. Juli 1876 (siehe unter D 2) das Wort Fischfang gleichbedeutend mit Fischerei gebraucht und will die Erzeugnisse des Fischfangs und der Fischzucht steuerfrei lassen. Darunter fallen auch die Ergebnisse des freien Fischfangs (§ 6 FG.). Die Fischerei ist stets gewerbesteuerfrei (nicht aber auch einkommensteuerfrei!), wenn sie aus eigenem Recht (im Gesetz zu Absatz 2) ausgeübt wird und zwar ohne Unterschied ob im Nebenbetriebe zur Landwirtschaft oder selbständig (OVG. in Steuersachen 7, 62). Siehe aber Anm. 5.

der selbstgewonnenen Erzeugnisse[3]) in rohem Zustande oder nach einer Verarbeitung, welche in dem Bereich des betreffenden Erwerbszweigs liegt.[4]) Diese Bestimmung findet jedoch keine Anwendung auf diejenigen, welche ... den Fischfang in geschlossenen Gewässern abgesondert zum Gewerbebetriebe pachten.

---

[3]) Die abzusetzenden Fische müssen auch hier berechtigt gefangen sein (siehe Anm. 2 letzter Satz zu D 2).

[4]) Hierunter fällt z. B. das Räuchern von Fischen, sobald es vom Fischer selbst und nicht vom Aufkäufer geschieht.

[5]) Steuerfrei ist also nicht der gewerbsmäßige Pächter eines Fischgewässers. Das ist derjenige Pächter, welcher zum Zweck des Handels und nicht nur für eigenen Gebrauch oder nur aus Liebhaberei ein Fischgewässer pachtet.

Anhang.

1. Die für die Fischerei wesentlichsten Vorschriften des Wassergesetzes.*)

(Vom 7. April 1913, GS. S. 53, mit Geltung vom 1. Mai 1914).

Erster Abschnitt.

Wasserläufe.

Erster Titel.

Begriff und Arten der Wasserläufe.

§ 1. I Wasserläufe sind die Gewässer, die in natürlichen oder künstlichen Betten beständig oder zeitweilig oberirdisch abfließen, einschließlich ihrer oberirdischen Quellen und der Seen — Teiche, Weiher und ähnlicher Wasseransammlungen —, aus denen sie abfließen, sowie ihrer etwa unterirdisch verlaufenden Strecken (natürliche, künstliche Wasserläufe).

II Grundstücke, die zur Fischzucht oder Fischhaltung oder zu sonstigen Zwecken mit Wasser bespannt werden und mit einem Wasserlaufe nur dadurch in Verbindung stehen, daß sie mittels künstlicher Vorrichtungen aus dem Wasserlaufe gefüllt oder in einen solchen abgelassen werden, gelten nicht als Wasserläufe.

III Gräben gelten als Wasserläufe nur insoweit, als sie der Vorflut der Grundstücke verschiedener Eigentümer dienen. Seen, aus denen nur künstliche Wasserläufe abfließen, gelten nicht als Wasserläufe, soweit nicht die Wasserlaufsverzeichnisse etwas anderes bestimmen. Triebwerkskanäle — Mühlgräben u. dgl. — und Bewässerungskanäle gelten, soweit sie als Wasserläufe anzusehen sind, im Zweifel als künstliche Wasserläufe.

IV Ein natürlicher Wasserlauf gilt als solcher auch nach einer künstlichen Veränderung.

---

*) Es sind hier alle diejenigen Bestimmungen des WG. zum Abdruck gelangt, auf welche das FG. ausdrücklich verweist, und diejenigen, welche zum Verständnis des FG. unmittelbar erforderlich sind.

§ 2. I Im Sinne dieses Gesetzes sind:
1. Wasserläufe erster Ordnung: die in dem anliegenden Verzeichnis unter I aufgeführten Strecken natürlicher und die dort unter II bezeichneten Strecken künstlicher Wasserläufe;
2. Wasserläufe zweiter Ordnung: die Strecken natürlicher und künstlicher Wasserläufe, die in dem nach § 4 aufzustellenden Verzeichnis einzutragen sind;
3. Wasserläufe dritter Ordnung: alle anderen Strecken natürlicher und künstlicher Wasserläufe.

II Natürliche Wasserläufe, die sich von einem natürlichen Wasserlauf abzweigen und wieder mit ihm vereinigen (Nebenarme), sowie Mündungsarme eines natürlichen Wasserlaufs sind der Ordnung zuzuzählen, welcher der Hauptwasserlauf an der Abzweigungsstelle angehört, wenn sich nicht aus der Anlage ein anderes ergibt oder nach § 3 Abs. 1 oder § 4 ein anderes bestimmt wird.

Zweiter Titel.
Eigentumsverhältnisse bei den Wasserläufen.

§ 7. An den in der Anlage bezeichneten Wasserläufen erster Ordnung steht, vorbehaltlich der Bestimmungen des § 9 Abs. 1, dem Staate das Eigentum zu.

§ 8. I An den Wasserläufen zweiter und dritter Ordnung steht, vorbehaltlich der Bestimmungen des § 9, den Eigentümern der Ufergrundstücke (Anliegern) das Eigentum anteilig zu.

II Die Eigentumsgrenzen werden bestimmt:
1. für die gegenüberliegenden Ufergrundstücke durch eine Linie, die in der Stromrichtung laufend die Mitte des Wasserlaufs bei dem gewöhnlichen Wasserstand innehält;
2. für die nebeneinanderliegenden Ufergrundstücke durch eine vom Schnittpunkt ihrer Grenzlinien mit der Uferlinie (§ 12) senkrecht zu der vorbezeichneten Mittellinie zu ziehende Linie.

III Als der gewöhnliche Wasserstand gilt der Wasserstand, der im Durchschnitte der Jahre an ebensoviel Tagen überschritten wie nicht erreicht wird, im Ebbe- und Flutgebiete das Hochwasser der gewöhnlichen Flut.

IV Bei den Grenzflüssen reicht, soweit die Eigentumsverhältnisse nicht anderweit geregelt sind, das Eigentum der preußischen Anlieger bis zur Landesgrenze.

V Der Anteil des Anliegers am Wasserlauf ist Bestandteil des Ufergrundstücks.

§ 9. I Soweit beim Inkrafttreten dieses Gesetzes das Eigentum an Wasserläufen erster Ordnung einem anderen als dem Staate, an Wasserläufen zweiter oder dritter Ordnung einem anderen als den Anliegern zusteht, bleibt es mit dem bisherigen Inhalt aufrechterhalten. Das Eigentum an einem natürlichen Wasserlauf erster Ordnung geht mit Ablauf von zehn Jahren nach dem Inkrafttreten dieses Gesetzes auf den Staat über, wenn der bisherige Eigentümer nicht vorher in das Grundbuch eingetragen ist oder seine Eintragung beantragt hat.

II In den im § 323 bezeichneten Gebietsteilen steht das Eigentum an den Wasserläufen zweiter Ordnung, soweit sie beim Inkrafttreten dieses Gesetzes nicht im Eigentum anderer stehen, den Deich- und Sielverbänden zu, zu denen sie gehören.

III In der Provinz Hessen-Nassau steht das Eigentum an den natürlichen Wasserläufen zweiter und dritter Ordnung den Gemeinden insoweit zu, als ihnen die Unterhaltung obliegt (§ 117 Abs. 1). Soweit dort beim Inkrafttreten dieses Gesetzes das Eigentum an einem natürlichen Wasserlaufe zweiter oder dritter Ordnung, der von der Gemeinde zu unterhalten ist, einem anderen als der Gemeinde zusteht, bleibt es aufrechterhalten, geht aber mit Ablauf von zwei Jahren nach dem Inkrafttreten dieses Gesetzes auf die Gemeinde über, wenn der bisherige Eigentümer nicht vorher in das Grundbuch eingetragen ist oder seine Eintragung beantragt hat.

IV Für das aufrechterhaltene Eigentum der Anlieger gilt § 8.

§ 11. Wird ein Wasserlauf erster Ordnung nach § 3 Abs. 1 zu einem Wasserlaufe zweiter oder dritter Ordnung, oder wird ein Wasserlauf zweiter oder dritter Ordnung zu einem Wasserlauf erster Ordnung, so bleiben die Eigentumsverhältnisse unberührt. Der Staat kann jedoch in letzterem Falle auf Grund Königlicher Verordnung das Eigentum an dem Wasserlaufe gegen Entschädigung in Anspruch nehmen. Auf die Entschädigung ist der Vorteil anzurechnen, der dem Eigentümer durch den Wegfall von Lasten, die ihm bisher oblagen, erwächst, soweit er nicht bereits nach § 3 Abs. 2 Satz 4 oder § 131 Satz 2 angerechnet worden ist. Der § 10 Abs. 1 Satz 2, Abs. 2 Satz 3 ist anzuwenden.

Dritter Titel.
Benutzung der Wasserläufe.

I. Allgemeine Vorschriften.

§ 19. I Es ist verboten, Erde, Sand, Schlacken, Steine, Holz, feste und schlammige Stoffe sowie tote Tiere in einen Wasserlauf einzubringen. Ebenso ist verboten, solche Stoffe an Wasserläufen abzulagern, wenn Gefahr besteht, daß diese Stoffe hineingeschwemmt werden. Ausnahmen kann die Wasserpolizeibehörde zulassen, wenn daraus nach ihrem Urteil eine für andere nachteilige Veränderung der Vorflut oder eine schädliche Verunreinigung des Wassers nicht zu erwarten ist.

Wird die Unterhaltungslast erschwert, so darf die Wasserpolizeibehörde die Ausnahme nur mit Zustimmung des Unterhaltspflichtigen zulassen.

II Die Vorschriften des Abs. 1 gelten nicht für das Einbringen von Fischnahrung, jedoch ist die Wasserpolizeibehörde befugt, das Einbringen zu untersagen, wenn dadurch das Wasser zum Nachteil anderer verunreinigt wird. Dasselbe gilt für die Düngung künstlicher teichartiger Erweiterungen von Wasserläufen, die der Fischzucht oder Fischhaltung dienen.

III Die Entnahme von Pflanzen, Schlamm, Erde, Sand, Kies und Steinen aus einem Wasserlaufe kann, wenn es das öffentliche Interesse erfordert, durch Anordnung der Wasserpolizeibehörde geregelt oder beschränkt werden.

§ 20. I Es ist verboten, Hanf und Flachs in einem Wasserlaufe zu röten.

II Der Bezirksausschuß kann Ausnahmen von diesem Verbote widerruflich für Gemeindebezirke oder Teile von ihnen zulassen, wo die Örtlichkeit für die Anlegung zweckdienlicher Rötegruben nicht geeignet ist und die Inanspruchnahme von Wasserläufen zur Hanf- und Flachsbereitung zur Zeit nicht entbehrt werden kann. Die Zulassung ist jedoch ohne Einfluß auf die Haftung für den entstehenden Schaden.

§ 21. Die Wasserpolizeibehörde ist befugt, die Benutzung eines Wasserlaufs zu beschränken oder zu untersagen, soweit nicht ein Recht zu der Benutzung besteht oder die Benutzung nach den Vorschriften über den Gemeingebrauch gestattet ist. Solche Verfügungen sind mit Gründen zu versehen.

§ 24. I Für den Schaden, der durch die unerlaubte Verunreinigung eines Wasserlaufs entsteht, haftet, selbst wenn eine solche nach § 23 nicht beanstandet ist, der Unternehmer der Anlage, von der die Verunreinigung herrührt. Die Haftung ist ausgeschlossen, wenn der Unternehmer zur Verhütung der Verunreinigung die im Verkehr erforderliche Sorgfalt beobachtet hat.

II Den Hypotheken-, Grundschuld- und Rentenschuldgläubigern wird keine besondere Entschädigung gewährt. Doch sind zu ihren Gunsten auf die dem Eigentümer des belasteten Grundstücks zu gewährende Entschädigung die Artikel 52, 53 des Einführungsgesetzes zum Bürgerlichen Gesetzbuch anzuwenden.

III Rührt die Verunreinigung von mehreren Anlagen her, so haften die Unternehmer als Gesamtschuldner.

IV Unter sich sind die Unternehmer nach dem Verhältnisse des Anteils an der Verunreinigung, im Zweifel zu gleichen Teilen verpflichtet. Fällt jedoch einzelnen von ihnen ein Verschulden zur Last, so haften diese allein.

V Die Vorschriften, wonach auch andere für den Schaden verantwortlich sind, bleiben unberührt. Im Verhältnisse zu dem Unternehmer sind, wenn diesem kein Verschulden zur Last fällt, die anderen allein zum Schadensersatze verpflichtet.

VI Der § 254, der § 840 Abs. 1, 2 und der § 852 des Bürgerlichen Gesetzbuchs sind entsprechend anzuwenden.

IV. Verleihung.

§ **46.** I Durch Verleihung können an Wasserläufen folgende Rechte erworben werden:

1. den Wasserlauf in einer der im § 40 Abs. 2 bezeichneten Arten zu benutzen;
2. Häfen und Stichkanäle anzulegen, letztere soweit sie nicht selbständige Wasserstraßen bilden;
3. Anlegestellen mit baulichen Vorrichtungen von größerer Bedeutung herzustellen;
4. kommunale oder gemeinnützige Badeanstalten anzulegen.

II Eine Verleihung wird nicht erteilt, wenn sich diese Rechte aus anderen gesetzlichen Vorschriften ergeben oder wenn die Benutzung nach den Vorschriften über den Gemeingebrauch gestattet ist.

III Die Verleihung kann auf Antrag in der Weise erteilt werden, daß das Recht mit dem Eigentum an einem Grundstücke verbunden wird.

§ **65.** I Dem Antrag auf Verleihung sind die erforderlichen Zeichnungen und Erläuterungen beizufügen.

II Ist der Antrag offenbar unzulässig, so kann er ohne weiteres durch einen mit Gründen versehenen Beschluß zurückgewiesen werden.

III Anderenfalls ist die beabsichtigte Benutzung des Wasserlaufs in ortsüblicher Weise in allen Gemeinden (Gutsbezirken) öffentlich bekannt zu machen, auf deren Bezirk sich nach dem Ermessen der Verleihungsbehörde ihre Wirkung erstrecken kann. Die Bekanntmachung hat, soweit Landgemeinden beteiligt sind, auch in den Kreisblättern zu erfolgen.

IV Daneben sollen alle bekannten Personen, die nach dem Ermessen der Behörde von nachteiligen Wirkungen der Benutzung betroffen werden können, auf die öffentliche Bekanntmachung hingewiesen werden.

§ **69.** I Die Verleihungsbehörde hat von Amts wegen zu prüfen, ob die gesetzlichen Voraussetzungen für die Verleihung vorliegen. Sie hat ferner an Stelle der sonst zuständigen Polizeibehörden zu prüfen, ob die beabsichtigte Benutzung des Wasserlaufs den polizeilichen Vorschriften entspricht.

II Die Wasserpolizeibehörde und die sonst in Wahrnehmung öffentlicher Interessen beteiligten Behörden sollen gehört werden.

III Ist von einem Bergwerksbesitzer ein Antrag auf Verleihung gestellt oder hat ein anderer eine Verleihung in einem

Gebiete nachgesucht, in dem Bergbau umgeht, so ist die zuständige Bergbehörde in dem Verfahren zu hören.

§ 71. Der Beschluß über den Verleihungsantrag ist dem Unternehmer und allen Behörden und Personen, die Widersprüche oder Ansprüche (§ 70 Abs. 1) erhoben haben, zuzustellen. Er muß mit Gründen versehen sein, wenn die Verleihung nicht dem Antrage gemäß oder unter Zurückweisung von Widersprüchen oder Ansprüchen erteilt wird.

§ 75. Die Kosten des Verleihungsverfahrens fallen dem Unternehmer zur Last. Die durch unbegründete Widersprüche oder Ansprüche erwachsenen Kosten können jedoch durch den auf den Verleihungsantrag ergehenden Beschluß demjenigen, der sie erhoben hat, auferlegt werden.

§ 76. I Gegen den Beschluß über den Verleihungsantrag steht, soweit er nicht die von dem Unternehmer zu leistende Entschädigung betrifft, dem Unternehmer und, wenn eine Verleihung erteilt ist, auch den übrigen Parteien (§ 71) binnen zwei Wochen die Beschwerde bei dem Landeswasseramte zu.

II Soweit die Entscheidung über den Verleihungsantrag die von dem Unternehmer zu leistende Entschädigung betrifft, kann binnen drei Monaten der Rechtsweg beschritten werden. Die Frist beginnt für den Unternehmer mit dem Tage, an dem die Entscheidung über die Verleihung rechtskräftig geworden ist, für die übrigen Beteiligten mit dem Tage, an dem die Entscheidung über die Verleihung rechtskräftig geworden ist, für die übrigen Beteiligten mit dem Tage, an dem ihnen die Mitteilung der Verleihungsbehörde von der Rechtskraft der Entscheidung zugestellt ist. Beschreitet der Unternehmer den Rechtsweg, so fallen ihm jedenfalls die Kosten der ersten Instanz zur Last.

V. Ausgleichung.

§ 87. I Reicht das Wasser eines Wasserlaufs zur Benutzung in einer der im § 46 Abs. 1 bezeichneten Arten durch mehrere Berechtigte nicht aus oder wird bei mehreren Benutzungsarten die eine durch die andere beeinträchtigt oder ausgeschlossen, so kann jeder Berechtigte verlangen, daß Maß, Zeit und Art der Benutzung im Ausgleichungsverfahren geregelt werden. Die Regelung kann abgelehnt werden, wenn der davon insgesamt zu erwartende Nutzen den Schaden nicht erheblich übersteigt.

II Die Regelung ist in einer den Interessen aller am Verfahren Beteiligten nach billigem Ermessen entsprechenden Weise unter Berücksichtigung der Bedürfnisse des Gemeingebrauchs vorzunehmen. Der hierbei entstehende Schaden ist den Beteiligten insoweit zu ersetzen, als er nicht durch den sich für sie ergebenden Nutzen aufgewogen wird. Zum Ersatze des Schadens sind sie nach Maßgabe ihres schätzungsweise zu ermittelnden Vorteils verpflichtet.

III Ein durch Enteignung begründetes Recht kann nur mit Zustimmung des Berechtigten zur Ausgleichung herangezogen werden.

§ **88.** I Ist es möglich, einen Ausgleich durch Änderung der Betriebseinrichtung eines Berechtigten zu schaffen, so kann diesem auf Antrag eines Beteiligten im Ausgleichungsverfahren auferlegt werden, die Änderung entweder selbst vorzunehmen oder sich gefallen zu lassen, soweit sie nicht die Betriebsleistung beeinträchtigt.

II Der Antragsteller hat die Kosten der Änderung zu tragen. Er hat auch den Schaden zu ersetzen, der durch einen Betriebsstillstand entsteht. Dasselbe gilt für die Mehrkosten des Betriebs und der Unterhaltung, soweit sie nicht durch die Vorteile der Änderung aufgewogen werden.

§ **89.** Für das Ausgleichungsverfahren gelten der § 64, der § 65 Abs. 1, 2 und die §§ 69 bis 71, 76, 77 mit folgenden Maßgaben:

1. für jeden Beteiligten sind die erforderlichen Feststellungen über die künftige Ausübung seines Benutzungsrechts zu treffen, namentlich über seinen Anteil an dem vorhandenen Wasser, die Zeit der Ausübung, die Stauhöhe und die zu beachtenden Einschränkungen und Auflagen;
2. ein Ausgleichungsverfahren, das mit einem schwebenden Verleihungsverfahren im Zusammenhang steht, kann mit diesem verbunden werden.

§ **90.** Die Kosten des Ausgleichungsverfahrens fallen den Beteiligten nach Maßgabe ihres schätzungsweise zu ermittelnden Vorteils zur Last.

Vierter Titel.

Unterhaltung der Wasserläufe und ihrer Ufer.

§ **140.** I Anlandungen, die infolge der Unterhaltungsarbeiten entstehen, gehören in der aus § 8 Abs. 2 Nr. 2 sich ergebenden Begrenzung den Anliegern.

II Der zur Unterhaltung des Wasserlaufs Verpflichtete ist jedoch befugt, die Anlandungen auszubilden und so weit zu befestigen, daß sie ohne Nachteil für den Wasserlauf zur Grasnutzung verwendet werden können (reif sind). Zu diesem Zwecke tritt er kraft Gesetzes in den Besitz und die Nutzung der Anlandungen. Den Anliegern ist von dem Vorhaben des Unterhaltungspflichtigen, die Anlandung auszubilden und zu befestigen, schriftlich Kenntnis zu geben.

III Die Anlieger dürfen die Anlandungen nur mit Zustimmung des Unterhaltspflichtigen in Besitz und Nutzung nehmen. Sie können die Zustimmung verlangen, sobald die Anlandungen reif oder die zur Erreichung dieses Zieles erforderlichen Arbeiten eingestellt sind oder wenn der Unterhaltspflichtige die Befugnis, sie reif zu machen, nicht ausübt, jedoch nur gegen Erstattung des Wertes der Anlandungen, soweit er die von dem Unterhaltspflichtigen aufgewendeten Kosten nicht übersteigt.

IV Diese Vorschriften gelten auch für nicht reife Anlandungen, die infolge von Unterhaltungsarbeiten vor dem Inkrafttreten dieses Gesetzes entstanden sind. Bei natürlichen Wasserläufen erster Ordnung bleiben die nach dem Strombauverwaltungsgesetze vom 20. August 1883 (GS. S. 333) erworbenen Rechte unberührt.

Fünfter Titel.

Ausbau der Wasserläufe und ihrer Ufer.

§ 162. I Die für das Rechtsverhältnis zwischen dem Unterhaltungspflichtigen und den Grundstückseigentümern geltenden Vorschriften der §§ 135 bis 144 sind entsprechend auf das Rechtsverhältnis zwischen dem Ausbauunternehmer und den Grundstückseigentümern anzuwenden.

II Die Anlieger sind ferner ohne Anspruch auf Entschädigung verpflichtet, wildwachsende Bäume und Sträucher, welche die Durchführung des Unternehmens wesentlich beeinträchtigen und die nach dem Plane (§ 163) beseitigt werden müssen, auf Erfordern des Unternehmers nach ihrer Wahl entweder selbst zu beseitigen oder die Beseitigung zu dulden.

Siebenter Titel.

Wasserbücher.

§ 186. I Rechte, die beim Inkrafttreten dieses Gesetzes bestehen und nach den §§ 379, 380 aufrechterhalten bleiben, sind nach den §§ 187, 188 auf Antrag des Berechtigten einzutragen. Der Eintrag ist bei der Wasserbuch- oder bei der Wasserpolizeibehörde schriftlich oder zu Protokoll zu stellen. Dem Antrage sind die zum Nachweise des Rechtes dienenden Urkunden sowie ein vollständiges Verzeichnis der dem Antragsteller bekannten Personen, die in der Geltendmachung von Rechten durch die im § 190 Abs. 1 bestimmte Wirkung der Eintragung beeinträchtigt werden würden, beizufügen. Ist das Recht im Grundbuch eingetragen, so hat der Antragsteller eine das Recht betreffende beglaubigte auszugsweise Abschrift des Grundbuchblatts einzureichen.

II Offenbar unbegründete Anträge sind durch einen mit Gründen versehenen Bescheid des Vorsitzenden zurückzuweisen. Gegen den Bescheid ist binnen zwei Wochen der Antrag auf Beschlußfassung durch das Kollegium und gegen dessen Bescheid die Beschwerde an das Landeswasseramt oder unmittelbar die Beschwerde an letzteres zulässig.

§ 187. I Ist das Recht im Grundbuch eingetragen, so ist es in Übereinstimmung mit diesem in das Wasserbuch einzutragen. Im übrigen wird das Recht eingetragen, wenn sein Bestehen nachgewiesen ist.

II Ohne den Nachweis des Bestehens ist ein Recht, das auf Grund eines besonderen Titels in Anspruch genommen wird, einzutragen, wenn glaubhaft gemacht wird, daß es zehn Jahre lang vor dem 1. Januar 1912 von dem Antragsteller und seinen Rechtsvorgängern ohne Widerspruch ausgeübt worden ist. Ein Recht, das auf keinen besonderen Titel gestützt wird, ist einzutragen, wenn glaubhaft gemacht wird, daß die zu seiner Ausübung vorhandene Anlage rechtmäßig ist oder daß sie vor dem 1. Januar 1912 schon mehr als zehn Jahre bestanden hat.

III Urkunden, auf die eine Eintragung sich gründet oder Bezug nimmt, sind in Urschrift oder beglaubigter Abschrift von der Wasserbuchbehörde aufzubewahren.

§ 188. I Liegen die Voraussetzungen des § 187 nicht vor, so ist der Antrag öffentlich bekannt zu machen. Die Bekanntmachung hat in dem für die amtlichen Bekanntmachungen der Wasserbuchbehörde bestimmten Blatte sowie in ortsüblicher Weise in allen Gemeinden (Gutsbezirken) zu erfolgen, auf deren Bezirk sich nach dem Ermessen der Wasserbuchbehörde die Wirkung des angemeldeten Rechtes erstrecken kann, soweit Landgemeinden beteiligt sind, auch in den Kreisblättern. Die Wasserbuchbehörde ist befugt, noch andere Bekanntmachungen zu veranlassen. Daneben sollen der Eigentümer des Wasserlaufs und alle anderen Beteiligten, soweit sie der Behörde bekannt sind, auf die öffentliche Bekanntmachung hingewiesen werden.

II Die Bekanntmachung muß die Stelle bezeichnen, wo die zum Nachweise des Rechtes beigebrachten Urkunden eingesehen werden können, und die Frist bestimmen, binnen deren Widersprüche bei der Wasserbuchbehörde anzubringen sind. Die Frist beträgt mindestens einen Monat und beginnt mit Ablauf des Tages, an dem das im Abs. 1 bezeichnete Blatt ausgegeben ist. Die Bekanntmachung ist unter der Verwarnung zu erlassen, daß die Eintragung des Rechtes mit der gesetzlichen Wirkung (§ 190) erfolgen werde, wenn in der bestimmten Frist niemand widerspricht.

III Nach Ablauf der Frist ist das Recht einzutragen. Offenbar unbegründete Widersprüche sind durch einen mit Gründen versehenen Bescheid des Vorsitzenden zurückzuweisen. Der Bescheid kann nach § 186 Abs. 2 Satz 2 angefochten werden. Die übrigen innerhalb der Frist erhobenen Widersprüche sind im Wasserbuche zu vermerken.

§ 190. I Die Eintragungen im Wasserbuche gelten bis zum Beweise des Gegenteils als richtig.

II Dies gilt nicht für Eintragungen, die mit dem Grundbuch im Widerspruche stehen, sowie gegenüber denjenigen, für welche ein Widerspruch im Wasserbuche vermerkt ist.

§ **191.** Wird ein im Wasserbuch eingetragenes Recht nach den Vorschriften dieses Gesetzes durch eine Behörde beseitigt oder verändert, so ist auf Ersuchen der Behörde, die in erster Instanz beschlossen hat, das Wasserbuch zu berichtigen.

§ **192.** I Ergibt sich, daß die Wasserbuchbehörde unter Verletzung gesetzlicher Vorschriften ein Recht oder einen Widerspruch eingetragen hat, so hat sie die Berichtigung des Wasserbuchs von Amts wegen zu beschließen.

II Die Wasserbuchbehörde hat ferner die Berichtigung auf Antrag zu beschließen, wenn nachgewiesen wird, daß eine Eintragung nicht mit der wirklichen Rechtslage übereinstimmt oder daß ein eingetragener Widerspruch unbegründet ist. Antragsberechtigt sind diejenigen, zu deren Gunsten die Eintragung erfolgt ist oder die Berichtigung erfolgen soll.

III Der Beschluß der Wasserbuchbehörde ist mit Gründen zu versehen und dem Antragsteller sowie den von der Berichtigung Betroffenen zuzustellen. Gegen den Beschluß ist binnen zwei Wochen Beschwerde an das Landeswasseramt zulässig. Die Berichtigung des Wasserbuchs ist erst auf Grund des rechtskräftigen Beschlusses zu bewirken.

IV Widersprüche sind auch auf Ersuchen der ordentlichen Gerichte einzutragen.

§ **193.** Die Einsicht der Wasserbücher und ihrer Abschriften sowie derjenigen Urkunden, auf die in den Eintragungen Bezug genommen ist, ist jedem gestattet. Ferner kann jeder eine auf Verlangen zu beglaubigende Abschrift fordern.

§ **195.** Die Verhandlungen vor der Wasserbuchbehörde und die Eintragungen sind kostenfrei. Jedoch sind die durch öffentliche Bekanntmachungen, durch Erteilung und Beglaubigung von Abschriften oder durch offenbar unbegründete Anträge und Widersprüche erwachsenden Kosten dem Antragsteller oder dem Widersprechenden aufzuerlegen.

Dritter Abschnitt.

Wassergenossenschaften.

Vierter Titel.

Verfahren zur Bildung von Genossenschaften.

§ **264.** I Auf das Verfahren bei der Zustellung der Ladungen sind, soweit sich nicht aus den §§ 265 bis 268 ein anderes ergibt, die Vorschriften der Zivilprozeßordnung über Zustellungen von Amts wegen (§§ 208 bis 213, 166 ff.) mit der Maßgabe entsprechend anzuwenden, daß an die Stelle des Gerichtsschreibers der Kommissar oder ein von ihm bestellter Beamter tritt.

II Zur Bewirkung der Zustellungen kann sich der Kommissar an Stelle der Gerichtsdiener auch anderer Beamten oder vereideter Boten bedienen.

§ **265.** I Ist die Ladung an mehrere Personen in einem Gemeinde- (Guts-) Bezirke zuzustellen, so kann dies durch Umlauf geschehen. In diesem Falle ist sie allen Personen, denen sie zuzustellen ist, zur Kenntnisnahme vorzulegen oder vorzulesen und eine beglaubigte Abschrift bei einer in dem Schriftstücke zu bezeichnenden Person niederzulegen. Die Niederlegung kann bei dem Gemeindevorsteher oder bei einer Person erfolgen, an die der Umlauf gerichtet ist.

II Die Bestimmungen des § 264 Abs. 2 dieses Gesetzes und der §§ 180 bis 184, 188 bis 191 der Zivilprozeßordnung über Ort, Art und Zeit der Zustellung sowie über die Aufnahme der Zustellungsurkunde sind auf die Zustellung durch Umlauf entsprechend anzuwenden.

III Erfolgt die Zustellung nicht an die Person selbst, der zugestellt werden soll, so ist der Person, der zugestellt ist, eine schriftliche Anzeige über die nach Abs. 1 zu bewirkende Niederlegung des zuzustellenden Schriftstücks zu übergeben. Der Vorgang ist in der Zustellungsurkunde zu erwähnen. Im Falle verweigerter Kenntnisnahme oder Annahme der Anzeige genügt die Erwähnung der Verweigerung.

IV Erfolgt die Zustellung durch Umlauf, so soll außerdem jedem Beteiligten ein Abdruck der Ladung durch die Post zugesandt werden.

§ **266.** I Die Vorschriften des § 174 und des § 175 Abs. 1 Satz 1 der Zivilprozeßordnung über die Bestellung eines Zustellungsbevollmächtigten sind nicht anzuwenden. An ihre Stelle tritt folgende Bestimmung:

Wenn ein Beteiligter weder im Deutschen Reiche wohnt noch einen im Deutschen Reiche wohnhaften Bevollmächtigten bestellt hat, kann der Kommissar die Bestellung eines Zustellungsbevollmächtigten binnen einer von ihm zu bestimmenden Frist anordnen.

§ **267.** Die öffentliche Zustellung (§ 204 der Zivilprozeßordnung) erfolgt nur durch je einmalige Einrückung der Ladung in den Deutschen Reichsanzeiger und in die Amtsblätter der Regierungen, deren Bezirke bei dem Verfahren beteiligt sind. Eine Anheftung findet nicht statt.

§ **268.** Zu Terminen, die im Verlauf einer Verhandlung vom Kommissar anberaumt werden, ist eine Ladung derjenigen Personen, denen die Anberaumung des Termins zum Protokoll eröffnet ist, nicht erforderlich.

§ **269**. Der Kommissar hat die Ordnungsmäßigkeit der Ladungen zu bescheinigen.

Fünfter Titel.
Änderung der Satzung.

§ **279.** I Die Auflösung der Genossenschaft tritt in Kraft, sobald die Verfügung des Regierungspräsidenten dem Vorstande zugestellt worden ist.

II Die Auflösung ist auf Kosten der Genossenschaft von der Aufsichtsbehörde in dem für ihre amtlichen Bekanntmachungen bestimmten Blatte sofort zu veröffentlichen.

§ **282.** I Nach Beendigung der Liquidation werden die Bücher und Schriften der aufgelösten Genossenschaft von der Aufsichtsbehörde in Verwahrung genommen.

II Die Genossen und ihre Rechtsnachfolger haben das Recht, die Bücher und Schriften einzusehen und zu benutzen.

Fünfter Abschnitt.
Zwangsrechte.

§ **340.** I Über die auf Grund der §§ 330 bis 339 erhobenen Ansprüche, die Entschädigung und die von den Beteiligten etwa sonst noch zu übernehmenden Leistungen beschließt in den Fällen des § 330 der Kreis- (Stadt-) Ausschuß, im übrigen der Bezirksausschuß. Dieser beschließt auch über die Beseitigung der Anlagen nach § 333. Vor Erlaß des Beschlusses sind die Beteiligten zu hören, insbesondere die beteiligten Grundstückseigentümer über die Ausübung ihrer Rechte aus § 366 zu vernehmen.

II Gegen den Beschluß des Kreis- (Stadt-) Ausschusses steht, soweit er nicht die Entschädigungen betrifft, dem Antragsteller und den übrigen Beteiligten binnen zwei Wochen die Beschwerde zu. Über die Beschwerde entscheidet der Bezirksausschuß endgültig.

III Im übrigen ist der § 76 anzuwenden.

IV Für die Entschädigung, ihre Auszahlung und Hinterlegung gelten, unbeschadet des § 45, die bei der Enteignung maßgebenden Vorschriften.

V Der § 46 Abs. 3, der § 47, der § 49 Abs. 1, 3, 4, der § 51 Abs. 2, die §§ 59, 63, der § 64 Abs. 2, der § 65 Abs. 1, 2, der § 69, der § 70 Abs. 3, die §§ 71, 74, 75, der § 77 Abs. 1 bis 3, der § 78 und der § 81 sind entsprechend anzuwenden, ebenso in den Fällen der §§ 331, 332 der § 62.

VI Der Antrag auf Erwerbung des Eigentums (§ 336) ist nicht mehr zulässig, sobald dem Grundstückseigentümer der Beschluß des Bezirks- (Kreis- [Stadt-]) Ausschusses eröffnet ist.

VII Mit der Rechtskraft desjenigen Teiles des Beschlusses, durch den ein Benutzungsrecht nach den §§ 330 bis 335 festgestellt wird, entsteht das Benutzungsrecht. Es bedarf zur Erhaltung der Wirksamkeit gegenüber dem öffentlichen Glauben des Grundbuchs nicht der Eintragung. Doch hat die Beschlußbehörde das Grundbuchamt unverzüglich um die Eintragung zu ersuchen. Diese Vorschriften gelten in den Fällen der §§ 338, 339 sinngemäß. In den Fällen der §§ 331 bis 333 bewendet es für die danach festgestellten Rechte am Wasserlaufe bei § 185 Abs. 2.

Elfter Abschnitt.

Übergangs- und Schlußbestimmungen.

§ 379. I Die beim Inkrafttreten dieses Gesetzes bestehenden Rechte:

1. einen Wasserlauf in einer der im § 46 bezeichneten Arten zu benutzen,
2. über die nicht zu den Wasserläufen gehörenden Gewässer über die Schranken der §§ 199 bis 202 hinaus zu verfügen,
3. die Aufnahme des wild abfließenden Wassers durch die Eigentümer tiefer liegender Grundstücke zu verlangen,

bleiben aufrechterhalten, soweit sie auf besonderem Titel beruhen.

II Die beim Inkrafttreten dieses Gesetzes bestehenden, nicht auf besonderem Titel beruhenden Rechte zur Benutzung eines Wasserlaufs und anderer Gewässer im Sinne des Abs. 1 Nr. 1, 2 bleiben nur insoweit und so lange aufrechterhalten, als rechtmäßige Anlagen zu ihrer Ausübung vorhanden sind, vorausgesetzt, daß diese Anlagen vor dem 1. Januar 1913 errichtet sind oder daß vor diesem Zeitpunkte mit ihrer Errichtung begonnen ist.

III Die Rechtmäßigkeit einer Anlage, die am 1. Januar 1912 schon mehr als zehn Jahre bestanden hat, wird vermutet. Diese Vermutung gilt nicht gegenüber demjenigen, welcher innerhalb der letzten zehn Jahre einen Widerspruch gegen die Rechtmäßigkeit bei einer zuständigen Behörde geltend gemacht hat.

IV Der Inhalt der hiernach aufrechterhaltenen Rechte bestimmt sich, soweit sie auf besonderem Titel beruhen, nach diesem. Im übrigen bleiben die bisherigen Gesetze mit folgenden näheren Bestimmungen und Beschränkungen maßgebend:

a) Eine Verunreinigung des Wassers, die über das Gemeinübliche hinausgeht, ist unzulässig.

b) Entsteht nach dem Inkrafttreten dieses Gesetzes durch die Ausübung des Rechtes zur Zutageförderung unterirdischen Wassers ein Schaden der im § 200 Abs. 1 bezeichneten Art, so können die Geschädigten die Herstellung von Einrichtungen fordern, durch die der Schaden verhütet oder ausgeglichen wird, wenn solche Einrichtungen mit dem Unternehmen vereinbar und wirtschaftlich gerechtfertigt sind. Anderenfalls können sie Schadensersatz verlangen, soweit die Billigkeit nach den Umständen eine Entschädigung erfordert und der Unternehmer ohne Gefährdung der Leistungsfähigkeit und Wirtschaftlichkeit des Unternehmens zur Entschädigung imstande ist. Die Entschädigung kann in wiederkehrenden Leistungen bestehen.

V Der § 84 ist auf die aufrechterhaltenen Rechte entsprechend anzuwenden.

VI Eine Veränderung des Wasserstandes ist ferner im bisherigen Umfange gestattet, wenn dieselbe durch Einleitung von Wasser aus Seen und Teichen, die der Fischerei dienen, geschieht, sofern diese zur Grundräumung, Ansamung oder Abfischung abgelassen werden.

§ **380.** I Ein Recht, einen Wasserlauf in einer der im § 46 bezeichneten Arten zu benutzen, das nach § 379 aufrechterhalten bleibt, erlischt mit Ablauf von zehn Jahren nach dem Inkrafttreten dieses Gesetzes, wenn nicht vorher seine Eintragung in das Wasserbuch beantragt ist. Auf Rechte, die im Grundbuch eingetragen sind, ist diese Vorschrift nicht anzuwenden.

II Die Wasserbuchbehörde soll im Laufe des ersten und des neunten Jahres nach dem Inkrafttreten dieses Gesetzes durch öffentliche Bekanntmachung in ortsüblicher Weise und, wenn Landkreise beteiligt sind, auch in den Kreisblättern auf das Erlöschen der Rechte hinweisen, deren Eintragung ins Wasserbuch nicht binnen der im Abs. 1 bezeichneten Frist beantragt wird. Daneben sollen alle der Wasserbuchbehörde bekannten Personen, die ein Recht ausüben, das ohne einen solchen Antrag erlöschen würde, auf die öffentliche Bekanntmachung hingewiesen werden.

---

2. Gesetz über den Erwerb von Fischereiberechtigungen für den Staat und das Aufgebot von Fischereiberechtigungen.*)

(Vom 2. September 1911, GS. S. 189).

Wir Wilhelm, von Gottes Gnaden König von Preußen usw., verordnen, mit Zustimmung der beiden Häuser des Landtags der Monarchie, was folgt:

§ **1.** Für Fischereiberechtigungen an Gewässern, die durch Bauausführungen der staatlichen Wasserbauverwaltung betroffen werden, gelten die nachfolgenden Vorschriften.

---

*) Dieses Gesetz ist durch § 25 FG. ausdrücklich aufrechterhalten und seine Bestimmungen sind unberührt geblieben.

§ **2.** Die Fischereiberechtigungen können als selbständige Gerechtigkeiten ganz oder für Teile der Gewässer auf den Staat übertragen werden.

Zu der Übertragung ist die Einigung des Fischereiberechtigten und des Staates über die Rechtsänderung und die Eintragung der Rechtsänderung im Grundbuch erforderlich.

§ **3.** Die Einigung bedarf der gerichtlichen oder materiellen Beurkundung oder der Beurkundung nach Maßgabe des Art. 12 §§ 2, 4 des Ausführungsgesetzes zum Bürgerlichen Gesetzbuche (GS. 1899 S. 183).

Die Eintragung erfolgt auf Grund des bloßen Nachweises der Einigung durch die Anlegung eines besonderen Blattes für die selbständige Gerechtigkeit.

Bei der Eintragung ist, falls die Berechtigung noch nicht im Grundbuch eingetragen war, ersichtlich zu machen, daß der Staat das Recht nur erwirbt, soweit es dem Übertragenden zusteht.

§ **4.** Für die Anlegung und Führung des besonderen Grundbuchblatts ist, wenn die Fischereiberechtigung mit dem Eigentum an einem Grundstücke verbunden war, das Grundbuchamt zuständig, welches das Grundbuch über das Grundstück zu führen hat.

Im übrigen ist für die Zuständigkeit die Lage des Gewässers maßgebend, das den Gegenstand der Fischereiberechtigung bildet. Erstreckt sich die Berechtigung über den Bezirk eines Grundbuchamts hinaus, so ist das zuständige Grundbuchamt nach § 20 des Ausführungsgesetzes zum Gerichtsverfassungsgesetze (GS. 1899 S. 276) zu bestimmen.

§ **5.** Bei Fischereiberechtigungen, die mit dem Eigentum an einem Grundstücke verbunden sind oder auf dem Eigentum an einem im Grundbuch eingetragenen Gewässer beruhen, wird die Anlegung des Blattes für die selbständige Gerechtigkeit auf dem Blatte des Grundstücks oder des Gewässers vermerkt.

Eingetragene Rechte Dritter an dem Grundstück oder an dem Gewässer, die sich auf die Fischereiberechtigung erstrecken, sind auf das Blatt der selbständigen Gerechtigkeit zu übertragen, sofern nicht der Dritte die Löschung bewilligt.

§ **6.** Sind mit der Fischereiberechtigung Nebenrechte verbunden, insbesondere das Recht zum Trocknen der Netze, zur Rohrnutzung oder zum Fischen auf überschwemmten Wiesen, so gehen sie mit der Fischereiberechtigung auf den Staat über.

§ **7.** Das Gesetz, betreffend die durch ein Auseinandersetzungsverfahren begründeten gemeinschaftlichen Angelegenheiten, vom 2. April 1887 (GS. S. 105) findet auf gemeinschaftliche Fischereiberechtigungen auch dann Anwendung, wenn sie zwar nicht durch ein Auseinandersetzungsverfahren begründet, aber in einem Auseinandersetzungsrezeß aufrechterhalten sind.

§ 8. Auf die selbständigen Fischereigerechtigkeiten finden die Vorschriften Anwendung, die nach Art. 40 Abs. 1, 2 des Ausführungsgesetzes zum Bürgerlichen Gesetzbuche (GS. 1899 S. 201) und nach den Art. 22, 28 des Ausführungsgesetzes zur Grundbuchordnung (GS. 1899 S. 312, 313) für andere eingetragene Gerechtigkeiten gelten.

§ 9. Die Fischereiberechtigungen können im Wege des Aufgebotsverfahrens mit der Wirkung ausgeschlossen werden, daß sie dem Staate gegenüber nicht mehr geltend gemacht werden können. Das Aufgebot ist nur für bestimmte Gewässer oder Strecken von Gewässern (Aufgebotsgebiet) zulässig.

Für das Aufgebotsverfahren gelten die besonderen Bestimmungen der §§ 10 bis 15.

§ 10. Zuständig ist das Amtsgericht, zu dessen Bezirke das Aufgebotsgebiet gehört. Erstreckt sich dieses Gebiet über den Bezirk eines Amtsgerichts hinaus, so ist das zuständige Gericht nach § 20 des Ausführungsgesetzes zum Gerichtsverfassungsgesetze (GS. 1899 S. 276) zu bestimmen.

§ 11. Antragsberechtigt ist die für die Bauausführung (§ 1) zuständige Provinzialbehörde.

Der Antrag muß eine genaue Bezeichnung des Aufgebotsgebiets, soweit erforderlich nach einer dem Antrage beizufügenden Karte, und der Angabe der mit ihrem Bezirk an dem Aufgebotsgebiete beteiligten Amtsgerichte, Regierungen, Kreise und Gemeinden enthalten.

Die Antragstellerin hat die ihr bekannten Fischereiansprüche unter Angabe des Wohnorts der Berechtigten, und zwar auch nach der räumlichen Ausdehnung und der Art der Fischerei, soweit ihr diese bekannt sind, anzuzeigen und gleichzeitig durch Bescheinigungen der Gemeindevorsteher (Gutsvorsteher) des Aufgebotsgebiets glaubhaft zu machen, daß andere Fischereiansprüche als die angezeigten nicht bekannt sind.

§ 12. In das Aufgebot ist aufzunehmen:

1. die genaue Bezeichnung des Aufgebotsgebiets;
2. die Aufforderung, Fischereiberechtigungen, die für das Aufgebotsgebiet oder einen Teil des Gebiets in Anspruch genommen werden, nach der räumlichen Ausdehnung und der Art der Fischerei spätestens im Aufgebotstermin anzumelden, widrigenfalls sie mit der Wirkung ausgeschlossen werden würden, daß sie dem Staate gegenüber nicht mehr geltend gemacht werden können.

§ 13. Die öffentliche Bekanntmachung des Aufgebots erfolgt:

1. durch Anheftung an die Gerichtstafel bei den beteiligten Amtsgerichten;

2. durch Einrücken in den Deutschen Reichsanzeiger sowie in die Amtsblätter der beteiligten Regierungen und die Kreisblätter der beteiligten Kreise;
3. durch ortsübliche Bekanntmachung in den beteiligten Gemeinden.

Das Gericht kann anordnen, daß die Bekanntmachung noch in andere Blätter einzurücken ist.

Das Aufgebot soll den von der Antragstellerin angezeigten Fischereiberechtigten von Amts wegen unter Mitteilung der Anzeige zugestellt werden, und zwar, sofern auch die räumliche Ausdehnung und die Art der Fischerei angezeigt sind, mit der Eröffnung, daß es der Anmeldung der Ansprüche nicht bedürfe, soweit nicht weitergehende Rechte, als angezeigt sind, in Anspruch genommen werden. Im übrigen erfolgt die Zustellung mit der Aufforderung, Fischereiberechtigungen, die für das Aufgebotsgebiet oder einen Teil des Gebiets in Anspruch genommen werden, nach der räumlichen Ausdehnung und der Art der Fischerei spätestens im Aufgebotstermin anzumelden. Die Zustellung kann durch Aufgabe zur Post erfolgen.

§ **14.** Die Aufgebotsfrist muß mindestens drei Monate betragen.

§ **15.** In dem Ausschlußurteile sind die von der Antragstellerin unter Angabe der räumlichen Ausdehnung und der Art der Fischerei angezeigten Fischereiansprüche auch dann vorzubehalten, wenn sie nicht angemeldet sind.

§ **16.** Die Vorschriften der §§ 2 bis 6 finden auch dann Anwendung, wenn die Einigung vor dem Inkrafttreten dieses Gesetzes zustande gekommen ist.

Urkundlich unter Unserer Höchsteigenhändigen Unterschrift und beigedrucktem Königlichen Insiegel.

Gegeben Neues Palais, den 2. September 1911.

(L. S.) Wilhelm.

v. Bethmann Hollweg. v. Tirpitz. Beseler.
v. Breitenbach. v. Heeringen. Frhr. v. Schorlemer.
v. Dallwitz. Lentze.

3. Fischereiordnung für die Binnengewässer der Provinz Preußen.*)

(Vom 7. März 1845, GS. S. 114).

§ 17. Diejenigen, denen nur das Recht zusteht, zur Tisches Notdurft zu fischen, dürfen solches nur in dem Umfange und mit dem Gezeuge, wie dasselbe bisher auf erlaubte Weise geschehen ist, ausüben.

Sofern dieselben nicht die Befugnis zur Benutzung großer Fischerzeuge besonders erworben haben, dürfen sie sich keines Fischerzeuges bedienen, dessen Handhabung mehr als zwei Personen erfordert. Auch soll, wenn nicht etwas anderes rechtsgültig feststeht, angenommen werden, daß dergleichen Berechtigungen, sofern sie den Besitzern einzelner Güter zustehen, auf den Bedarf der zum eigenen Haushalt der Berechtigten gehörigen Personen, sofern sie aber ganzen Gemeinden zustehen, auf den Bedarf der zur Zeit der Verleihung oder sonstigen Erwerbung vorhanden gewesenen Haushaltungen sich beschränken.

Wem die Fischerei nur zum häuslichen Bedarf oder nur zur Tisches Notdurft zusteht, der darf weder mit den gefangenen Fischen Handel treiben, noch dieselben verschenken. Auch darf er der Regel nach von den gefangenen Fischen nichts als Lohn gegen Arbeit verabreichen. Haben jedoch zu einem Fischfange Arbeiter, die nicht zu der Familie oder dem Hausstande des Berechtigten gehören, zugezogen werden müssen, so darf denselben, statt des üblichen Tagelohns, so viel an Fischen verabreicht werden, als nach den gewöhnlichen Verkaufspreisen der Fische, zur Berichtigung des Tagelohns erforderlich ist.

---

4. Fischereiordnung für das Frische Haff.**)

(Vom 7 März 1845, GS. S. 121).

§ 1. Die Fischerei auf dem frischen Haffe ist Eigentum des Staats.

§ 2. Die Ausübung der Fischerei auf dem frischen Haffe ist nur denjenigen gestattet, welche ein durch landesherrliche Verleihung, Vertrag mit dem Fiskus, oder Verjährung, begründetes Recht dazu haben.

§ 3. Wem die Fischerei nur zum häuslichen Bedarf oder nur zur Tisches Notdurft zusteht, der darf weder mit den

*) Von diesem Gesetz, welches sonst aufgehoben ist, sind die oben abgedruckten Bestimmungen aufrecht erhalten (siehe § 133[5] FG.).

**) Die obigen Vorschriften dieses sonst aufgehobenen Gesetzes sind durch § 133[6] FG. ausdrücklich aufrecht erhalten und zwar §§ 1—6 unbeschränkt, § 12 nur, soweit er örtliche Grenzen für die F.-Berechtigungen festsetzt.

gefangenen Fischen Handel treiben, noch dieselben verschenken. Auch darf er der Regel nach von den gefangenen Fischen nichts als Lohn gegen Arbeit verabreichen. Haben jedoch zu einem Fischfange Arbeiter, die nicht zu der Familie oder dem Hausstande des Berechtigten gehören, zugezogen werden müssen, so darf denselben statt des üblichen Tagelohns so viel an Fischen verabreicht werden, als nach den gewöhnlichen Verkaufspreisen der Fische zur Berichtigung des Tagelohns erforderlich ist.

Die Verpachtung einer auf den häuslichen Bedarf oder die Tisches Notdurft beschränkten Fischereigerechtigkeit ist nicht gestattet. Wenn dieselbe aber einem Grundstücke zusteht, so kann sie dem Pächter des Grundstücks mit letzterem zur Ausübung überlassen werden.

Kontraventionen gegen die in diesem Paragraphen enthaltenen Vorschriften werden mit einer Geldbuße bis zu fünfzig Talern bestraft.

§ **4.** Kein Fischereiberechtigter darf den Fischereibetrieb über seine rechtlich erworbenen Befugnisse ausdehnen. Namentlich ist weder einer Gemeinde oder Ortschaft, noch einem einzelnen Fischereiberechtigten gestattet, zu gleicher Zeit mit mehr großen Garnen, als ihnen zusteht, zu fischen. Auch darf, in Ermangelung einer weiter gehenden Berechtigung, kein Sackfischer gleichzeitig mehr als 16 Säcke oder 8 Tücher oder 8 Netze ausstellen.

§ **5.** Ist die Fischereiberechtigung auf kleines Fischerzeug eingeschränkt, so darf dabei nur Fischerzeug angewendet werden, zu dessen Gebrauch nicht mehr als drei Menschen erforderlich sind.

§ **6.** Wenn der Umfang der Gerechtsame eines Fischereiberechtigten, welchem „die freie Fischerei mit großen oder kleinen Gezeugen" oder „so, wie sie von der Landesherrschaft besessen", verliehen worden, nicht durch Judikate, Verträge oder auf andere rechtsgültige Weise unzweifelhaft festgestellt ist, so muß der Berechtigte sich auf gleichzeitige Benutzung so vieler großen und kleinen Gezeuge beschränken, als von ihm in den letzten zehn Jahren, vom Tage der Publikation dieser Fischereiordnung zurückgerechnet, gleichzeitig benutzt und soweit es sich um Fischerei auf dem zu Ostpreußen gehörenden Teile des frischen Haffs handelt, zur Fischmeisterordnung verzeichnet worden sind. Die Befugnis zur Ausübung der großen und kleinen Fischerei mit allen Arten von Gezeugen berechtigt jedoch noch nicht zur Ausübung der Keitelfischerei, welche vielmehr nur auf Grund ausdrücklicher Bewilligung oder 44 jähriger Verjährung betrieben werden darf.

§ **12.** Jede Gemeinde darf von ihrem Ufer nur bis in die Mitte des Haffes fischen. Ebenso dürfen auf der einen

Seite die zu Westpreußen, und auf der andern Seite die zu Ostpreußen gehörigen Fischer die Fischerei nicht weiter betreiben, als solche vor dem 27. September 1772 von den beiderseitigen Fischern ausgeübt werden durfte. Wer die oben angegebenen Grenzen der Fischerei überschreitet, verfällt in eine Geldstrafe bis zu 10 Talern, wenn nicht aus den Umständen erhellt, daß die Überschreitung ohne Vorsatz geschehen ist.

---

5. Fischereiordnung für das Kurische Haff.*)

(Vom 7. März 1845, GS. S. 139).

§ 1. Die Fischerei auf dem kurischen Haffe ist Eigentum des Staats.

§ 2. Die Ausübung der Fischerei auf dem kurischen Haffe ist nur denjenigen gestattet, welche ein durch landesherrliche Verleihung, Vertrag mit dem Fiskus, oder Verjährung begründetes Recht dazu haben.

§ 3. [1]Wem die Fischerei nur zum häuslichen Bedarf oder nur zur Tisches Notdurft zusteht, der darf weder mit den gefangenen Fischen Handel treiben, noch dieselben verschenken. Auch darf er der Regel nach von den gefangenen Fischen nichts als Lohn gegen Arbeit verabreichen. Haben jedoch zu einem Fischfange Arbeiter, die nicht zu der Familie oder dem Hausstande des Berechtigten gehören, zugezogen werden müssen, so darf denselben statt des üblichen Tagelohns so viel an Fischen verabreicht werden, als nach den gewöhnlichen Verkaufspreisen der Fische zur Berichtigung des Tagelohns erforderlich ist.

§ 4. Kein Fischereiberechtigter darf den Fischereibetrieb über seine rechtlich erworbenen Befugnisse ausdehnen. Namentlich ist weder einer Gemeinde oder Ortschaft, noch einem einzelnen Fischereiberechtigten gestattet, zu gleicher Zeit mit mehr großen Garnen, als ihnen zusteht, zu fischen.

§ 13. Denjenigen Fischerbauern zu Nidden, welche bisher mit allerlei Gezeugen, Lachsstellen ausgenommen, auf beiden Seiten der Linie von Lickerorth nach Grabsterorth zu fischen berechtigt gewesen, verbleibt auch ferner diese Befugnis. Die Keitelfischerei darf von denselben jedoch nur auf dem südlich der Linie von Lickerorth nach Grabsterorth befindlichen Haffteile betrieben werden (vgl. § 20). Neue Ansiedler zu Nidden, sowie alle diejenigen dortigen Einwohner, welchen die vorge-

*) Durch § 133 [7] FG. sind die hier zum Abdruck gebrachten Vorschriften dieses Gesetzes insoweit ausdrücklich aufrecht erhalten, als sie die örtlichen Grenzen für den Betrieb der Keitel- und Kurrenfischerei durch die Berechtigten festsetzen. Im übrigen ist das Gesetz aufgehoben.

dachte Berechtigung nicht schon bisher zugestanden hat, bleiben auch ferner davon ausgeschlossen.

§ **18.** III Die Kurrenfahrer können soweit im Haffe hinaufziehen, als sie wollen; jedoch dürfen sie, je nachdem sie in einem südlich oder nördlich der Linie von Lickeorth auf Grabsterorth gelegenen Orte wohnen, die Kurrenfischerei nur auf der südlichen oder nördlichen Seite dieser Linie betreiben. Wer dieselbe überschreitet, verfällt in eine Geldstrafe bis zu fünfzig Talern, wenn nicht aus den Umständen erhellt, daß die Überschreitung ohne Vorsatz geschehen ist.

§ **20.** IV Der Betrieb der Keitelfischerei im Kurischen Haffe ist nur den hierzu berechtigten Einwohnern derjenigen Ortschaften, welche südlich der Linie von Lickeorth auf Grabsterorth liegen, imgleichen den Fischerbauern zu Nidden (§ 13), bis zu dieser Linie hin und nur auf dem Boden, nicht auf den flachen Stellen des Haffes gestattet.

V Wer die Keitelfischerei auf den flachen Stellen des vorbezeichneten südlichen Teils des Haffes, oder vor dem 1. Juni oder nach dem 1. Oktober treibt, verfällt in die in den §§ 5 und 6 bestimmten Strafen.

VI Im nördlichen Teile des kurischen Haffes von der Linie von Lickeorth auf Grabsterorth an bleibt die Keitelfischerei bei einer Geldstrafe bis fünfzig Taler verboten.

---

6. Gesetz, betreffend die Fischerei der Ufereigentümer und die Koppelfischerei in der Provinz Hannover.*)

(Vom 26. Juni 1897, GS. S. 196).

§ **19.** Koppelfischerei im Sinne dieses Gesetzes ist sowohl die Ausübung mehrerer Fischereiberechtigungen an derselben Gewässerstrecke, als auch die Ausübung einer mehreren Personen an derselben Gewässerstrecke gemeinschaftlich zustehenden Fischereiberechtigung.

§ **20.** Die Teilnehmungsrechte von Koppelfischereiberechtigten können, solange nicht auf Grund von § 7 ein Verfahren bei dem Kreisausschusse anhängig ist, von der Auseinander-

*) Die obigen Bestimmungen des an sich durch § 133 [12] FG. aufgehobenen Gesetzes gelten unter Umständen weiter. Nach § 31 Abs. 2 FG. kann allgemein bei Koppelfischerei durch den Bezirksausschuß ausgesprochen werden, daß diese F.-Rechte nur nach § 28, durch Verpachtung oder durch Erteilung von Erlaubnisscheinen, genutzt werden dürfen. Alsdann hat, wenn die Inhaber der F.-Rechte sich nicht einigen, der Bezirksausschuß die vorläufige Regelung der Nutzung anzuordnen. Für diese etwaige Anordnung soll in der Provinz Hannover und ebenso im Regierungsbezirk Cassel (siehe unter Nr. 7 des Anhangs) an Stelle des Bezirksausschusses die Auseinandersetzungsbehörde die Ausübung der Koppelfischerei nach den abgedruckten Vorschriften vorläufig regeln.

setzungsbehörde im Falle des Bedürfnisses auf ein bestimmtes, dem rechtmäßigen Besitzstande entsprechendes Maß festgesetzt und bezüglich der Ausübung des Betriebes näher geregelt werden. Dabei sind namentlich die örtlichen Grenzen der Berechtigung, die Zahl der zur Ausübung der Koppelfischerei berechtigten Personen, die zulässigen Fangarten, sowie die Zahl und Beschaffenheit der Fanggeräte, die Fangzeiten und bei etwaiger Beschränkung der Berechtigung auf gewisse Fischgattungen auch die letzteren näher zu bestimmen.

Fischereipolizeiliche Vorschriften werden durch eine derartige Regelung nicht berührt.

§ 21. Einigen die Beteiligten sich in diesem Verfahren darüber, daß die ihnen zustehende Koppelfischerei, und zwar im ganzen künftig durch einen besonders angestellten Fischer oder durch Verpachtung genutzt werden soll, so hat die Auseinandersetzungsbehörde eine solche Regelung, deren Ausführung die Ortspolizeibehörde zu überwachen und nötigenfalls zu erzwingen hat, zu beurkunden.

Die Dauer der Pachtverträge darf in der Regel nicht unter sechs Jahren bestimmt werden. Ausnahmen von dieser Bestimmung können unter besonderen Umständen von der Ortspolizeibehörde zugelassen werden. Die Trennung des Koppelfischereibezirks in einzelne Pachtbezirke bedarf der Genehmigung der Ortspolizeibehörde, welche darauf zu sehen hat, daß einer unwirtschaftlichen Zerstückelung der Fischerei vorgebeugt wird. Die Ortspolizeibehörde ist befugt, zu bestimmen, welche Zahl der zulässigen Fanggeräte in jedem Pachtbezirke nicht überschritten werden darf.

§ 22. Erfolgt keine Einigung der Beteiligten über die Nutzung durch einen besonders angestellten Fischer oder Verpachtung, so kann, wenn solches nach dem Ermessen der Auseinandersetzungsbehörde im Interesse einer pfleglichen Nutzung der Fischerei erforderlich ist, für jeden einzelnen Berechtigten nach Analogie der Gemeinheitsteilung ein bestimmtes Revier gebildet werden. Geschieht dies, so finden bezüglich dieser Reviere die für die Ausübung der Fischerei der Ufereigentümer in den §§ 3 ff. getroffenen Bestimmungen sinngemäße Anwendung.

§ 23. Das Verfahren vor der Generalkommission erfolgt auf Antrag eines oder mehrerer Beteiligten, welche an der Regelung der Koppelfischerei ein privatrechtliches Interesse haben, oder im öffentlichen Interesse auf Antrag des Landrats desjenigen Kreises, welchem die der Koppelfischerei unterliegende Gewässerstrecke ganz oder teilweise angehört.

Für diejenigen Koppelfischereien, deren Gebiet ausschließlich im Gemeindebezirke einer oder mehrerer Städte belegen ist, tritt an die Stelle des Landrats der Magistrat.

§ 24. Rücksichtlich der Behörden und des Verfahrens, sowie des Kostenwesens gelten dieselben Vorschriften, welche in Gemäßheit der §§ 24, 26 ff. des Gesetzes vom 13. Juni 1873, betreffend die Abstellung von Forstberechtigungen usw. (GS. S. 357), sowie des Gesetzes vom 17. Januar 1883, betreffend Abänderung des Hannoverschen Gesetzes vom 30. Juni 1842 (GS. S. 7), auf die Fixation von Teilnehmungsrechten an Forsten Anwendung finden.

Erfolgt die Regelung der Koppelfischerei auf den Antrag des nach § 23 zuständigen Landrats oder Magistrats oder wird deren Antrag zurückgewiesen, so bleiben die entstandenen Kosten außer Ansatz.

7. Gesetz, betreffend die Koppelfischerei im Regierungsbezirk Kassel.*)

(Vom 19. Mai 1908, GS. 1908 S. 133.)

§ 1. Koppelfischerei im Sinne dieses Gesetzes ist sowohl die Ausübung mehrerer Fischereiberechtigungen an derselben Gewässerstrecke, als auch die Ausübung einer mehreren Personen an derselben Gewässerstrecke gemeinschaftlich zustehenden Fischereiberechtigung.

§ 2. Die Teilnehmungsrechte von Koppelfischereiberechtigten können von der Auseinandersetzungsbehörde im Falle des Bedürfnisses auf ein bestimmtes, dem rechtmäßigen Besitzstand entsprechendes Maß festgesetzt und bezüglich der Ausübung des Betriebs näher geregelt werden. Dabei sind namentlich die örtlichen Grenzen der Berechtigung, die Zahl der zur Ausübung der Koppelfischerei berechtigten Personen, die zulässigen Fangarten sowie die Zahl und Beschaffenheit der Fanggeräte, die Fangzeiten und bei etwaiger Beschränkung der Berechtigung auf gewisse Fischgattungen auch die letzteren näher zu bestimmen. Fischereipolizeiliche Vorschriften werden durch eine derartige Regelung nicht berührt.

§ 3. Einigen die Beteiligten sich in diesem Verfahren darüber, daß die ihnen zustehende Koppelfischerei, und zwar im ganzen künftig durch einen besonders angestellten Fischer oder durch Verpachtung genutzt werden soll, so hat die Auseinandersetzungsbehörde eine solche Regelung, deren Ausführung der Landrat zu überwachen und nötigenfalls zu erzwingen hat, zu beurkunden.

---

*) Für die abgedruckten Vorschriften gilt nach § 133[13] FG. das gleiche wie für die zum Abdruck gebrachten Bestimmungen des entsprechenden Gesetzes für Hannover. Siehe deshalb die Bemerkung zu Nr. 6 des Anhangs.

Die Dauer der Pachtverträge darf in der Regel nicht unter sechs Jahren bestimmt werden. Ausnahmen von dieser Bestimmung können unter besonderen Umständen von dem Landrate zugelassen werden. Die Trennung des Koppelfischereibezirkes in einzelne Pachtbezirke bedarf der Genehmigung des Landrats, der darauf zu sehen hat, daß einer unwirtschaftlichen Zerstückelung der Fischerei vorgebeugt wird. Der Landrat ist befugt, zu bestimmen, welche Zahl der zulässigen Fanggeräte in jedem Pachtbezirke nicht überschritten werden darf.

§ 4. Erfolgt keine Einigung der Beteiligten über die Nutzung durch einen besonders angestellten Fischer oder durch Verpachtung, so kann, wenn solches nach dem Ermessen der Auseinandersetzungsbehörde im Interesse einer pfleglichen Nutzung der Fischerei erforderlich ist, für jeden einzelnen Berechtigten nach Analogie der Gemeinheitsteilung ein bestimmtes Revier gebildet werden. Geschieht dies, so finden wegen der Ausübung der Fischerei die Vorschriften der §§ 8 ff. dieses Gesetzes Anwendung.

§ 5. Das Verfahren vor der Auseinandersetzungsbehörde erfolgt auf Antrag eines oder mehrerer Beteiligten, welche an der Regelung der Koppelfischerei ein privatrechtliches Interesse haben, oder im öffentlichen Interesse auf Antrag des Landrats desjenigen Kreises, welchem die der Koppelfischerei unterliegende Gewässerstrecke ganz oder teilweise angehört.

Für diejenigen Koppelfischereien, deren Gebiet ausschließlich im Gemeindebezirk einer oder mehrerer Städte belegen ist, tritt an die Stelle des Landrats der Magistrat.

§ 6. Hinsichtlich der Behörden und des Verfahrens sowie des Kostenwesens kommen die in dem Regierungsbezirk Cassel für Gemeinheitsteilungen geltenden Vorschriften zur Anwendung.

Erfolgt die Regelung der Koppelfischerei auf den Antrag des nach § 5 zuständigen Landrats oder Magistrats, oder wird deren Antrag zurückgewiesen, so bleiben die entstandenen Kosten außer Ansatz.

Nachschlageverzeichnis.

(Die großen Zahlen bedeuten die Seiten, die kleinen die dortigen Anmerkungen.)

Handelsgesetzbuch und Wechselordnung nebst Einführungs- und 13 Nebengesetzen (Ausgabe ohne Seerecht), erläutert durch die Rechtsprechung des Reichsgerichts und des vorm. Reichs-Oberhandelsgerichts. Von **J. Basch,** Justizrat und Notar in Berlin. 7. Auflage. 1911. Gebunden M. 2,50.

Das Handelsgesetzbuch mit Ausschluß des Seerechts. Erläutert von **Dr. C. Ritter,** Oberlandesgerichtsrat in Hamburg. 1910. M. 16,—; geb. M. 17,50.

Die Landgemeindeordnung für die 7 östlichen Provinzen der Monarchie vom 3. Juli 1891 nebst den zu ihrer Ausführung erlassenen Anweisungen. Erläutert von **St. Genzmer,** Senatspräsident am Oberverwaltungsgericht. 5., verbesserte Auflage 1914. Geb. M. 5,—.

Die Reichsjustizgesetze mit Ausschluß des Strafprozesses — nebst sämtlichen Ergänzungsbestimmungen, mit Anmerkungen und Sachregister von **Dr. P. Kayser,** weil. Senatspräsident. 7., neu bearbeitete Auflage von Kammergerichtsrat **Mugdan.** 1910. Geb. M. 20.—.

Die Konkursordnung nebst Anfechtungsgesetz erläutert von **Willenbücher,** weil. Geh. Justizrat. 3. Auflage von **Dr. F. Günther,** Landrichter. 1909. Geb. M. 10,—.

Das Kostenfestsetzungsverfahren und die Deutsche **Gebührenordnung** für Rechtsanwälte erläutert von **Willenbücher,** weil. Geh. Justizrat. 8. Auflage von **Dr. Siméon,** Rechtsanwalt am Reichsgericht und Landrichter **Fischer.** 1914. Geb. Mk. 8,—.

Das Militärstrafrecht für Heer und Marine des Deutschen Reichs. Handbuch für Kommando- und Gerichtsstellen, für Offiziere und Juristen. Von **K. Elsner von Gronow** und **G. Sohl,** Kriegsgerichtsräten. 1906. Geb. M. 10,—.

Daraus einzeln: **Militärstrafgesetzbuch für das Deutsche Reich.** Mit Erläuterungen und Sachregister. Geb. M. 2,50. — **Die Verordnungen über die Ehrengerichte** im Heer und in der Marine. Geb. M. 1,20.

Das Zivilprozeß- und Zwangsvollstreckungsverfahren (vom 1. April 1910 ab) Grundriß mit zahlreichen Beispielen von **Willenbücher,** weil. Geh. Justizrat. 3. Auflage von **Dr. A. Nöldeke,** Oberlandesgerichtsrat. Mit Nachtrag: **Gesetz vom 22./5. 1910.** Gebunden M. 8,—.

Kolibri 360 GmbH
Ferdinand-Jühlke-Straße 7
99095 Erfurt, Deutschland
produktsicherheit@kolibri360.de